高等职业教育精品教材

模 具 导 论

主　编　陈　婷
主　审　蒋洪平

航空工业出版社

北　京

内 容 提 要

本书为高等职业院校机械类专业有关模具技术的入门教材，介绍了模具技术的发展历史及现状、模具技术基础知识、模具技术对现代工业和生活的影响等内容。通过这些介绍，可以培养学生对模具技术专业知识的学习兴趣，拓展知识面，为将来进一步学习专业知识打下基础。

本书可作为机械类、近机械类专业入学教育、专业选修课教材，还可作为相关工程技术人员了解模具技术的参考用书。

图书在版编目（CIP）数据

模具导论/陈婷主编. -- 北京：航空工业出版社，2012.1（2023.2重印）
ISBN 978-7-80243-884-2

Ⅰ．①模… Ⅱ．①陈… Ⅲ．①模具－技术 Ⅳ．①TG76

中国版本图书馆CIP数据核字(2011)第266706号

模具导论
Muju Daolun

航空工业出版社出版发行
（北京市朝阳区京顺路5号曙光大厦C座四层　100028）
发行部电话：010-85672663　　010-85672683

北京京华铭诚工贸有限公司印刷	全国各地新华书店经销
2012年1月第1版	2023年2月第4次印刷
开本：787×1092　　1/16	字数：300千字
印张：12	定价：28.00元

编者的话

模具是现代工业的重要工艺装备。随着工业技术的迅速发展，模具加工逐渐成为机械加工中的重要手段。模具生产技术水平的高低已成为衡量一个国家产品制造水平高低的重要标志。为了顺应国家对模具高技能人才的需求，并结合最新的专业教学计划，特组织并编写了本书。

《模具导论》是职业院校机械类专业的重要课程。本书力求编排科学，通俗易懂，图文并茂，适合高职院校数控技术应用、机械制造、模具设计与制造等机械类专业教学，也可供学生自学或从事模具设计的技术人员参考。

在编写过程中，考虑到高职学生专业课学习的特点，本书充分体现"实用、够用、技能、创新"的原则，突出重点。本书分为 7 章，内容是：概论、冷冲压工艺与冷冲压模具、塑料成型工艺与塑料模具、其他模具、模具制造、模具先进制造技术、模具逆向工程技术。

总体而言，本教材具有如下特色：

1．体现了当前职业教育改革的精神，每章开始部分都会首先给出一个【先导案例】，从而引发学生思考，让学生带着问题去学习本章内容；在每章的结束部分均会给【先导案例研讨】，从而便于学生对照检验学习成果。此外，每章结束部分的测评都给出了一张百分制考卷，每道题后均有相应的分数标准，从而利于学生进行自我测评。

2．内容实用，反映了模具设计和制造中的新技术、新工艺与新理念。

3．通俗易懂、简明扼要、图文对照，便于教学和学生自学。

本书由陈婷担任主编，姚炜、王安、宋浩担任副主编。其中，陈婷编写了第 1、2、3 章，姚炜编写了第 4 章，王安编写了第 6 章，宋浩编写了第 5、7 章。全书由蒋洪平担任主审。

在本书的编写过程中，参阅了许多国内公开出版的著作与文献，在此表示衷心的感谢！

由于编者水平有限，书中难免存在一些缺点和错误，恳请广大读者批评指正。

目 录

第1章 概 论 … 1
1.1 模具的概念 … 1
1.2 模具的分类 … 1
1.2.1 冷冲压模(Die for Sheet Metal Working) … 1
1.2.2 塑料模(Plastics Forming Dies) … 2
1.2.3 压铸模(Die-Casting Dies) … 3
1.2.4 粉末冶金注射成型模具 … 3
1.2.5 橡胶模(Forming Dies for Rubber) … 4
1.3 模具的成型特点 … 4
1.4 我国模具工业发展历史 … 5
1.5 我国模具工业发展现状 … 6
1.6 模具工业发展趋势 … 7
【本章小结】 … 8

第2章 冷冲压工艺与冷冲压模具 … 9
2.1 冷冲压加工概要 … 9
2.1.1 冷冲压加工特点 … 9
2.1.2 冷冲压技术应用领域 … 10
2.2 冷冲压成型工艺与冲模 … 11
2.2.1 冷冲压成型工艺 … 11
2.2.2 冲模基本结构 … 12
2.2.3 冲模的分类 … 14
2.3 冲压设备 … 26
2.3.1 冲压设备简介 … 26
2.3.2 冲压设备的分类 … 28
2.3.3 冲压设备的型号 … 30
2.3.4 冲压设备的选择 … 31
2.4 常用的冲压材料 … 32
2.5 典型冷冲模实例 … 33
【本章小结】 … 39
【练习题】 … 39

第3章 塑料成型工艺与塑料模具 … 41
3.1 塑料概论 … 41
3.1.1 认识塑料 … 41

3.1.2 塑料分类 …… 42
3.1.3 塑料命名 …… 43
3.1.4 塑料的应用领域 …… 46
3.2 塑料成型工艺 …… 47
3.2.1 注射成型技术 …… 48
3.2.2 压缩成型技术 …… 50
3.2.3 压注成型技术 …… 52
3.2.4 挤出成型工艺 …… 54
3.2.5 真空吹塑成型 …… 55
3.3 塑料模 …… 56
3.3.1 注射模基本结构 …… 56
3.3.2 塑料模的分类 …… 58
3.4 塑料模具成型设备 …… 61
3.4.1 注射机分类 …… 62
3.4.2 注射机型号 …… 64
3.4.3 注射机组成及工作原理 …… 65
3.5 塑料模具材料选用 …… 66
3.5.1 塑料模具材料 …… 66
3.5.2 塑料模具材料选用原则和方法 …… 69
3.6 典型注塑模实例 …… 69
【本章小结】 …… 75
【练习题】 …… 77

第4章 其他模具 …… 79

4.1 压铸成型工艺及模具 …… 79
4.1.1 压铸加工 …… 79
4.1.2 压铸成型工艺特点 …… 80
4.1.3 压铸成型模具 …… 81
4.1.4 压铸成型设备 …… 82
4.1.5 金属压铸应用范围 …… 84
4.2 粉末冶金注射成型工艺及模具 …… 85
4.2.1 金属粉末注射成型工艺及特点 …… 85
4.2.2 粉末注射成型技术应用 …… 86
4.3 模锻成型工艺及模具 …… 87
4.3.1 模锻工艺及其特点 …… 88
4.3.2 锻模 …… 89
4.3.3 模锻成型设备 …… 91
4.3.4 金属模锻应用范围 …… 92
4.4 玻璃模具 …… 92
4.4.1 玻璃的性质与类型 …… 92

4.4.2　玻璃制品成型方法 ··· 93
　　4.4.3　玻璃模分类和结构 ··· 93
【本章小结】 ·· 94
【练习题】 ·· 95

第5章　模具制造 ·· 96
5.1　模具零件加工方法 ·· 96
　　5.1.1　模具零件加工方法 ··· 96
　　5.1.2　选择模具表面加工方法的原则 ···································· 98
5.2　模具典型零件机械加工 ·· 98
　　5.2.1　导柱导套加工 ·· 98
　　5.2.2　模座和模板加工 ··· 101
　　5.2.3　滑块加工 ··· 104
　　5.2.4　冲裁凸模和凹模加工 ·· 105
　　5.2.5　塑料模型芯和型腔加工 ··· 110
5.3　模具特种加工 ··· 111
　　5.3.1　电火花加工 ··· 111
　　5.3.2　数控电火花线切割加工 ··· 112
　　5.3.3　电化学及化学加工 ·· 113
　　5.3.4　超声波加工 ··· 116
5.4　快速成型技术 ··· 117
　　5.4.1　快速成型技术简介 ·· 117
　　5.4.2　光固化成型(SLA) ·· 117
　　5.4.3　叠层实体制造(LOM) ·· 118
　　5.4.4　选域激光粉末烧结(SLS) ·· 119
　　5.4.5　三维印刷(3DP) ··· 121
　　5.4.6　熔融沉积成型(FDM) ··· 122
5.5　模具标准化与模具生产管理 ··· 123
　　5.5.1　模具标准化 ··· 123
　　5.5.2　模具生产管理 ·· 127
【本章小结】 ·· 131
【练习题】 ·· 133

第6章　模具先进制造技术 ·· 136
6.1　高速铣削技术 ··· 136
　　6.1.1　高速铣削技术特点 ·· 136
　　6.1.2　高速铣削加工机床 ·· 138
　　6.1.3　高速切削加工刀柄和刀具 ·· 139
6.2　电火花铣削加工技术 ··· 140
　　6.2.1　电火花铣削加工技术工作原理 ··································· 141
　　6.2.2　电火花铣削加工技术特点 ·· 141

6.2.3 电火花铣削加工成型方式 …… 142
6.3 可重构模具技术 …… 144
　6.3.1 可重构技术含义 …… 144
　6.3.2 可重构技术类型 …… 144
　6.3.3 可重构模具技术发展趋势 …… 147
6.4 快速制模技术 …… 148
　6.4.1 快速制模技术含义 …… 148
　6.4.2 快速制模技术特点 …… 148
　6.4.3 快速制模技术方法 …… 148
　6.4.4 快速制模技术发展趋势 …… 152
6.5 高压水射流切割技术 …… 152
　6.5.1 高压水射流切割原理 …… 153
　6.5.2 高压水射流切割特点 …… 153
　6.5.3 高压水射流切割设备 …… 154
　6.5.4 高压水射流切割技术应用范围 …… 155
6.6 模具 CAD/CAE/CAM 软件技术 …… 156
　6.6.1 3C 技术简介 …… 156
　6.6.2 新一代模具 CAD/CAE/CAM 技术 …… 157
　6.6.3 新一代模具 CAD/CAE/CAM 技术应用 …… 159
【本章小结】 …… 159
【练习题】 …… 160

第 7 章　模具逆向工程技术 …… 161

7.1 逆向工程技术概述 …… 161
　7.1.1 逆向工程技术定义 …… 161
　7.1.2 逆向工程技术流程 …… 162
　7.1.3 逆向工程技术应用 …… 163
7.2 逆向工程关键技术 …… 163
　7.2.1 数据采集与处理 …… 163
　7.2.2 建模技术 …… 166
7.3 逆向工程技术应用 …… 166
【练习题】 …… 168

练习题参考答案 …… 171
参考文献 …… 183

第1章 概论

【学习目标】
- ◆ 了解模具的概念及分类。
- ◆ 了解模具的成型特点。
- ◆ 了解中国模具工业的历史沿革。
- ◆ 了解未来模具工业发展的趋势。

1.1 模具的概念

模具（mold 或 die）是用来成型产品的工具，是按照产品特定形状制成的模型，可使坯料形成所需形状。使用模具生产的产品在人们的日常生活中随处可见，月饼和棒冰就是由最简单的模具制作而成的，如图1-1所示。再如，日常生活中的塑料制品（塑料盆、杯子、玩具）、金属小零件（瓶起子、刀叉、容器）、电脑外壳及零件、汽车零件、武器等，都与模具有着密切的联系。

(a) 月饼模　　　　　(b) 棒冰模

图1-1 制作月饼和棒冰的模具

在工业生产中，用模具生产制件（作为工作对象的零件，多指机械加工过程中的零件，又称工件或作件）所具有的高精度、高一致性、高生产率是任何其他加工方法不能比拟的，所以模具又有"工业之母"的美称。

1.2 模具的分类

由于模具的种类与形式繁多，涵盖的范围极为广泛，导致分类比较困难。为了对模具作系统的介绍，本书按模具所成型的材料的不同，将其分为金属模具和非金属模具。其中，冷冲压模、压铸模、锻造模、粉末冶金模属于金属模；塑料模、橡胶模、玻璃模属于非金属模。

1.2.1 冷冲压模（Die for Sheet Metal Working）

冷冲压模是最常见的模具，主要加工的材料是金属板料或条状金属，在冲床或压床上对材料进行剪切、弯曲、拉深等工作。这类模具在汽车、航空航天、仪器仪表、家电、电子、通信、军工、日用品等产品的生产中得到了广泛应用。如图 1-2 所示为冷冲模，如图 1-3 所示为冲压制品。

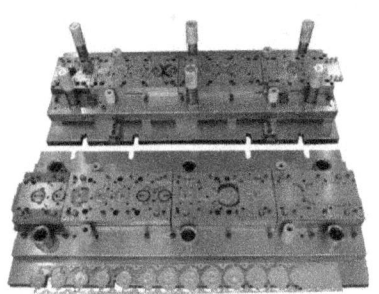

图 1-2　冷冲模

图 1-3　冲压制品

1.2.2　塑料模（Plastics Forming Dies）

塑料模是指在压力和温度作用下，利用特定密闭腔体使塑料原料成型为具有一定形状和尺寸的塑料制品的模具。该模具在机械、电子、通信、交通运输、航空航天、医疗卫生及日常生活用品等的制造中得到了广泛应用。如图 1-4 所示为塑料模，如图 1-5 所示为塑料制件。

图 1-4　塑料模

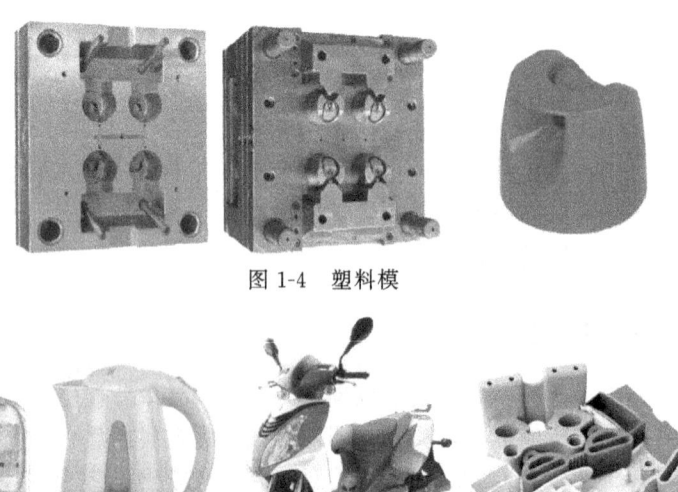

图 1-5　塑料制件

1.2.3 压铸模 (Die-Casting Dies)

压铸模是指将低熔点金属（如铝、锌、镁、铁、铜等）在熔融状态或半熔融状态下，在高压作用下以极高的速度充填入型腔，并在高压下使熔融合金冷却凝固形成制品的模具。该模具广泛用于兵器、汽车与摩托车、航空航天、洗衣机、电冰箱、建筑装饰以及日用五金等各种产品的零部件生产。如图1-6所示为压铸模，如图1-7所示为汽车、摩托车等机电产品中使用的压铸件。

图1-6 压铸模

图1-7 压铸件

1.2.4 粉末冶金注射成型模具 (Blank Forming Dies for Powder Metallurgy)

这种模具专用于金属、非金属或金属氧化物等粉末坯料成型，原料为高熔点金属、非金属或金属氧化物等的混合物（如钨粉、碳末、铁氧粉、锰氧粉或锌氧粉等的混合物）。在混合物中搀入适量的黏结剂，通过注射成型机械将物料融化混合，并在特定的压力下注入可形成一定形状的模具之中，成型坯件后烧结固化成金属零件，以制造各种高强度材料、特殊机械零件或电子零件，如各种碳化钨零件、工具、免油轴承、陶瓷刀具等。如图1-8所示为粉末冶金注射成型的产品。

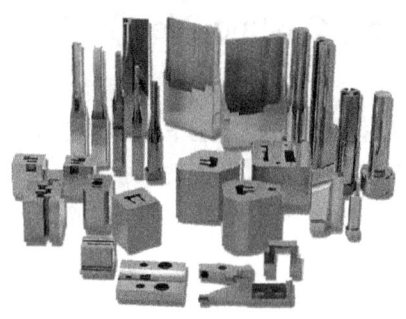

图 1-8 粉末冶金注射成型的产品

1.2.5 橡胶模（Forming Dies for Rubber）

这种模具主要利用压缩加热方式来制造各种弹性体的零件，如油封、油杯、衬垫和填料等。这种模具构造比较简单，成型也比较容易。橡胶制品的典型代表是轮胎、液压或启动系统中的密封圈等。橡胶模具如图 1-9 所示。

图 1-9 橡胶模

除了上述 5 种模具之外，锻造模、玻璃模等将会在后面的章节中叙述。

1.3 模具的成型特点

模具生产产品的方法与传统的切削加工方法相比，无论是在技术方面还是在经济方面，都有着独特的优点。

① 绿色环保。模具生产产品的方式是一种改变材料形状少、无切屑的加工方法，是一种绿色环保的加工方法。

② 简化制造程序。模具一经设计及制造完成，即可在短时间内完成制品的加工，而若以传统的切削加工方式，该产品可能需要经历一段很长的制造过程，从而造成时间浪费。

③ 可以大量复制产品。模具在其使用寿命期限内，可以重复制造形状、精度几乎完全相同的成品。普通模具可使用数万乃至数十万次，非常适合大批量生产。

④ 降低对技术人员的依赖。使用模具加工，操作人员并不需要高超的技术，可以减少对技术人员的依赖，降低生产成本。

虽然模具成型具有上述优点，但由于模具仍然属于一种用来复制的工具，因此精度要求极高的产品仍需依赖传统的加工方法。

1.4 我国模具工业发展历史

我国模具技术的起源可以追溯到古代。考古发现，早在 2000 多年前，我国已有模具被用于制造铜器，证明了中国古代模具方面的成就。

1986 年，四川广汉三星堆发掘出的两个商代祭祀坑出土了近千件精美绝伦的珍贵文物，其中有大小不同的青铜人头像和青铜面具等，如图 1-10 所示。到春秋战国时期，各种农作器具、战争武器的制作，使模具技术的运用渐趋成熟。如图 1-11 所示为战国时期的斧头模具，如图 1-12 所示为金银饰品模具。

图 1-10 三星堆出土的青铜器

图 1-11 战国时期斧头模具　　　　图 1-12 金银饰品模具

1998 年底，从秦陵地下宫城军备库陪葬坑中出土的秦剑、铍、矛、戟、车马器构件、镞、箭头及其他军用装备证明：秦朝时期青铜兵器的模具铸造技术、规模及铸后的加工技术已经达到了较为先进的水平。

20 世纪上半叶，我国工业基础薄弱，模具用得很少。抗战时期大都是私人开办的模具作坊，只能加工一些简易模具。在这段时间内，模具技术并没有得到推广和发展。抗日战争胜利后，经济萧条，工业水平低下，汽车工业仅做一些维修工作，轻工、五金行业多是私营的手工小作坊，对模具的需求量很小。与世界工业发达国家的模具业相比，中国模具工业的发展要晚几十年甚至是上百年。

我国的模具工业真正发展于 20 世纪 50 年代后期。1953 年，长春第一汽车制造厂在中国首次建立了冲模车间，并于 1958 年开始制造汽车覆盖件模具。这时，苏联、德国的模具书籍开始相继进入我国。但是由于我国长久以来对模具重视不够，且工业发展缓慢，经济封闭，人民生活水平很低等诸多因素，抑制了模具制造的产业化、社会化和商品化。

20 世纪 80 年代后期，国家开始重视模具工业发展，政府陆续给予很多扶植政策。1989

年，国家把模具列为机械工业技术序列的第一位，生产和基本序列的第二位。

1992年，原国家计委等三部门发出了《关于印发"一九九一至一九九五年模具工业振兴纲要"的通知》，这是"八五"期间模具行业的纲领性、指导性文件。

1997年以后，模具及模具加工技术和设备被列为国家重点工业发展对象，体现了国务院和国家有关部门对于发展模具工业的支持，也体现了模具工业在国民经济中的重要性。

进入21世纪后，国民经济的高速发展对模具工业提出了越来越高的要求，同时为模具的发展提供了巨大的动力。表1-1和图1-13所示是我国2000～2008年全国模具生产情况统计。

表1-1　2000～2008年我国模具生产产值表

年份	2000	2001	2002	2003	2004	2005	2006	2007	2008
产值（亿元）	280	316	360	450	530	610	720	870	950

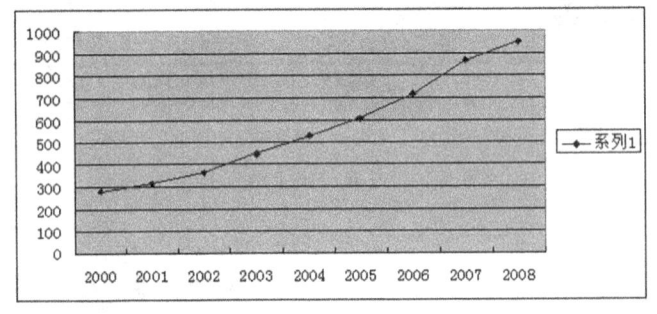

图1-13　2000～2008年我国模具生产产值情况

从表1-1和图1-13可以看出，我国模具工业发展迅速，在这7年间，模具产值以20％的增长率持续快速增长。

1.5　我国模具工业发展现状

中国模具工业在过去十多年中取得了令人瞩目的发展，模具销售额持续增长。目前模具加工制造企业已有3万多家，从业人员超过100万。

1. 模具行业结构调整取得一定成效

这主要有3方面表现：一是体制改革与机制转换的成效。目前国有企业少，无论从数量还是产销来说，都只占全行业的不足3％，股份制、私营和三资企业已占绝对优势，整个行业的活力进一步增强；二是以大型、精密、复杂、长寿命模具为主要代表的高技术含量的中高档模具比例一直在稳步提高；三是市场结构不断改善，新兴行业受到普遍重视，例如新能源领域、医疗设备（器具、器械）领域、自动化领域、航空航天领域及快速经济模具领域等。国际市场也更为广阔，除了欧美和东南亚传统市场之外，印度、俄罗斯、巴西、澳大利亚、中东和南非等新兴市场都已开始拓展。

2. 海外模具生产不断向我国内地转移

由于我国模具生产的成本优势，国际上模具的生产与采购在进一步向我国内地转移，加速了我国模具的进步。

3. 集群式生产方式得到进一步发展

目前全国已有不同种类和各种不同形式的模具城（园、区、集聚生产基地）30多个，其中半数以上已形成一定规模。2008年，模具城的产出已达270亿元左右，其中模具约为170亿元左右，规模效应得到体现。集群式生产方式为发展我国模具行业中的现代制造服务业和以模具为核心的产业链作出了重大贡献。

从地区分布来看，以珠三角、长三角以及安徽等地发展较快。广东省是中国目前模具第一大省，以三资企业为主体的广东省模具市场目前约占全国的四成以上。以私营企业为主体的浙江省是模具第二生产大省，浙江的宁波和黄岩地区已成为"中国模具之乡"。江苏和上海近年来发展也很快，市场份额正逐年增长。

4. 模具生产周期缩短，价格下降

随着市场竞争的加剧，人们迫切希望不断缩短模具的生产周期，降低模具的价格，这对模具生产企业造成了很大压力。不过，随着计算机辅助设计与计算机辅助制造（CAD/CAM）技术的发展，给上述要求提供了现实可能性。

1.6 模具工业发展趋势

模具是为制件，也就是成型产品服务的，因此模具必然要以制件的发展趋势为自己的发展趋势，模具必须满足它们的要求。对制件的具体要求如下。

1. 轻巧

如今，人们希望在保持产品性能的前提下不断减轻产品重量。为此，人们开发了大量新材料，如各种新型塑料、改性塑料、金属塑料、镁合金、复合材料等，这就要求有新的成型工艺，从而也就要求有与之相适应的新型模具。例如，汽车上越来越多地采用高强度板，对一些超高强度板进行热成型及开发与之相适应的热成型模具自然而然地成为了发展趋势。

2. 精美

精美就是产品的外形美观大方，内部无缺陷，这就要求有精细、精密和高质量的模具与之相适应。

3. 快速高效生产

如今，人们一方面要求模具企业要尽量缩短模具生产周期，尽快向模具用户交付模具；另一方面是使用户能用提供的模具快速高效地生产。为此，人们开发了一模多腔多件生产、叠层模具、热流道、多层复合、模内装饰、高光无痕注塑、在线检测、多工序复合、多排多工位等技术。此外，制件成型过程智能化还要求有智能化模具。

4. 高质量

要提高制件的质量，模具的稳定性一定要好，从而保证制件的一致性。

除上述各点外，许多新领域、新产业的模具制件的个性化要求也都对模具不断提出新要求。从发展趋势来看，模具发展趋势可从下列最基本的5个方面进行分析：

新材料——不断开发采用新材料成型的新型模具；

新工艺——不断开发新的成型工艺及模具加工的新工艺；

新技术——技术进步带动模具生产逐步向超高速、超精细和高度自动化方向发展；

信息化——数字化生产、信息化管理；

网络化——融入和利用好世界全球化网络。

【本章小结】

1. 使用模具制造产品具有快速、可重复的特性，适合于自动化大批量生产、节省材料。
2. 若按所成形的材料不同区分，模具可分为金属模具和非金属模具。
3. 目前中国的模具工业在制造技术上及人员素质方面有待提高。
4. 未来模具工业须朝着应用CAD/CAM技术、零件标准化、应用新材料与新工艺、超高速与超精细、自动化与智能化等方向发展。

第 2 章　冷冲压工艺与冷冲压模具

【学习目标】
- ◇ 了解冲压加工的特点及冷冲压技术的应用领域。
- ◇ 掌握冲压加工的类型及冷冲模的分类。
- ◇ 掌握冷冲模的基本结构。
- ◇ 了解冲压设备的种类，并能依冲压条件选择合适的冲压设备。
- ◇ 了解常用的冷冲压材料和常用模具材料。
- ◇ 学会分析冷冲模工作原理。

【先导案例】

如图 2-1 所示冲裁件，材料为 Q235，厚度为 1 mm，大批量生产。试制定工件冲压工艺规程，并选择其冲压设备。

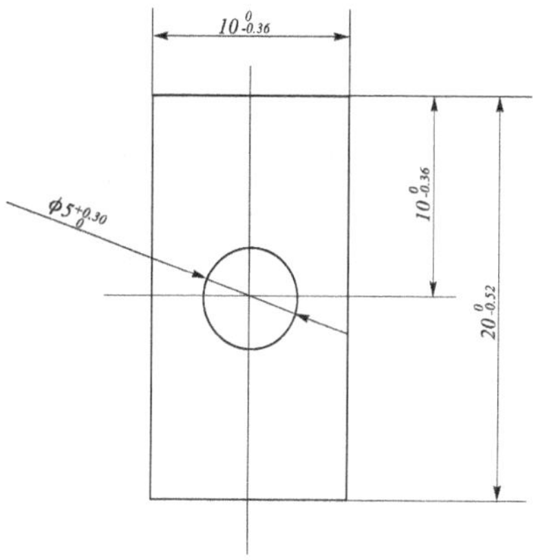

2.1　冷冲压加工概要

冷冲压加工是指在常温下利用安装在压力机上的模具对材料施加压力，使其成为具有一定形状、尺寸和性能的毛胚或制件的加工方法。冲压模具是指将板料加工成制件的专用工具。

2.1.1　冷冲压加工特点

图 2-1　冲裁件

冷冲压加工是金属成型的主要方法之一。冲压加工的工作方法完全不同于一般的机械加工方法，它具有以下优点。

① 冷冲压加工是少切削或无切削加工方法之一，是一种节能、低耗、高效的加工方法，冲件的成本较低。

② 冷冲压件的尺寸公差由模具保证，具有"一模一样"的特征。也就是说，一套冷冲压模具能够大量生产同一形状、尺寸的制品，其加工精度一般都非常均匀，且通常比切削加工效果还好。

③ 冷冲压可以加工壁薄、重量轻、形状复杂、表面质量好、刚性好的零件。

④ 可以节省材料。因为使用板料、卷材等材料，加工所剩余的废料能保持原有的形状，可用于制造其他较小的零件，材料的再利用率较高。而在切削加工的场合，加工所剩余的废料只能用来再熔炼加工。

⑤ 冲压加工生产效率高。用普通压力机进行冲压加工，每分钟可达到几十件；用高速压力机生产，每分钟可达数百件或千件以上。

⑥ 操作简单，容易，非熟练人员也能操作。

冲压加工虽有上述诸多优点，但也有一些缺点。

① 冲压加工不适用于小批量生产。冲压加工所使用的模具一般具有专用性，有时一个

复杂零件需要数套模具才能加工成型,而模具制造的精度高,技术要求高,是技术密集型产品,因此,只有在生产批量较大的情况下,冲压加工的优点才能充分体现,从而获得较好的经济效益。

② 有加工硬化现象,严重时会使金属失去进一步变形的能力。

③ 要求坯料的厚度均匀,表面光洁、无斑、无划伤等。

④ 冲压件的精度取决于模具精度。若零件的精度要求较高,用冷冲压生产将难以达到要求。

2.1.2 冷冲压技术应用领域

冷冲压加工广泛应用于汽车、工程机械、航天航空、仪表仪器、家用电器、日用品等生产领域。比如可制造汽车覆盖件、汽车车身的整个骨架、飞机蒙皮、日常生活中使用的锅具等。近年来,多数机械加工制品、铸件、压铸件已逐渐被冲压制品所取代。如图 2-2 所示为常见的冲压制件。

汽车覆盖件　　　　　　　　　汽车骨架

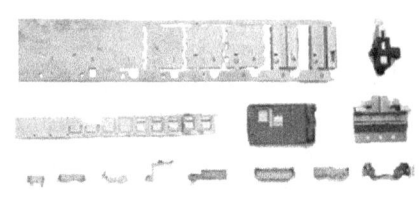

飞机蒙皮　　　　　　　　　电子电器产品中的连接件

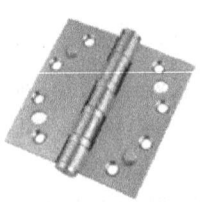

锅具　　　　　　　铰链　　　　　　　开瓶器

图 2-2　常见的冲压制件

2.2 冷冲压成型工艺与冲模

2.2.1 冷冲压成型工艺

随着冲模设计与制造能力的不断提高，冲床精度的日益改善，冷冲压加工所适用的范围和加工的类型也日益增多，比如：切断、冲孔、弯曲、拉深、胀形、缩口、翻边等都属于冲压加工。归纳上述各种加工的性质，冲压加工基本上可以分为两大类型：分离工序和成型工序。其中，分离工序是指使板料按一定轮廓分离而获得一定形状、尺寸和断面质量的冲压件的工序；成型工序是指坯料在不破裂的条件下产生塑性变形而获得一定形状和尺寸的冲压件的工序。

主要冲压工序的分类及相应模具见表 2-1 和表 2-2。

表 2-1 分离工序及相应模具

类别	工序名称	工序简图	工序特征	模具简图
分离工序	落料		沿封闭的轮廓冲切板料，冲下来的部分为工件	
	冲孔		沿封闭的轮廓冲切板料，冲下的部分为废料	
	切断		用剪刀或模具切断板料，切断线不是封闭的	
	切口		将板料局部切开而不完全分离，切口部分材料发生弯曲	
	切边		将工件边缘多余的材料冲切下来	

表 2-2 成型工序及相应模具

类别	工序名称	工序简图	工序特征	模具简图
成型工序	弯曲	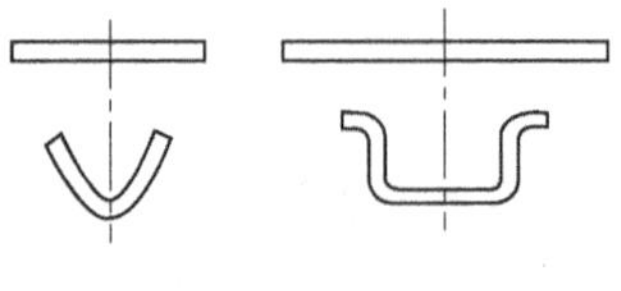	使板料弯成一定角度或一定形状	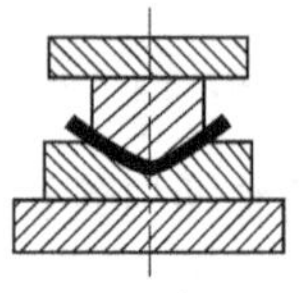
	拉深	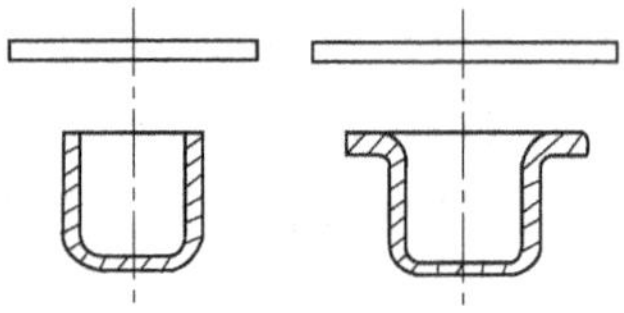	将板料压成任意形状的空心件	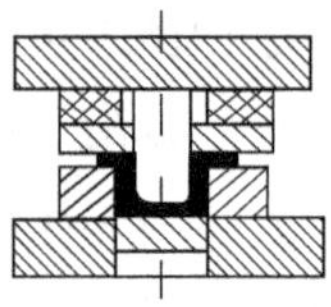
	翻边	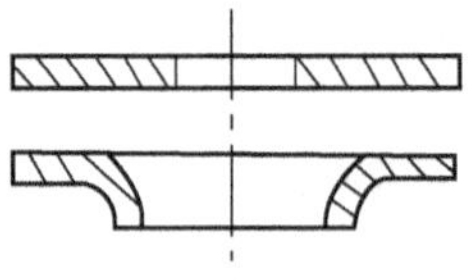	将平板边缘弯曲呈竖立的曲边或将孔附近的材料变形成有限高度的筒形	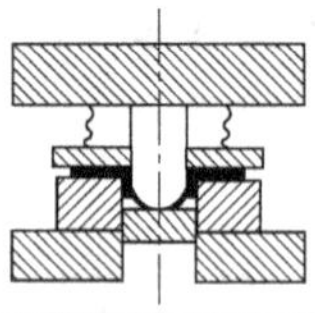
	缩口	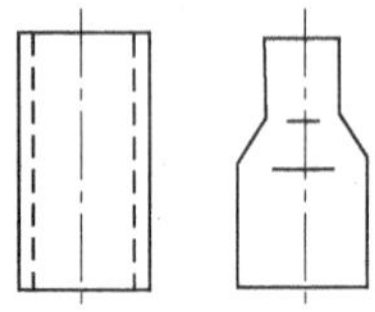	使管子形状的端部直径缩小	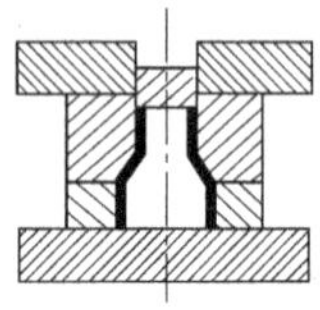
	胀形	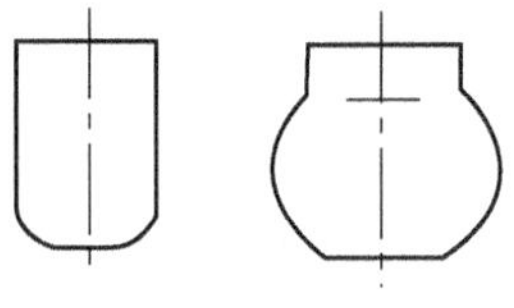	使空心件中间部位的形状胀大	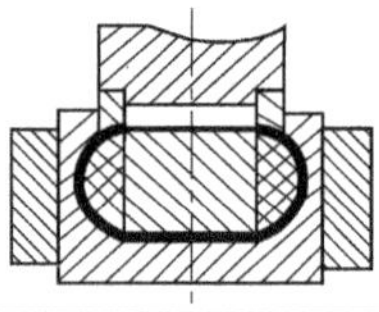
	整形	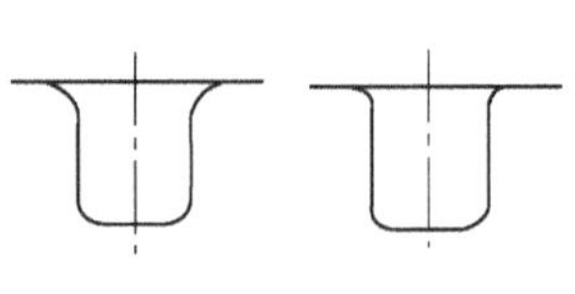	将工件不平的表面压平；将原先弯曲或拉深件压成正确形状	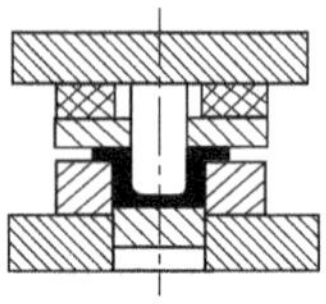

2.2.2 冲模基本结构

冲压模具的种类非常多，结构繁简不一，但是结构无论多复杂，其基本的结构总是相同的。模具的结构可分为上模和下模，上模一般与压力机的滑块连接，并随滑块一起上下往复运动，中小型模具常用模柄与压力机滑块连接；下模固定在压力机的工作台面上。冲压模的组成零件一般有6类。图2-3所示为一套简单的冲压模结构图。

① 工作零件。直接对零件进行加工，完成板料的分离或塑性变形。如图2-3所示落料凸模10、落料凹模12。工作零件是冷冲模最重要的零件。

② 导向零件。用以确定上、下模之间的相对位置，保证运动导向精度的零件。如图2-3中导柱19、导套20。

③ 定位零件。确定条料或毛坯在冲模中正确位置的零件。如图2-3所示固定挡料销18、导料销23。

④ 卸料及出件零件。将卡箍在凸模上或卡在凹模内的废料或冲件卸下、推出或顶出，以保证冲压工作能继续进行。如图 2-3 所示卸料弹簧 2、卸料螺钉 3、卸料板 11 组成了弹性卸料板，用于卸下卡箍在凸模上的废料。顶杆 15、托板 16、螺栓 17、螺母 21、橡胶 22 组成了出件装置，用于将落料件顶出。

⑤ 支承及紧固零件。将上述各类零件固定在上、下模上以及将上、下模连接在压力机上的零件。如图 2-3 所示上模座 1、凸模固定板 9、模柄 5、垫板 8、下模座 14。模柄 5 用于将上模与压力机滑块相连接。这些零件是冷冲模的基础零件。

⑥ 其他零件。如图 2-3 所示的紧固件（螺钉 4、模柄 5、防转销 6、销钉 7、螺栓 17）和图 2-4 所示的冲压模具零件。

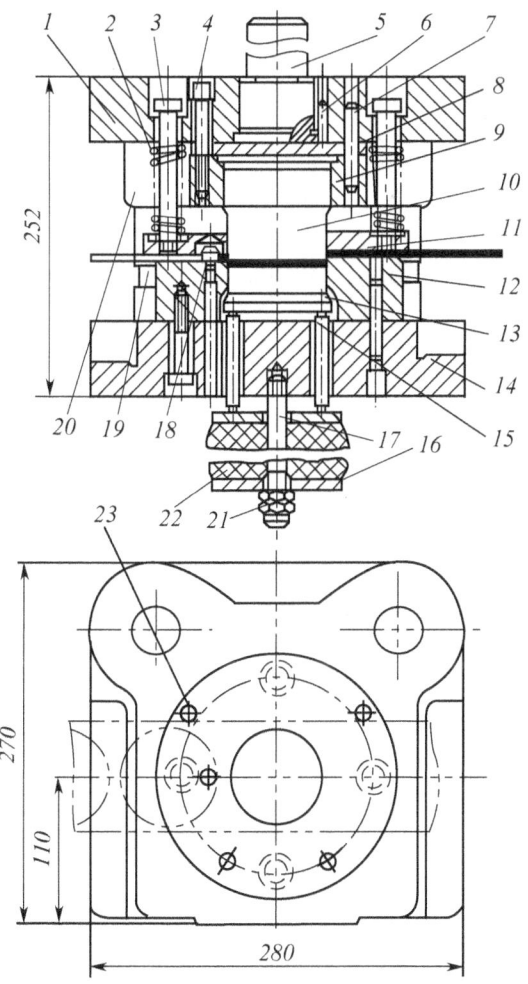
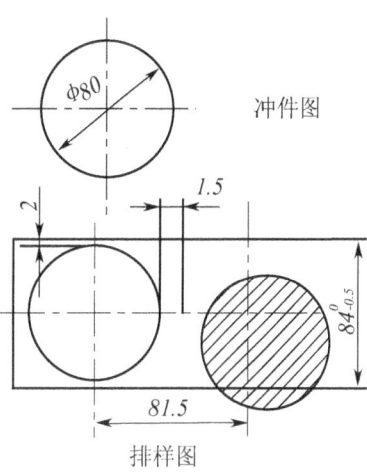

1—上模座；2—卸料弹簧；3—卸料螺钉；4—螺钉；5—模柄；6—防转销；7—销钉；8—垫板；9—凸模固定板；10—落料凸模；11—卸料板；12—落料凹模；13—顶件块；14—下模座；15—顶杆；16—托板；17—螺栓；18—固定挡料销；19—导柱；20—导套；21—螺母；22—橡胶；23—导料销

图 2-3 导柱式弹顶落料模

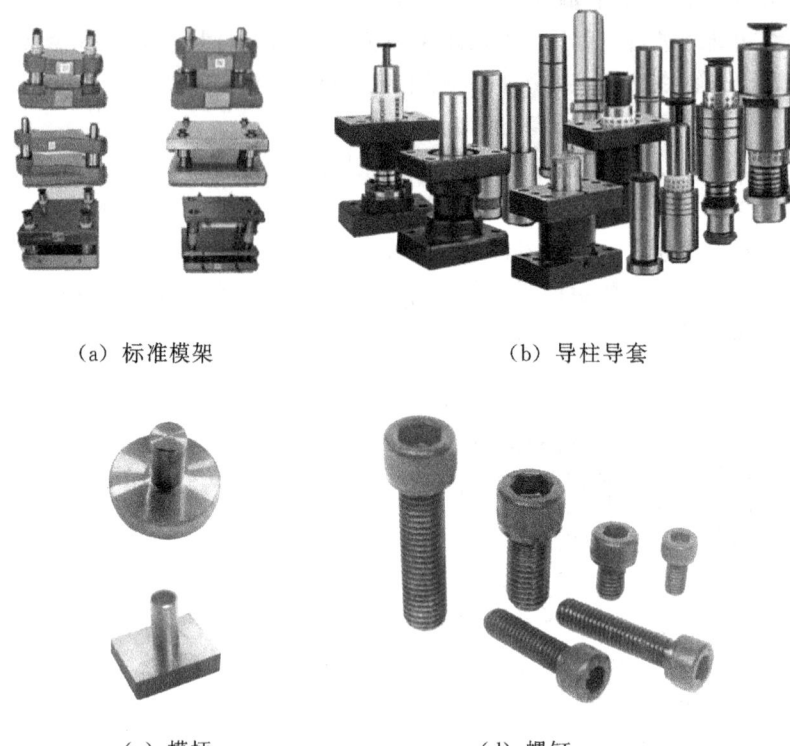

(a) 标准模架　　　　　　　　(b) 导柱导套

(c) 模柄　　　　　　　　　　(d) 螺钉

图 2-4　冲压模具零件

2.2.3　冲模的分类

冲压模具主要的分类方式有两种：一是按工序性质区分，另一种是按工序组合方式区分。按工序性质分为冲裁模、弯曲模、拉深模、成形模等；按工序组合方式分为单工序模、复合模、级进模等。

1. 按工序性质不同分类

（1）冲裁模

冲裁模是指沿封闭或敞开的轮廓线使材料产生分离的模具。如落料模、冲孔模、切断模、切口模、切边模、剖切模等。如图 2-5、图 2-6 所示即为两种典型的冲裁模：图 2-5 所示为简单落料模，图 2-6 所示为冲孔模。

落料模指使制件沿封闭轮廓与板料分离，从凹模中落出的是需要的工件的冲裁模。图 2-5 所示为一套落料模。由于模具的卸料板 1 固定在凹模 9 上，且有导柱导套对上下模作为导向，所以该套模具又称为导柱式固定卸料落料模。该模具用钩形固定挡料销 8 和导料板对条料定位，工件由凸模 3 逐次从凹模孔中推下并经压力机工作台孔漏入料箱。卸料板 1 用于卸掉卡箍在凸模上的废料。导柱式固定卸料的模具主要用于工件平整度要求不高、板料厚度较大（厚度大于 1 mm）的工件的冲压。

冲孔模指沿封闭轮廓将废料从坯料或工序件上分离而得到带孔冲件的冲裁模。图 2-6 所示为一套冲孔模。冲孔模的结构与一般落料模相似，但冲孔模有自己的特点，冲孔模的对象是已经落料或其他冲压加工后的半成品,所以要解决半成品在模具上如何定位、如何使半成品放进模具以及冲好后取出既方便又安全的问题,因此,冲孔大多是在工序件上进行。为了保证冲件平整,冲孔模一般采用弹性卸料装置。弹性卸料装置兼具有卸料和压料双重作用,即冲压前对毛坯有压紧作用,冲压后又使冲压件平稳卸料。

图 2-6 是导柱式冲孔模。冲件上的所有孔需要一次全部冲出,因此该模具是多凸模的单工序冲裁模。由于工序件是经过拉深的空心件,而且孔边与侧壁距离较近,因此采用工序件口部朝上,用定位圈 5 实现制件外形定位。在该套模具中设置了弹性卸料装置,其目的一方面是用于增加凸模的强度和稳定性,另一方面就是用于卸料。除此之外,该装置还有压料作用,可保证冲孔零件的平整,提高零件的质量。

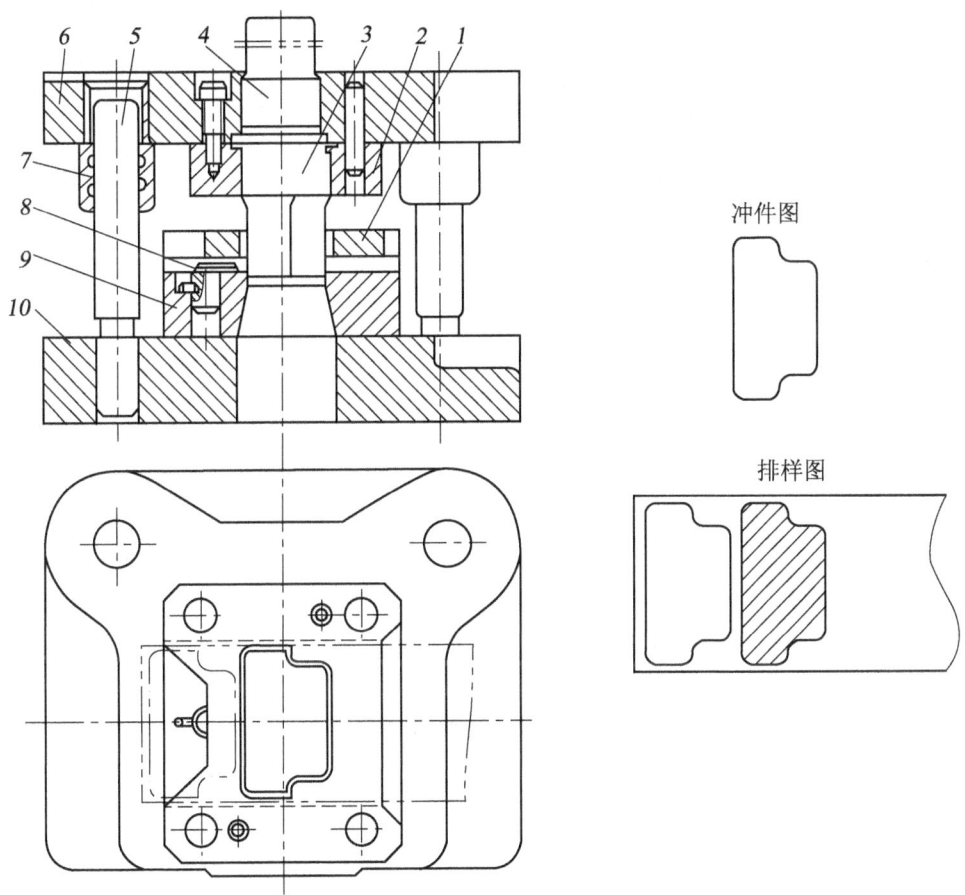

1—固定卸料板;2—凸模固定板;3—凸模;4—模柄;5—导柱;
6—上模座;7—导套;8—钩形固定挡料销;9—凹模;10—下模座

图 2-5 导柱式固定卸料落料模

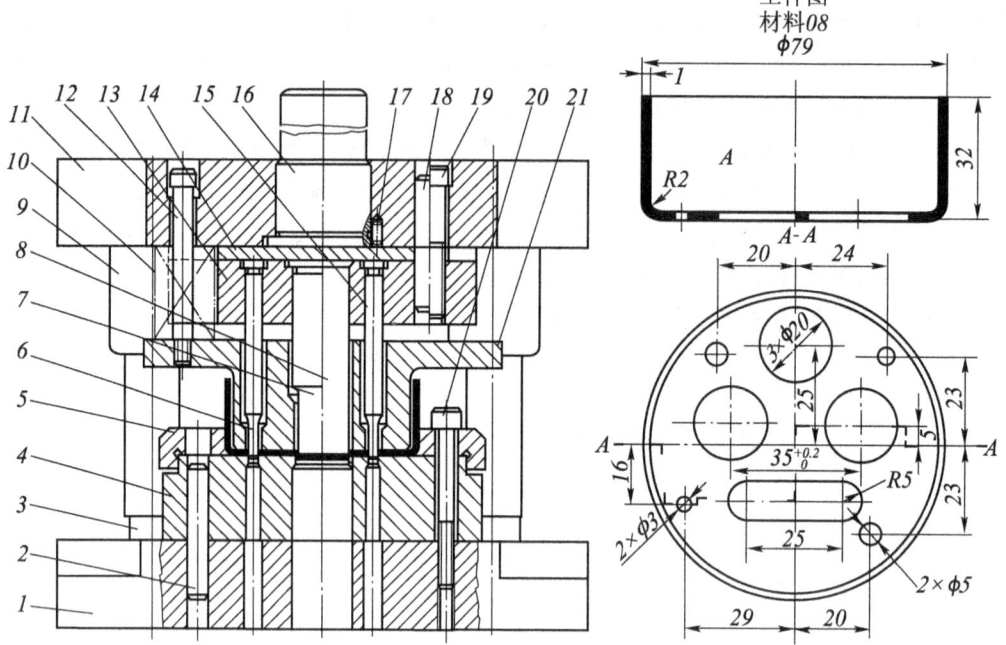

1—下模座；2、18—圆柱销；3—导柱；4—凹模；5—定位圈；6、7、8、15—凸模；
9—导套；10—弹簧；11—上模座；12—卸料螺钉；13—凸模固定板；14—垫板；
16—模柄；17—止动销；19、20—内六角螺钉；21—卸料板

图 2-6 导柱式冲孔模

(2) 弯曲模

弯曲模是将板料、型材或棒料等按照设计要求弯成一定角度和一定曲率，形成所需要形状的零件的模具。弯曲模的结构整体由上、下模两部分组成，模具中的工作零件、卸料零件、定位零件等的作用与冲裁模的零件基本相似，只是零件的形状不同。此外，弯曲不同形状的弯曲件所采用的弯曲模结构也有较大的区别。

如图 2-7 所示为一副简单的 V 形弯曲模，冲头和凹模工作表面均制成 V 形。弯曲时，坯料由定位板 4 定位，在凸、凹模作用下，一次便可将平板坯料弯曲成 V 形件。该模具的优点是结构简单，模具在压力机上安装、调整方便，制件能得到校正，因而制件的回弹小且直边平整。

除了 V 形弯曲模外，还有 U 形、Z 形、卷边等各种类型的弯曲模。弯曲模与冲裁模的不同之处在于弯曲模常以顶出装置的方式取下成品。

(3) 拉深模

拉深模是把板料毛坯制成开口空心件，或使空心件进一步改变形状和尺寸的模具。按结构形式与使用要求的不同，

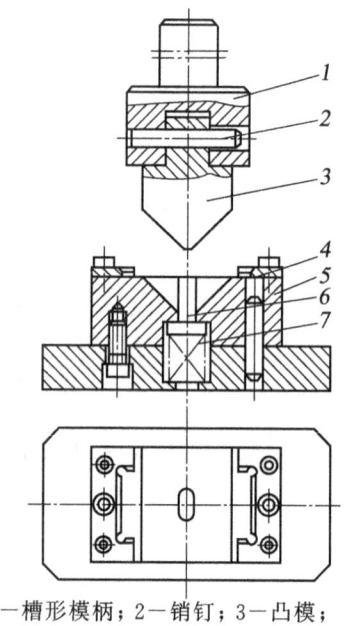

1—槽形模柄；2—销钉；3—凸模；
4—定位板；5—凹模；
6—顶杆；7—弹簧

图 2-7 V 形件弯曲模

拉深模可分为首次拉深模与以后各次拉深模、有压料装置拉深模与无压料装置拉深模、正装式拉深模与倒装式拉深模、下出件拉深模与上出件拉深模。

图 2-8 所示为杯形制品的拉深模具结构简图，它是一副带压边装置的拉深模。该模具采用倒装结构，拉深凸模在下模，凹模在上模，由安装在下模座上的弹顶器或气垫提供压边力。这种方法能够获得较大的压边力，并且便于调整压边力的大小。凸模 4 上开设通气孔，目的是便于将拉深件从凸模上卸下，并防止卸件时拉深件变形。

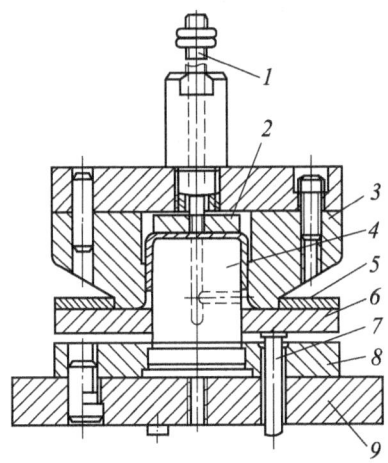

1—拉杆；2—推件块；3—凹模；4—凸模；5—定位板；6—压边圈；7—顶杆；8—凸模固定板；9—下模座
图 2-8 有压边圈倒装式拉深模

（4）成型模

成型模是将毛坯或半成品工件按凸、凹模的形状直接复制成型，而材料本身仅产生局部塑性变形的模具。如胀形模、缩口模、扩口模、起伏成型模、翻边模、整形模等。成型工序包括胀形、翻边、缩口、校形、旋压等，它们常和其他冲压工序组合在一起，加工某些复杂形状的零件。

图 2-9 所示为刚性凸模胀形模，利用锥形芯块 3 将分瓣凸模 2 向四周顶开，使坯料形成所需的形状，分瓣凸模 2 数目越多，越有助于提高零件精度。但模具结构复杂，成本较高，且难以得到精度较高的旋转体零件。

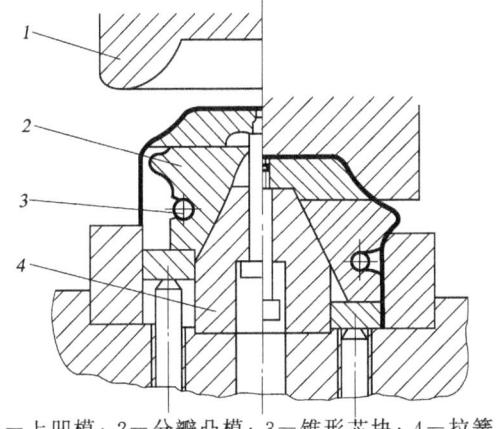

1—上凹模；2—分瓣凸模；3—锥形芯块；4—拉簧
图 2-9 分瓣式刚性凸模胀形模

翻边是冲压生产中常用的工序之一，主要用于制出与其他零件的装配部位，或是为了零件的刚度而加工出特定的形状。在大型钣金成形时，翻边还可用作控制材料破坏的手段。根据冲件边缘的形状和应力、应变状态的不同，翻边可以分为内孔翻边和外缘翻边。

① 内孔翻边：把预先在平面上加工的圆孔周边翻起扩大，使之成为具有一定高度的直壁孔的成型工艺，称为内孔翻边，如图2-10所示。

② 外缘翻边分为内凹外缘翻边和外凸外缘翻边，前者指沿着具有内凹形状的外缘进行翻边，如图2-11（a）所示；后者指沿着具有外凸形状的外缘进行翻边，如图2-11（b）所示。

图2-12所示为一套内、外缘翻边模。模具工作时，弹性压边圈2对板料施加压力，托料板4顶住坯料筒底，内孔翻边凸模8对坯料进行内孔翻边，同时外缘翻边凹模3与外缘翻边凸模5合模，使板料外缘翻边。其他的胀形模，如缩口模、扩口模、起伏成型模等不再一一叙述。

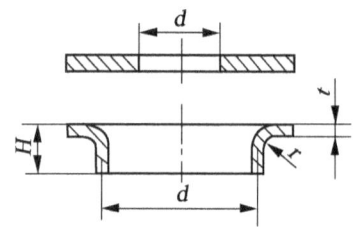

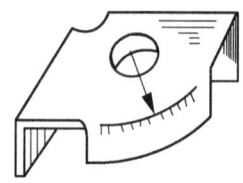

(a) 内凹翻边　　　（b) 外凸翻边

图 2-10　内孔翻边（由板孔翻成无底件）　　图 2-11　外缘翻边

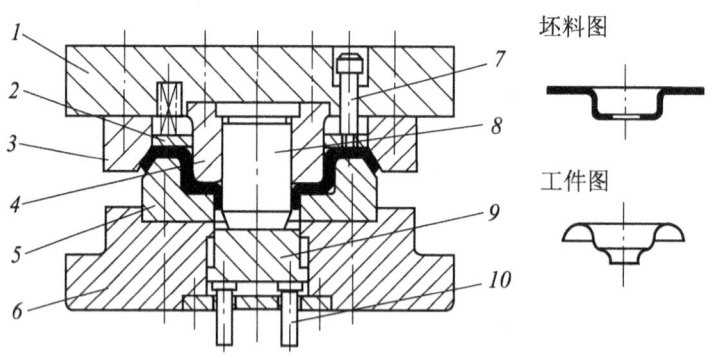

1—上模板；2—压边圈；3—外缘翻边凹模；4—托料板；5—外缘翻边凸模；
6—下模板；7—螺栓；8—内孔翻边凸模；9—顶件块；10—顶杆

图 2-12　内、外缘翻边模

2. 按工序组合方式分类

（1）单工序模具

单工序模是指在压力机的一次行程中只完成一道冲压工序的模具。图2-5、图2-6、图2-7、图2-8所示均为典型的单工序模具。因此，图2-5所示模具也称为单工序落料模，图2-6所示模具称为单工序冲孔模。

（2）复合模

复合模是指只有一个工位，在压力机的一次行程中，在同一工位上同时完成两道或两道以上冲压工序的模具。复合模是一种多工序冲模，它在结构上的主要特征是有一个或几个具有双重作用的工作零件——凸凹模。所谓"双重作用"就是指凸凹模既是落料凸模又是冲孔凹模。

如图 2-13 所示是冲孔落料复合模的基本结构。上模是落料凹模 3，中间是冲孔凸模 2；而另一方是凸凹模 5。工作时上模下行，在冲孔凸模 2 和冲孔凹模 5 的作用下冲孔，同时落料凸模 5 和落料凹模 3 的作用下落料。冲裁结束后，制件卡在落料凹模 3 内腔，由推件块 1 推出，条料箍在凸凹模上由卸料板 4 卸下，冲孔废料卡在凸凹模 5 内由冲孔凸模 2 逐次推下。表 2-3 为各种工序组合及模具简图。

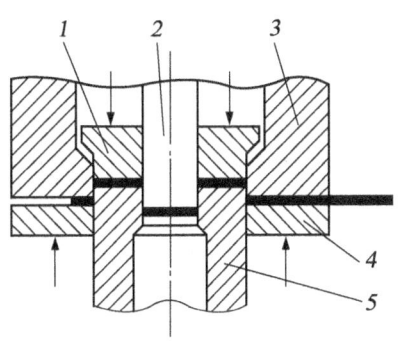

1—推件块；2—冲孔凸模；3—落料凹模；4—卸料板；5—凸凹模

图 2-13　冲孔落料复合模

表 2-3　常见复合模复合方式示例

工序组合	模具结构简图	工序组合	模具结构简图
落料、冲孔		冲孔、切边	
切断、弯曲		落料、拉深、冲孔	
切断、弯曲、冲孔		落料、拉深、冲孔、翻边	
落料、拉深		冲孔、翻边	

续表 2-3

工序组合	模具结构简图	工序组合	模具结构简图
落料、拉深、切边		落料、成形、冲孔	

按照复合模凸凹模安装位置的不同，可将其分为两种：凸凹模安装在上模座上，称为正装式复合模；凸凹模安装在下模座上，称为倒装式复合模。图 2-14 所示为倒装式复合模，凸凹模 18 安装在下模座上，冲孔凸模 14、16 和落料凹模 17 安装在上模座上。该模的工作顺序是上模下行，在落料凸模 18 和落料凹模 17 的作用下落料，同时在冲孔凸模 14、16 和冲孔凹模 18 的作用下冲孔。当上模回升时，刚性推件装置将工件推出。刚性推件装置由推杆 12、推板 11、推销 10、推件块 9 组成。废料直接从凸凹模内孔推出。条料箍在凸凹模上由弹性卸料板 4 卸下。条料送进方向由单侧布置的两个导料销 22 限定，送进步距由挡料销 5 来限定。

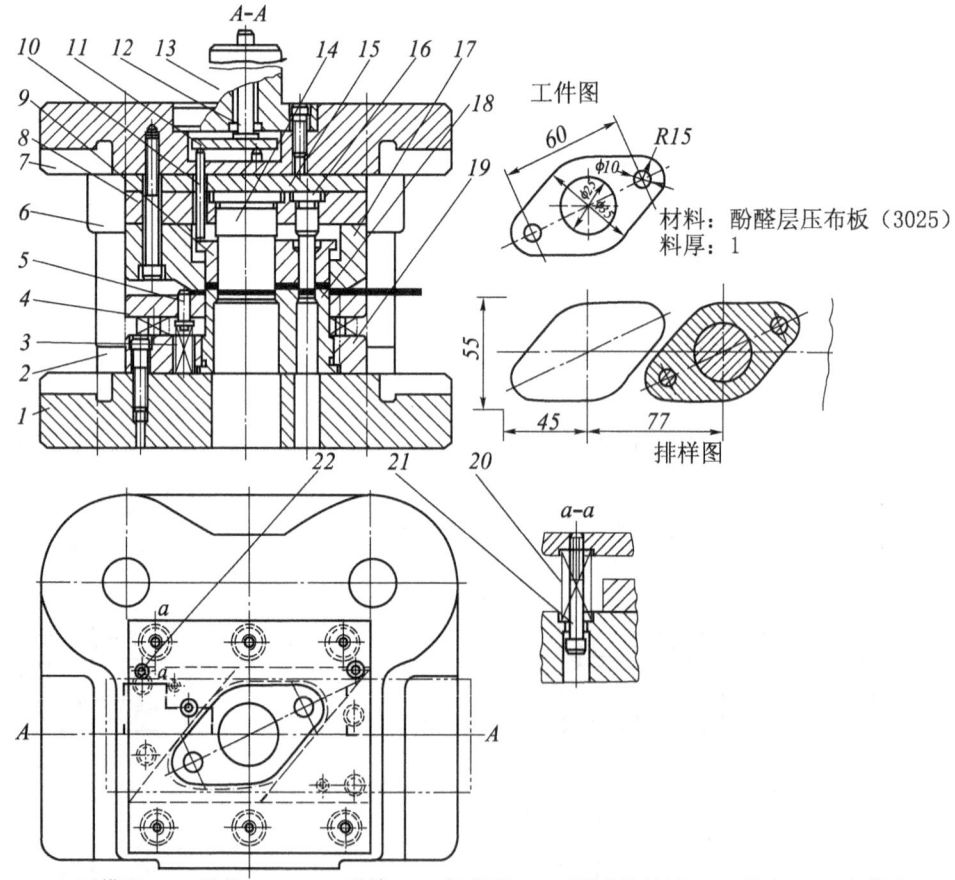

1—下模座；2—导柱；3、20—弹簧；4—卸料板；5—活动挡料销；6—导套；7—上模座；
8—凸模固定板；9—推件块；10、12—推杆；11—推板；13—模柄；14、16—冲孔凸模；
15—垫板；17—落料凹模；18—凸凹模；19—固定板；21—卸料螺钉；22—导料销

图 2-14　倒装式复合模

图 2-15 所示为落料、拉深、冲孔、翻边复合模。凸凹模 8 与落料凹模 4 均固定在固定板 7 上,以保证同轴度。该模的工作顺序是上模下行,首先在落料凸模 1 和落料凹模 4 的作用下落料。上模继续下行,在凸凹模 1 和凸凹模 8 相互作用下将坯料拉深,在拉深过程中通过顶杆 6 传递给顶件块 5 并对坯料施加压料力。当拉深到一定深度后由冲孔凸模 2 和凸凹模 8 进行冲孔并翻边。当上模回升时,在顶件块 5 和推件块 3 的作用下将工件顶出,条料由卸料板 9 卸下。垫片 10 用以调整冲孔凸模 2 和凸凹模 8 的相对高度,以此控制冲孔前的拉深高度,确保翻出合格的零件高度。

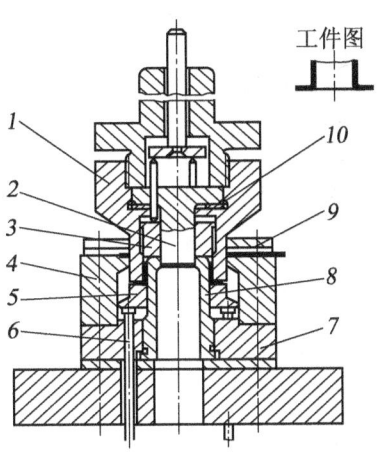

1、8—凸凹模;2—冲孔凸模;3—推件块;4—落料凹模;5—顶件块;
6—顶杆;7—固定板;9—卸料板;10—垫片
图 2-15 落料、拉深、冲孔、翻孔复合模

总结上述的两套模具的结构,可以得出复合模的特点。

① 生产效率成倍提高。原来由两副模具分别完成的落料、冲孔工序,若使用落料、冲孔复合模时,则可由一副模具在一次冲压行程中完成,生产效率提高一倍。如果将多工序利用一副复合模完成,则生产效率可提高数倍。

② 提高冲压件的质量。在复合模中,几道冲压工序是在同一工位上完成的,无需重新定位,因此冲压件的定位基准统一,使得冲压工件的位置精度得到提高。例如当冲压件的外缘与内孔的同心度要求较高时,采用复合模就较容易满足要求。

③ 对模具制造精度要求较高。由于复合模要在一副模具中完成几道冲压工序,因此模具结构一般要比单工序模复杂,而且各零部件在动作时要求相互不干涉、准确可靠,对模具的制造精度要求较高。

(3)级进模(也称连续模)

级进模是指在毛坯的送进方向上具有两个或更多的工位,在压力机的一次行程中,在不同的工位上逐次完成两道或两道以上冲压工序的模具。用于级进模的材料都是长条状的板材。条料按照某种送进方式,每次送进一个步距,经逐个工位冲制后,便得到一个完整的冲压工件。在一副级进模中,可以连续完成冲裁、弯曲、拉深、成型等工序。一般来说,无论冲压零件形状多么复杂,冲压工序怎样多,均可用一副级进模冲制完成。表 2-4 为常见级进模组合方式。

表 2-4 常见级进模组合方式

工序组合	模具结构简图	工序组合	模具结构简图
冲孔、落料	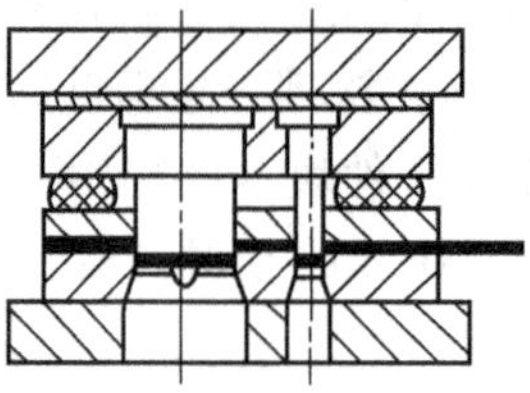	冲孔、切断	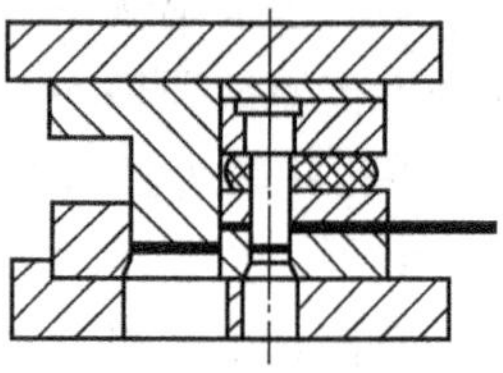
冲孔、切断	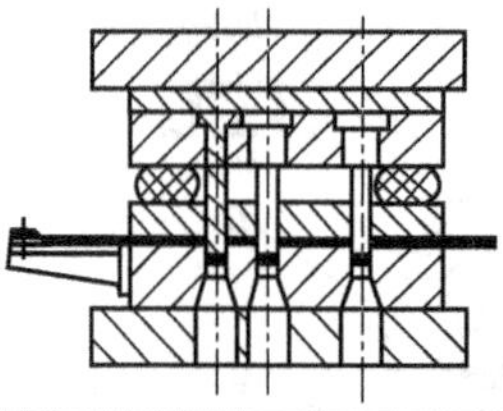	级进拉深、落料	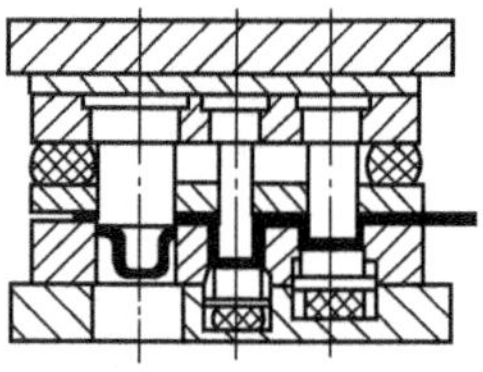
冲孔、弯曲、切断	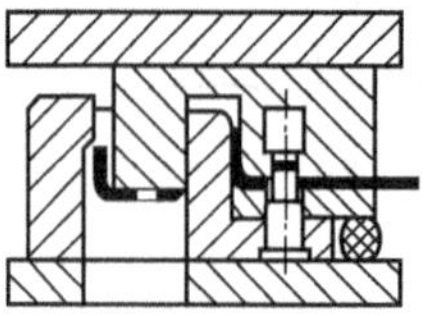	冲孔、翻边、落料	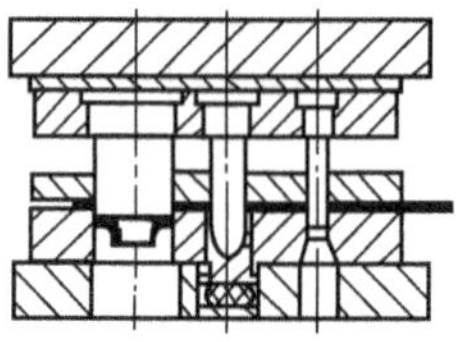
冲孔、切断、弯曲	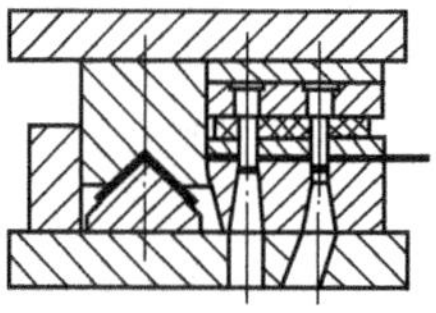	冲孔、压筋、落料	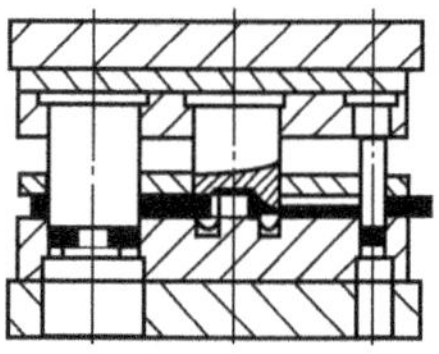
冲孔、翻边、落料	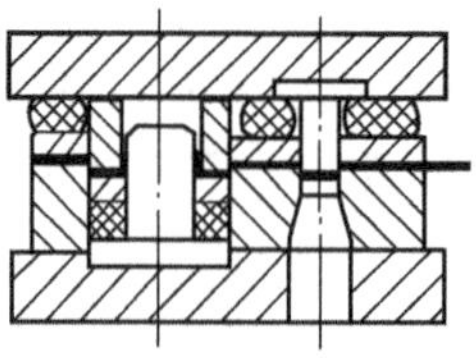	级进拉深、冲孔、落料	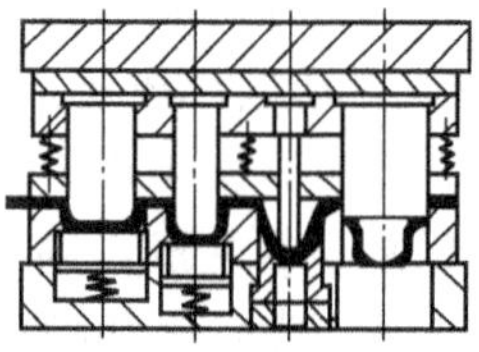

① 步距与定距方式。

级进模在冲压过程中，压力机每次行程完成一个（或几个）工件的冲压。条料也要及时地向前送进一个步距，称为送料。级进模送料时定距（确定条料的送进步距）的方式主要有 3 种。

a. 挡料销定距。

挡料销定距多适用于手工送料的简单级进模，是利用工件落料后的废料孔与凹模上的定位钉实现定位。挡料销的定距是粗定距，模具上必须设有导正销将料导正，实现精确定距。使用导正销的目的是消除送进导向和送料定距或定位板等粗定位的误差。如图 2-16 所示，冲裁中，导正销先进入已冲孔中，导正条料位置，保证孔与外形相对位置公差的要求，图 2-16 中导正销与挡料销配合使用。

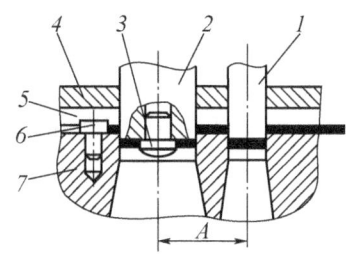

1—冲孔凸模；2—落料凸模；3—导正销；4—卸料板；5—导料板；6—固定挡料销；7—凹模

图 2-16 级进模挡料销定距原理

b. 侧刃定距。

侧刃的作用原理就是在条料侧边冲切一定形状缺口，以确定步距。侧刃限定进距准确可靠，保证了较高的送料精度和生产率，其缺点是增加了材料消耗和冲裁力。图 2-17 所示为侧刃的标准结构。

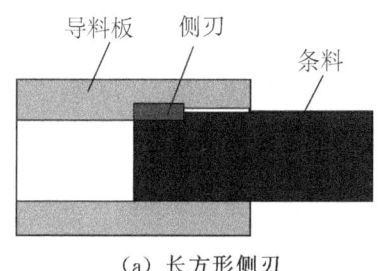
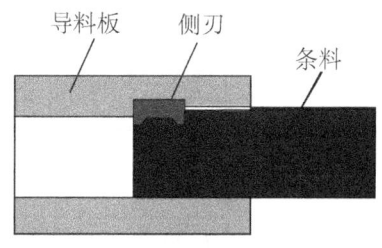

(a) 长方形侧刃　　　　　　　　(b) 成形侧刃

图 2-17 侧刃结构

侧刃定距适用于 0.1~1.5 mm 厚的板料，太薄的板料用挡块定位时，易因板料产生变形而影响定位精度；太厚的料则不适于侧刃冲切。

c. 自动送料器定距。

自动送料器有定型产品可以选购，它配合冲床的冲压动作，使条料能按时、定量地送进高速冲床。自动冲压必须采用自动送料器送料。图 2-18 所示为送料装置。

(a) 气动自动送料机构　　　　　　(b) 滚轮校平展卷送料机

图 2-18 送料装置

② 级进模结构。

如图 2-19 所示，用固定挡料销和导正销定位的冲孔落料级进模。条料沿对称布置的两个导料板从右向左送进。始用导料销 7 用于每个条料的第一次冲裁和条料送进时的第一次定位,以后各次送料定位由固定挡料销6定位。该模具的工作过程为条料送进到第一工位,始用导料销7对板料进行初定位,上模下行,冲孔凸模3对工件进行冲孔,上模回升,始用导料销7退回,条料送进到第二个工位,此时由固定挡料销6对条料实现送料定位,上模下行,导正销5进入已冲孔中,落料凸模4对板料进行落料,与此同时,冲孔凸模3对后面第一工位上的条料进行冲孔,凸模回升,这样就完成了一个工件的加工,以后工件的加工顺序如前所述顺序进行。

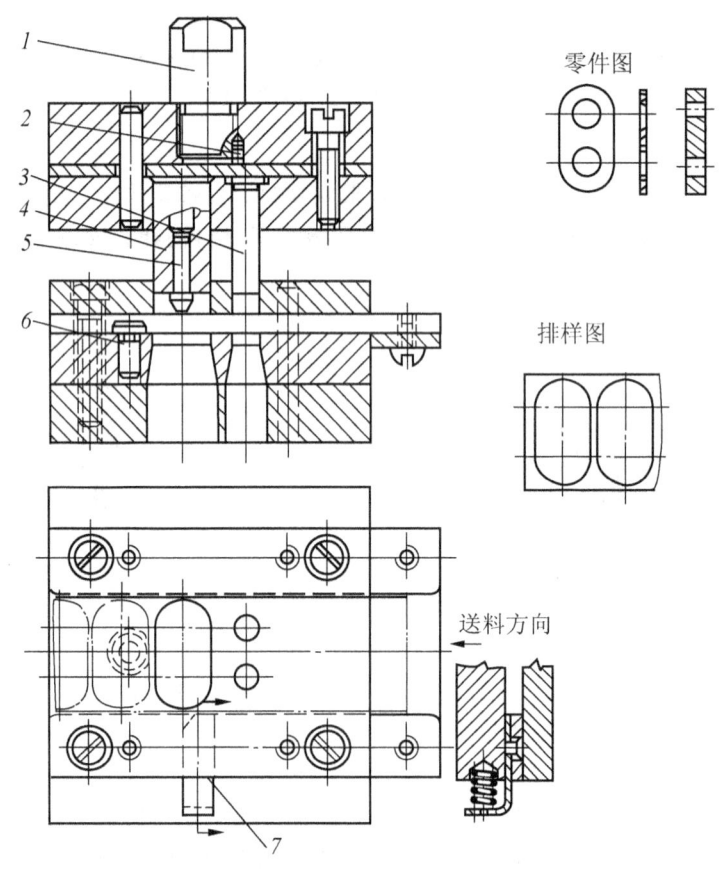

1—模柄;2—螺钉;3—冲孔凸模;4—落料凸模;5—导正销;6—固定挡料销;7—始用导料销

图2-19 用导正销定距的冲孔落料级进模

对于形状复杂的工件(如电机定子、转子片),级进模结构就复杂许多,需要有多个工位才能完成工件加工,这就需要用到多工位级进模。多工位级进模是在普通连续模的基础上发展起来的一种高精度、高效率模具。这种模具可设置多至几十个的工位,将厚度较薄的带料或条料由模具入口端送进后,在严格控制步距精度的条件下,按照设定的顺序,通过各工位的连续冲压,通常在最后工位经落料或切断后,便可冲出符合要求的冲压件。图2-20所示为某工件的排样图,从这排样图中可以看出加工该工件需要8个工位。

第1工位:冲导正销孔 $\phi 1.8$ mm 圆孔

第2工位:冲2个 $\phi 1.8$ mm 圆孔

第3工位:空工位

第4工位:冲切两端局部余料

第5工位：冲两工件之间的分断槽余料
第6工位：弯曲
第7工位：冲中部长方孔
第8工位：载体切断，零件与条料分离

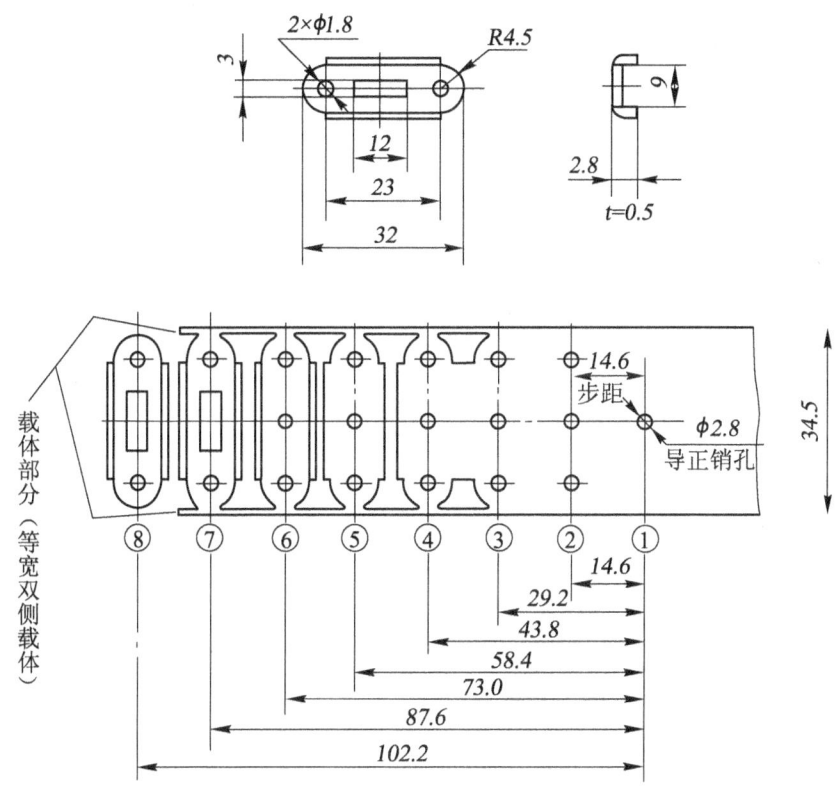

图 2-20　排样图

多工位级进模的特点就在于冲压生产效率高，安全性好，自动化程度高，产品质量高，模具寿命长，目前随着级进模 CAD/CAM 技术及数控加工技术的发展，级进模的工位数逐步增加，精度提高。功能复合化、高效率、高精度、高寿命的多工位级进模的设计和制造已成为模具技术的主要发展方向之一。

③ 级进模特点。

a. 在一副级进模内，可以包括冲裁、弯曲、成型、拉深等多道工序，用一台冲床可完成从板料到成品的各种冲压过程，免去了用单工序模的周转和每次冲压的定位过程，提高了劳动生产率和设备利用率。

b. 级进模的设计和制造周期较长，其成本较高，但如果用许多单工序模代替一副级进模，其许多单工序模的总造价比一副级进模要高得多，因此，在条件允许的情况下，采用级进模往往是降低模具成本的好措施。

c. 采用级进模也有不利因素。首先是工件的大小，太大的工件工位数较多，模具自然就比较大，这时要考虑模具与冲床工作台面的匹配性。其次是级进模要采用条料，对某些形状复杂的工件产生的废料较多，材料利用率偏低，在选用级进模时要注意材料的利用率。最后是级进模由于连续地进行各种冲压,必然会引起条料载体和工序件的变形,一般来说级进模生产的工件精度较低。

综上所述,模具结构类型繁多,不同情况应采用不同的模具结构类型。在实际生产中是以合理的工艺方案为基础,在综合考虑冲裁件的结构特点、精度等级、尺寸形状和厚度、材料种类、生产批量以及制模条件、操作等因素之后,才合理选择模具结构类型。表 2-5 列举了单工序模、复合模和连续模的特点。

表 2-5　单工序模、复合模和连续模的特点

项目	单工序模	复合模	连续模
冲压精度	一般较低	中、高级精度	中、高级精度
原材料要求	不严格	除条料外,小件也可用边角料	条料或卷料
冲压生产率	低	较高	高
实现操作机械化自动化的可能性	较易,尤其适合于在多工位压力机上实现自动化	难,只能在单机上实现部分机械操作	容易,尤其适合于在单机上实现自动化
生产通用性	好,适合于中、小批量生产及大型件的大量生产	较差,仅适合于大批量生产	较差,仅适合于中、小型零件的大批量生产
冲模制造的复杂性和价格	结构简单,制造周期短,价格低	结构复杂,制造难度大,价格高	结构复杂,制造和调整难度大,价格与工位数成比例上升

2.3　冲压设备

冲压设备是指进行冲压加工所使用的工艺装备。常用的冲压设备有剪板机、曲柄压力机、摩擦压力机和液压机。下面对常用的冷冲压设备进行介绍。

2.3.1　冲压设备简介

1. 剪板机

剪板机也称为剪床,用于冷剪板料,常用于下料工序,将尺寸较大的板料或成卷的带料按零件排样要求裁剪成所需宽度的条料。剪板机的规格型号通常用能够剪裁金属板料的最大厚度与最大宽度来表示。如:Q11-6×2000 剪板机,表示可剪裁板料最大尺寸(厚×宽)为 6 mm×2000 mm。图 2-21 所示为剪板机。

图 2-21 剪板机

2. 曲柄压力机

曲柄压力机是最常用的冷冲压设备。曲柄压力机的工作原理就是把曲柄的旋转运动变为滑块的直线往复运动。如图 2-22 所示为曲柄压力机的传动系统图。分析其工作原理：电动机 1 经 V 带轮把运动传给大带轮 2，再经一级减速齿轮，通过离合器 5 的开闭合，带动曲柄连杆机构（由曲柄 8、连杆 6、滑块 7 组成），使滑块 7 获得上下往复运动，以进行冲压工作。如图 2-23 所示为曲柄压力机外形图，机身呈 C 形，前、左、右三面敞开，结构简单、操作方便。曲柄压力机属万能型的压力机，适用于落料、冲孔、弯曲等冲压工序。

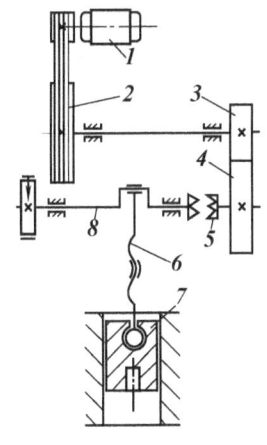

1—电动机；2—大带轮；3、4—齿轮；
5—离合器；6—连杆；7—滑块；8—曲轴

图 2-22 曲柄压力机传动系统图　　　图 2-23 曲轴压力机

3. 摩擦压力机

摩擦压力机是利用螺杆与螺母的相对运动原理工作的，具有结构简单，制造容易，维修方便，生产成本低等特点，如图 2-24 所示。电动机的动力通过三角皮带传递给横轴 2，驱使横轴旋转，操纵手柄使横轴沿轴向左右运动，由于横轴上的左摩擦轮 1、右摩擦轮 3 与飞轮 4 的接触，从而使滑块产生往复运动。该摩擦压力机适用于弯曲大而厚的工件以及校正、压印等冲压工序。其缺点是飞轮轮缘磨损大，生产率和精度较低。

1—左摩擦轮；2—横轴；3—右摩擦轮；4—飞轮；5—滑块

图 2-24 摩擦压力机

4. 液压机

液压机又称为油压机，图 2-25 所示为常见的四柱万能液压机。液压机是根据帕斯卡原理制成的，它利用液体压力来传递能量，以实现各种压力加工工艺要求。电动机带动轴向柱塞泵和一个分级高压泵，通过手动开关阀控制液流进入或排出油缸，使活动横梁做上下往复运动。模具安装在活动横梁和工作台上，能够完成弯曲、拉深、翻边、整形等冲压工序。液压机工作行程长，在整个行程中都能承受公称载荷，但其工作效率低，如果不采取特殊措施，一般不能用于冲裁工序。

图 2-25 液压机

2.3.2 冲压设备的分类

冲压成型设备的类型很多，可适应不同的冲压工艺要求，在我国锻压机械的 8 大类中，冲压成型设备就占了一半以上。

① 按驱动滑块的动力种类可分为机械的（如图 2-23、图 2-24 所示）、液压的（如图 2-25 所示）、气动的。

② 按机身结构可分为开式压力机（如图 2-26 所示）和闭式压力机（如图 2-27 所示）。

开式压力机又可分为单柱压力机（如图 2-26 所示）、双柱压力机（如图 2-24 所示）。
开式压力机按照工作台结构可分为倾斜式、固定式和升降台式。

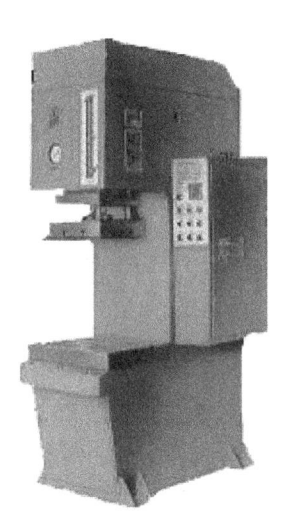
图 2-26 开式压力机

图 2-27 闭式压力机

③ 按滑块的数量可分为单动压力机（如图 2-28（a）所示）、双动压力机（如图 2-28（b）所示）和三动压力机（如图 2-28（c）所示）。

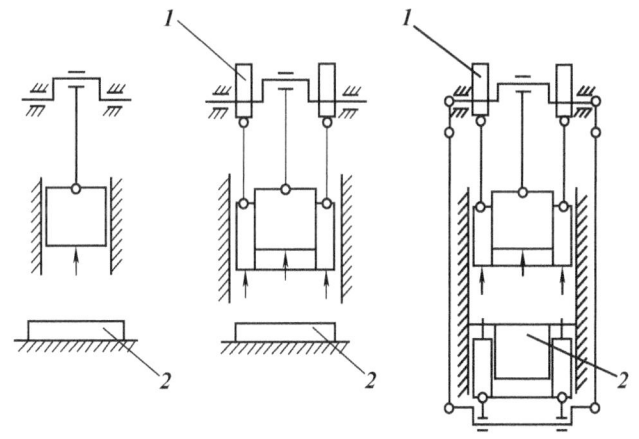

(a) 单动压力机　　(b) 双动压力机　　(c) 三动压力机
1—凸轮；2—工作台
图 2-28 压力机按运动滑块数分类示意图

④ 按滑块驱动机构可分为曲柄式压力机、肘杆式压力机、摩擦式压力机。
⑤ 按连杆数目可分为单点压力机（如图 2-29（a）所示）、双点压力机（如图 2-29（b）所示）和四点压力机（如图2-29（c)所示）。

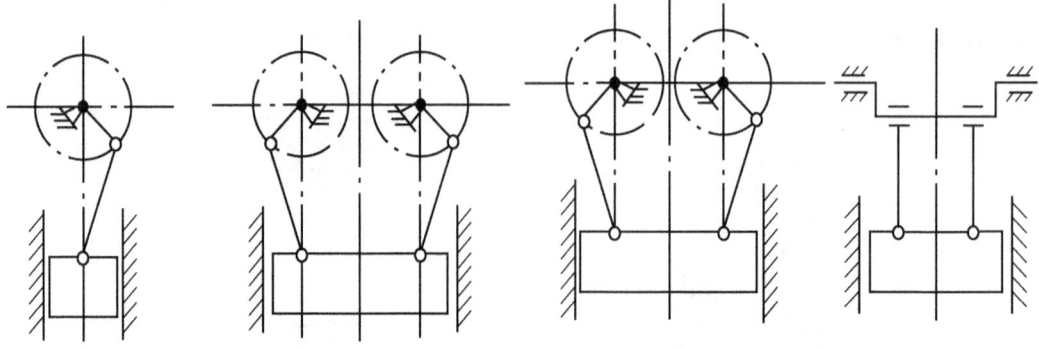

(a) 单点压力机　　　　　　(b) 双点压力机　　　　　　(c) 四点压力机

图 2-29　压力机按连杆数分类示意图

在现代冲压生产中，为了改善工人的劳动条件和高速冲压（每分钟冲压上千次）的需要，不仅在模具结构上要充分考虑多种因素，比如设计送进步距的自动检测装置、废料回升和堵塞的检测装置、出件装置等，而且新增了很多冲压的外围设备，如通过展卷机、校平器、供卷机和自动送料装置等设备，可以连续地将带料送入模具，进行自动冲压加工。图2-30所示为高速冲压自动生产线，图2-31所示为闭式双点高速精密压力机冲压线。

图 2-30　高速冲压自动生产线　　　　　图 2-31　闭式双点高速精密压力机冲压线

2.3.3　冲压设备的型号

按照《锻压机械型号编制方法—JB/GQ2003—1984的规定》，冲压设备的型号由设备名称、结构特征、主参数等项目的代号组成，用汉语拼音字母、英文字母和数字表示，如JA23—63A，其各字母及数字的意义是

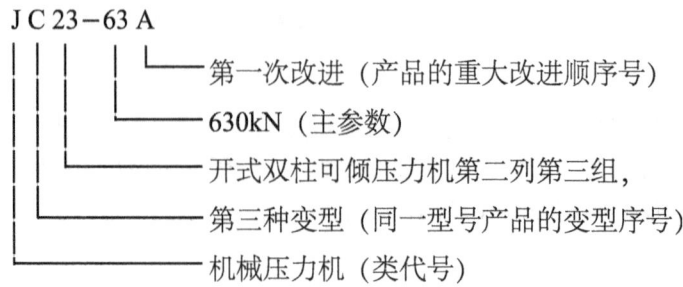

现将型号的表示方法说明如下。

第一个字母是类代号，用汉语拼音字母表示。JB/GQ2003—1984 型谱有 8 类锻压设备，分别是机械压力机、线材成形自动机、锻机、剪切机、弯曲校正机、液压机、锤和其他，它们分别用"机""自""锻""切""弯""液""锤""他"的拼音的第一个字母表示为 J、Z、D、Q、W、Y、C、T。

第二个字母代表同一型号产品的变型设计序号。凡主参数与基本型号相同，但次要参数与基本型号不同的，称为变型。用字母 A、B、C…表示第一、第二、第三…次变型产品。

第三、第四个数字分别为组、型代号。前面一个数字代表"组"，后面一个数字代表"型"。在型谱表中，每类锻压设备分为 10 组，每组分为 10 型。查表 2-6 可知，"31"代表"闭式单点压力机"。

横线后面的数字代表主参数。一般用压力机的公称压力作为主参数。型号中的公称压力用工程单位制的"tf"表示，将此数字乘以 10 即为法定单位制的"kN"，如上例的 63 代表 63tf，即 630kN。

最后一个字母代表产品的重大改进设计序号，凡型号已确定的锻压机械，结构和性能上与原产品有显著不同，则称为改进，用字母 A、B、C…代表第一、第二、第三…次改进。

有些锻压设备，紧接组、型代号的后面还有一个字母，代表设备的通用特性，例如 J21G—20 中的"G"代表"高速"；J92K—25 中的"K"代表"数控"。

表 2-6 通用曲柄压力机型号

组		型号	名称	组		型号	名称
特征	号			特征	号		
开式单柱	1	1	单住固定台压力机	开式双柱	2	8	开式柱形台压力机
		2	单柱升降台压力机			9	开式底传动压力机
		3	单柱柱形台压力机	闭式	3	1	闭式单点压力机
开式双柱	2	1	开式双柱固定台压力机			2	闭式单点切边压力机
		2	开式双柱升降台压力机			3	闭式侧滑块压力机
		3	开式双柱可倾压力机			6	闭式双点压力机
		4	开式双柱转台压力机			7	闭式双点切边压力机
		5	开式双柱双点压力机			9	闭式四点压力机注

注：从 11 至 39 型号中，凡未列出的序号均留作待发展的型号使用。

2.3.4 冲压设备的选择

冲压设备选择关系到其合理使用、安全、产品质量、模具寿命、生产效率及成本等。设备选择主要包括设备类型和规格两个方面。

1. 冲压设备类型选择

冲压设备类型的选择主要是根据冲压工艺特点和生产率、安全操作等因素来确定的。

① 在中小型冲压件生产中，主要选用开式压力机。

② 大、中型冲压件选用双柱闭式机械压力机。

③ 大量生产的冲压件选用高速压力机或多工位自动压力机。
④ 在需要变形力大的冲压工序（如冷挤压等），应选择刚性好的闭式压力机。
⑤ 对于校平、整形和温、热挤压工序，最好选用摩擦压力机。
⑥ 对于薄材料的冲裁工序，最好选用导向准确的精密压力机。
⑦ 对于大型拉深的冲压工序，最好选用双动拉深压力机。
⑧ 在大量生产中应选用高速压力机或多工位自动压力机。
⑨ 小批量生产中的大型厚板件的成形工序，多采用液压压力机。

2．压力机规格选择

选择压力机的规格应当遵循如下原则。
① 压力机的公称压力必须大于冲压工序所需的压力。
② 压力机滑块行程应满足制件的取出与毛坯的安放。
③ 压力机的行程次数应符合生产率和材料变形速度的要求。
④ 工作台尺寸必须保证模具能正确安装到台面上，每边一般应大于模具底座50～70 mm；工作台底孔尺寸一般应大于工件或废料尺寸，以便于工件或废料从中通过。
⑤ 压力机的闭合高度、滑块尺寸、模柄孔尺寸都应能满足模具的正确安装要求。

2.4　常用的冲压材料

1．冲压用材料

冲压用材料为各种规格的板料、带料和块料。板料的尺寸较大，一般用于大型零件的冲压，对于中小型零件，多数是将板料剪裁成条料后使用。带料（又称卷料）有各种宽度和长度，展开长度可达几千米，成卷供应的主要是薄料，适用于大批量生产的自动送料。块料适用于单件小批量生产和价钱昂贵的有色金属冲压。

冷冲压常用材料主要有两类：金属材料和非金属材料。金属材料包括黑色金属和有色金属。

① 黑色金属。普通碳素结构钢、优质碳素钢、合金结构钢、碳素工具钢、不锈钢、电工硅钢等。
② 有色金属。铜及铜合金、铝及铝合金、镁合金、钛合金等。
③ 非金属材料。纸板、胶木板、塑料板、纤维板和云母等。

关于各类材料的牌号、规格和性能，可查阅有关手册和标准。

2．冲压模具材料

冲压模具所用材料主要有碳钢、合金钢、铸铁、铸钢、硬质合金以及锌合金、低熔点合金、环氧树脂、聚氨酯橡胶等。冲压模具中凸模和凹模等工作零件所用的材料主要是模具钢，常用的模具钢包括碳素工具钢、合金工具钢、轴承钢、高速工具钢、硬质合金钢和钢结硬质合金等。凸模和凹模材料及热处理要求见表2-7。

表 2-7 冷冲模凸模和凹模的常用材料及热处理要求

模具类型		零件名称及使用条件	材料牌号	热处理硬度（HRC）凸模	热处理硬度（HRC）凹模
冲裁模	1	冲裁料厚 $t \leqslant 3$ mm，形状简单的凸模、凹模和凸凹模	T8A，T10A，9Mn2V	58～62	60～64
	2	冲裁料厚 $t \leqslant 3$ mm，形状复杂或冲裁厚 $t > 3$ mm 的凸模、凹模和凸凹模	CrWMn，Cr6WV，9Mn2V，Cr12，C12rMoV，GCr15	58～62	62～64
	3	要求高度耐磨的凸模、凹模和凸凹模，或生产量大、要求高、寿命特长的凸、凹模	W18Cr4V，120Cr4W2MoV	60～62	61～63
			65Cr4Mo3W2VNb（65Nb）	56～58	58～60
			YG15，YG20		
	4	材料加热冲裁时用凸、凹模	3Cr2W8，5CrNiMo，5CrMnMo	48～52	
			6Cr4Mo3Ni2WV（CG-2）	51～53	
弯曲模	1	一般弯曲用的凸、凹模及镶块	T8A，T10A，9Mn2V	56～60	
	2	要求高度耐磨的凸、凹模及镶块；形状复杂的凸、凹模及镶块；冲压生产批量特大的凸、凹模及镶块	CrWMn，Cr6WV，Cr12，C12rMoV，GCr15	60～64	
	3	材料加热弯曲时用的凸、凹模及镶块	5CrNiMo，5CrNiTi，5CrMnMo	52～56	
拉深模	1	一般拉深用的凸模和凹模	T8A，T10A，9Mn2V	58～62	60～64
	2	要求耐磨的凹模和凸凹模，或冲压生产批量大、要求特长寿命的凸、凹模材料	Cr12，C12rMoV，GCr15	60～62	62～64
			YG8，YG15		
	3	材料加热拉深用的凸模和凹模	5CrNiMo，5CrNiTi	52～56	

2.5 典型冷冲模实例

1. 一模多件套筒式冲模

图 2-32 所示为一模多件套筒式冲模，此模具可同时冲制 3 个圆形工件。上凸凹模 1 和冲孔凸模 6，以及下凸凹模 11 实现工件图中最小垫片（外径 $\phi 22$ mm，内径为 $\phi 11.3$ mm）的加工。上凸凹模 1 和下凸凹模 11 实现工件图中间垫片（外径 $\phi 34$ mm，内径为 $\phi 22$ mm）的加工。上凸凹模 2 和凹模 15 实现工件图中最大垫片的加工。工作时，条料由挡料销和导料销实现定位，合模完成。由于在下凸凹模 11 的筒壁上开了 3 条长圆孔，用连接销 4 将内外顶件器 12、13 连在一起，因此可同时将工件顶出，顶出工件通过顶杆 8 实现。卡箍在上模的冲件和冲孔废料通过打料板 3、打杆 16 等推出。在该套模具中设置了弹性卸料装置（卸料板 17、卸料螺钉和橡胶），用以对工件图中最大垫片的卸料。

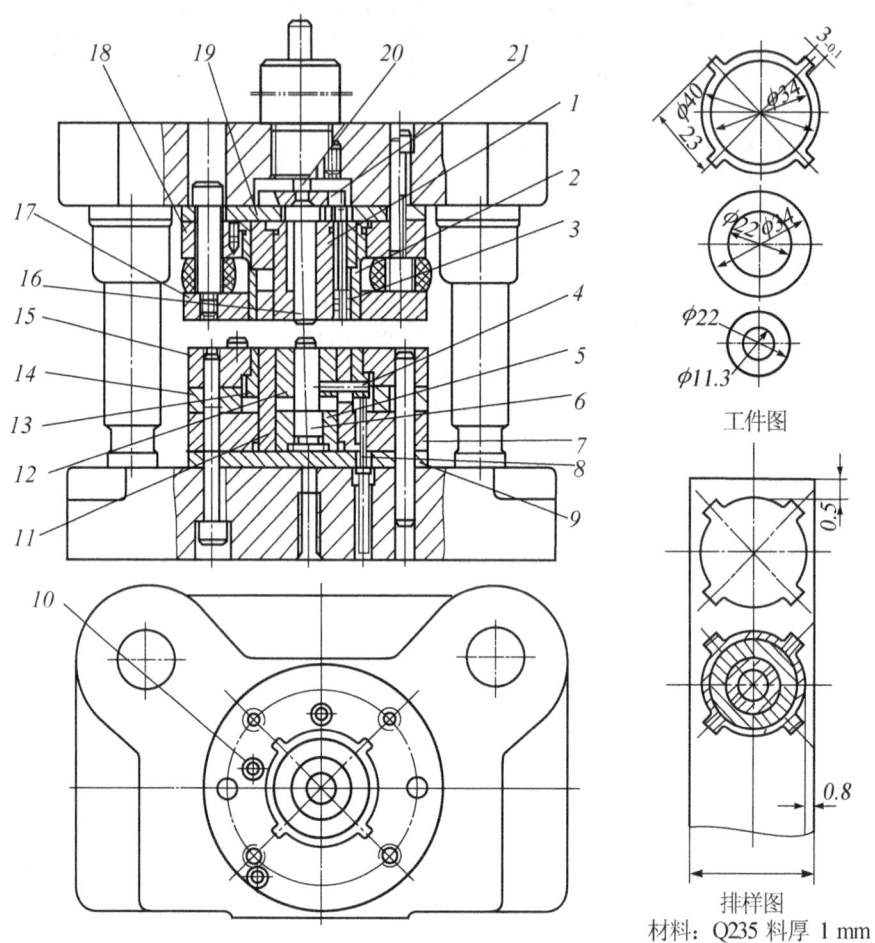

1、2—上凸凹模；3—打料板；4—连接销；5—衬套；6—冲孔凸模；7—下固定板；
8—顶杆；9—下垫板；10—挡料销；11—下凸凹模；12—内顶件器；13—外顶件器；14—中间垫板；
15—凹模；16、20—打杆；17—卸料板；18—上固定板；19—上垫板；21—打板

图 2-32 一模多件套筒式冲模

2. 斜楔弯曲模

如图 2-33 所示，斜楔弯曲模实现的是工件的弯曲成型工序。该模具是依靠固定在上模的斜楔 3 把压力机滑块垂直运动转变为滑块 5 的水平运动，从而配合弯曲凸模 4 和弯曲凹模 1 合模完成弯曲件成型。

上模下行时，凸模 4 与滑块 5 先将毛坯完成 U 形，上模继续下行，斜楔 3 推动滑块 5 水平运动，完成最后向内弯曲成型工序。

上模回升时，凸模 4 依靠弹簧伸长使其保留在成型工件中，待滑块 5 退出至一定距离后，凸模 4 才随上模回升。在模具图中，在凸模 4 中还设置了一个定位销钉，用以卡在工件的圆孔中，防止工件在弯曲过程中产生偏移。

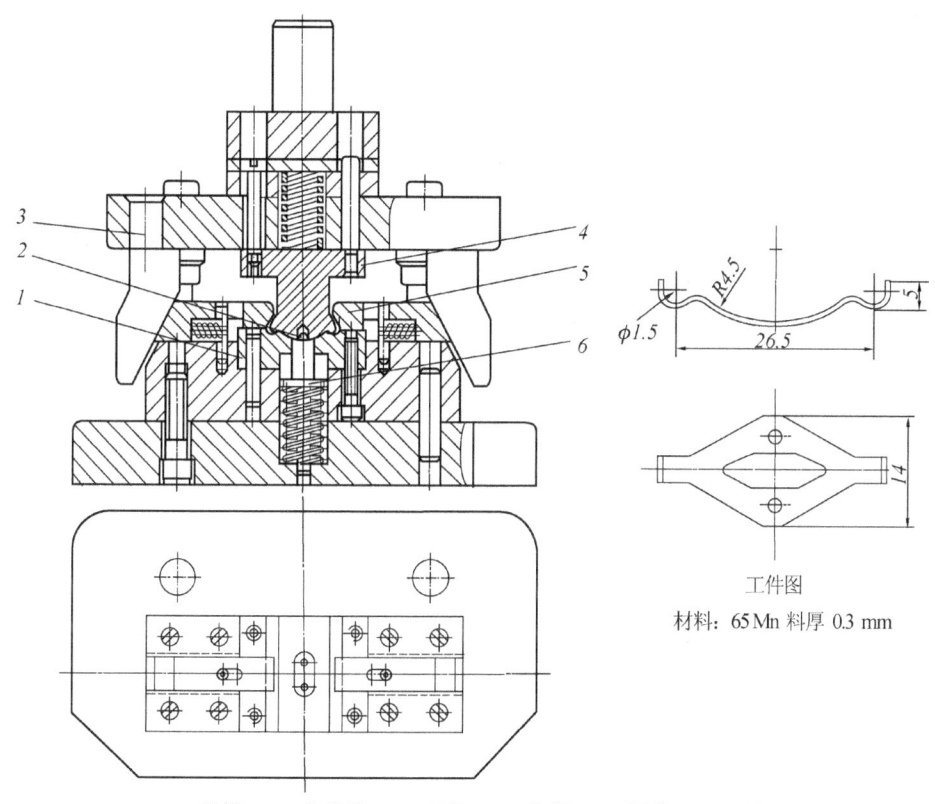

1—凹模；2—定位销；3—斜楔；4—凸模；5—滑块；6—顶板

图 2-33 弯曲模结构图

3. 反拉深模

如图 2-34 所示，电动机风扇罩为大圆角半径工件，反拉深模实现该工件的拉深成型工序。为了提高生产效率，本模具采用正、反拉深用一套模具于一次行程中完成，能够得到很大的变形程度，实现大圆角半径工件的成型。

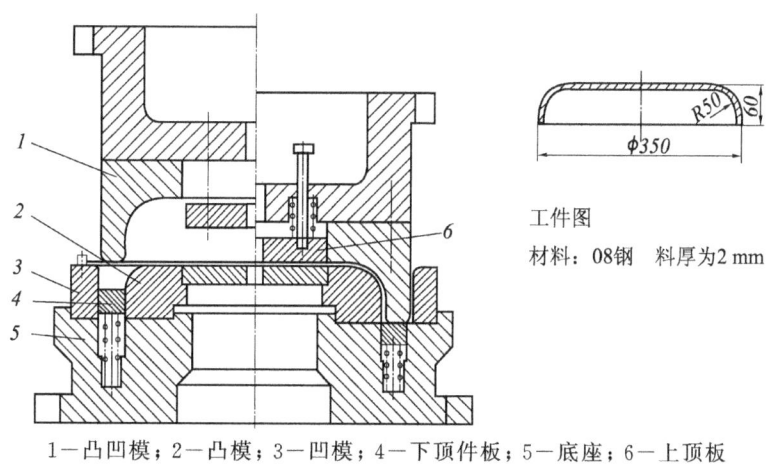

1—凸凹模；2—凸模；3—凹模；4—下顶件板；5—底座；6—上顶板

图 2-34 模具结构图

在压力机的一次行程过程中,首先由凹模 3 和凸凹模 1 实现工件的正拉深,随着压力机滑块的继续下行,实现凸凹模 1 和凸模 2 完成工件的反拉深。在拉深过程中,工件首先受到了凸凹模 1 的压边作用,被拉入凹模 3 内,然后上模继续下行,工件又受到凸模 2 的压边作用,被拉入凸凹模 1 内。这样工件在拉深成型的整个过程中始终受到了约束,从而有效地防止了起皱问题。

4. 落料、拉深、冲孔复合模

将落料、拉深、冲孔三道工序合在一套模具内完成。如图 2-35 所示,凸凹模 10 和落料凹模 17 实现工件的落料,冲孔凸模 15 和凸凹模 18 实现工件的冲孔,凸凹模 10 和凸凹模 18 实现工件的拉深。该模具工作时,条料由挡料销和两个导料销实现定位,随着压力机滑块的下行,上模和下模合模,实现落料、冲孔和拉深。因模架下方设有弹顶器,故在模架下开有纵向槽,并用盖板 20 封口,工作中随时将冲孔废料向后捅出。弹压卸料装置(卸料板 5、弹簧 4 和卸料螺钉 14)实现对条料的卸料。压边圈 21 实现对工件拉深时的压边作用,防止工件在拉深时发生起皱现象。推板 12、推杆 13 和打料板 16 实现对已成型工件的卸料。

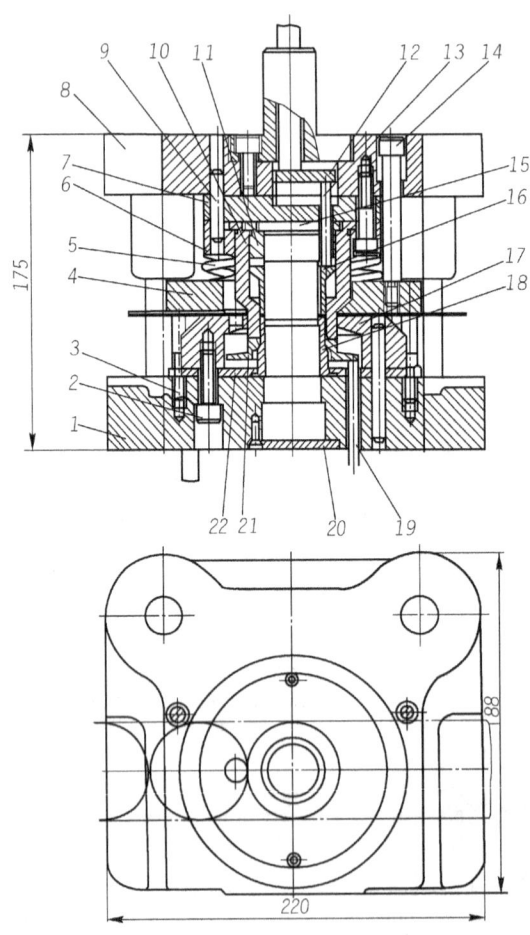
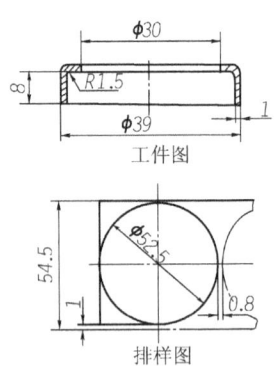

1—下模板;2—螺钉;3—挡料螺栓;4—卸料板;5—弹簧;6—凸凹模固定板;7—垫板;8—上模板;9—销钉;10、18—凸凹模;11—凸模固定板;12—推板;13、19—推杆;14—卸料螺钉;15—冲孔凸模;16—打料板;17—落料凹模;20—盖板;21—压边圈;22—凸凹模固定板

图 2-35 落料、拉深、冲孔复合模

5. 装式拉深、翻边级进模

图 2-36 所示为一套正装式拉深、翻边级进模，此模具采用的是无工艺切口整带料拉深，拉深模分 6 个工位。冲压工艺顺序为拉深→冲 ϕ8.9 孔→翻边→整形→落料，在落料工序前设置了一个空工位。

该模具工作时，带料采用自动送料装置送料，翻边、整形工位用凸模自动找正，落料时由安装在落料凸模 3 上的导正销 1 定位。该级进模结构简单，凸模各工位都采用台肩固定，凹模各工位都采用镶套结构。弹压卸料装置（卸料板 2、橡胶、卸料螺钉）实现对条料压料和卸料的双重作用。

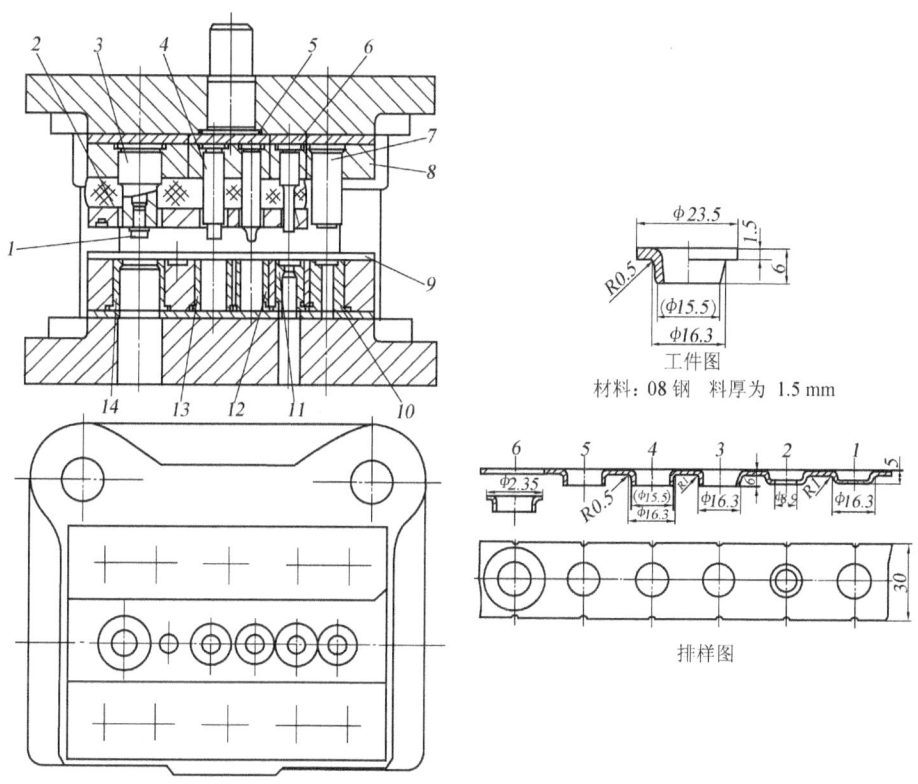

1—导正销；2—卸料板；3、14—落料凹模；4—整形凸模；5—翻边凸模；6—冲孔凸模；7—拉深凸模；8—固定板；9—侧导板；10—拉深凹模；11—冲孔凹模；12—翻边凹模；13—整形凹模

图 2-36 级进模

【先导案例研讨】

1. 冲压件工艺性分析

① 材料。该冲裁件的材料 A3 钢是普通碳素钢，具有较好的可冲压性能。

② 零件结构。结构简单，适合大批量生产。

③ 尺寸精度。零件图上孔边距 10 mm 属于 IT11 级精度，其他尺寸精度为 IT14 级，普通冲裁加工即可满足要求，但零件的强度应达到 58~62 HRC，有足够的力学性能。

由以上分析可知，该零件可以用普通冲裁的加工方法制得。

2. 工艺方案及模具结构类型

该零件包括落料、冲孔两个基本工序，可以采用以下3种工艺方案。

方案一：先落料，再冲孔，采用单工序模生产；

方案二：落料－冲孔复合冲压，采用复合模生产；

方案三：冲孔－落料连续冲压，采用级进模生产。

方案一模具结构简单，但需要两道工序、两套模具，才能完成零件的加工，生产效率低，难以满足零件大批量生产的需求。方案二只需一副模具，工件的精度及生产率都较高，能保证工件的技术要求，操作方便。方案三也只需一副模具，生产效率高，操作方便，但模具制造成本高。由于本制件结构简单，为提高生产效率，主要应采用复合冲裁或级进冲裁方式。由于孔边距尺寸有公差要求，为了更好的保证此尺寸精度，最后确定采用方案二进行生产。

3．冲压设备选用

考虑到该制件的加工需要冲孔和落料两道工序，可选用开式双柱可倾曲柄压力机，并在工作台面上备制垫块。成型模具为落料冲孔复合模，这是一套比较典型的复合模结构，下面阐述其工作原理。

图2-37所示是倒装式落料——冲孔复合模的结构。凸凹模6装在下模。冲孔凸模13安装在上模，落料凹模3装在上模。模架为中间导柱模架。

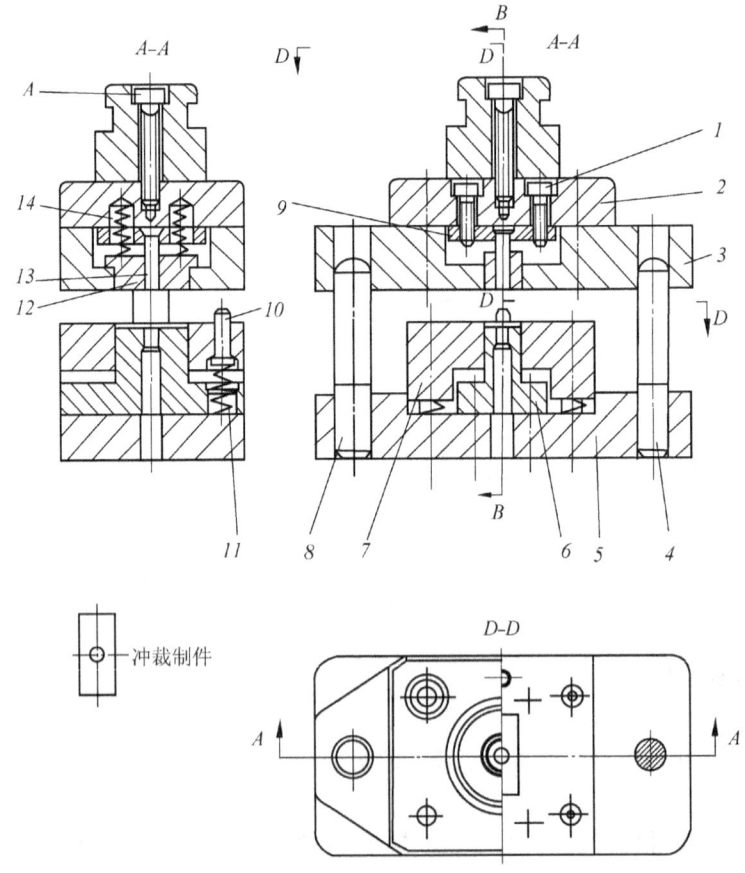

1、15—螺钉；2—上模板；3—落料凹模；4—右导柱；5—下模板；6—凸凹模；7—卸料板；
8—左导柱；9—冲头固定板；10—挡料销；11、14—弹簧；12—推件块；13—冲孔凸模

图2-37 落料冲孔复合模

工作过程如下：先把下模夹紧在压力机工作台上，上模通过模柄与压力机滑块相连接。工作时，条料以挡料销 10 定位。上模下压，凸凹模 6 外形和落料凹模 3 进行落料，同时冲孔凸模 13 与凸凹模 6 内孔进行冲孔。落下料卡箍在凹模 3 中，依靠弹簧力由推件块 12 推出。冲孔废料直接由冲孔凸模 13 从凸凹模 6 内孔推下。条料卡箍在凸凹模外侧，由弹性卸料板 7 弹出。本套模具中考虑到冲孔凸模比较细长，因此为小凸模设计了一个导向零件，即图中所示的推件块 12，一方面可以为小凸模导向并增加其强度，另一方面就是可用于卸料。该套模具的特点是生产效率高，冲裁剪的内孔与边缘的相对位置精度高。

【本章小结】

在冲压零件的生产中，合理的冲压成型工艺、先进的模具、高效的冲压设备是必不可少的 3 要素，如图 2-38 所示，这 3 要素相互关联，缺一不可，只有相互结合才能得出冲压件。本章详细介绍了冲压加工 3 要素的相关基础知识，并介绍了冷冲压加工的特点及应用领域。冲压成型工艺和冲模的类型及结构是本章的学习重点与难点。

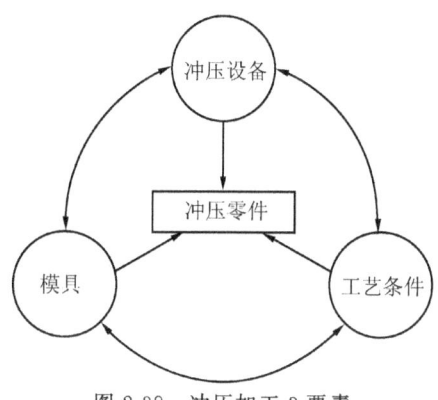

图 2-38 冲压加工 3 要素

【练习题】

一、填空题（20 分）

1. 冷冲压是利用安装在压力机上的模具对材料施加外力，使其产生_____，从而获得冲件的一种压力加工方法。

2. 冲压件的尺寸稳定，互换性好，是因为其尺寸公差由_____来保证。

3. 冷冲压工序分为_____工序和_____工序两大类。

4. 冷冲压压力机主要有_____、_____、_____ 3 类。

5. 冲压模具按工序组合程度可分为_____、_____和_____；按工序性质分为_____、_____和_____、_____等。

6. 要使得冷冲压模具正常而平稳地工作，必须要求_____与模柄的轴心线要求_____（或偏移不大）。

7. _____是指通过模具利用压力使空心件或管状坯料由内向外扩张的成型方法。

8. 多工位级进模是在普通级进模的基础上发展起来的一种_____、_____、_____模具，是技术密集型模具的重要代表，是冲模发展方向之一。

二、选择题（20分）

1. 以下工序属于分离工序的是（　　）。
　　(A) 冲孔、落料　(B) 拉深、弯曲　(C) 压筋、翻孔　(D) 变薄拉深、冷挤压

2. 关于级进冲裁模的描述，正确的是（　　）。
　　(A) 在压力机的一次行程中，在同一工位上完成两道或两道以上的冲裁工序
　　(B) 在压力机的一次行程中，在不同工位上完成一道冲裁工序
　　(C) 在压力机的一次行程中，在不同工位上完成两道或两道以上的冲裁工序
　　(D) 级进冲裁模在条料送进方向上只有一个工位

3. 导板模中，要保证凸、凹模正确配合，主要靠（　　）导向。
　　(A) 导筒　　　(B) 导板　　　(C) 导柱、导套

4. 弹性卸料装置除起卸料作用外，还有（　　）特点。
　　(A) 卸料力大　(B) 平直度低　(C) 压料作用

5. 冲裁件外形和内形有较高位置精度，宜采用（　　）。
　　(A) 导板模　　(B) 复合模　　(C) 级进模

6. 对于送料步距要求高的级进模，采用（　　）的定位方法。
　　(A) 固定挡料销　(B) 侧刃＋导正销　(C) 固定挡料销＋始用挡料销

7. 下列（　　）不是模具结构中的标准件。
　　(A) 导柱导套　(B) 螺钉和销钉　(C) 卸料板

8. 中小型模具的上模是通过（　　）固定在压力机滑块上。
　　(A) 导板　　　(B) 模柄　　　(C) 上模座

9. 压力机的公称压力必须（　　）冲压力。
　　(A) 大于或等于　(B) 等于　　(C) 小于或等于

10. 由于级进模生产率高，便于操作，但轮廓尺寸大，制造复杂，成本高，所以一般适于（　　）冲压件的生产。
　　(A) 大批量、小型　　　　　(B) 小批量、中型
　　(C) 小批量、大型　　　　　(D) 大批量、大型

三、名词解释（10分）

1. 落料
2. 弯曲
3. 拉深
4. 成型工序
5. 复合模

四、简答题（50分）

1. 简述冷冲压工序的分类，对利用基本冲压工序成型的日常用品各列举两例。
2. 冷冲压成型加工与其他加工方法相比有何特点？
3. 如何选择冲压设备类型？
4. 请举例说明冲模的基本结构。
5. 简述常用冷冲模具材料及常用冷冲压材料。

第3章　塑料成型工艺与塑料模具

【学习目标】
◇ 了解塑料的分类及其特性，能辨别各类塑料的用途。
◇ 认识各种塑料的成型方法，能比较各种成型方法的特性。
◇ 了解塑料注射模的结构及其分类。
◇ 了解塑料成型设备的种类。
◇ 能配合需要选用适当的模具材料。
◇ 学会分析注塑模结构。

【先导案例】
图 3-1 所示塑料制件为手机后盖，材料为 ABS，大批量生产。请根据塑件的材料及塑件的结构，确定生产制品的成型工艺和成型设备。

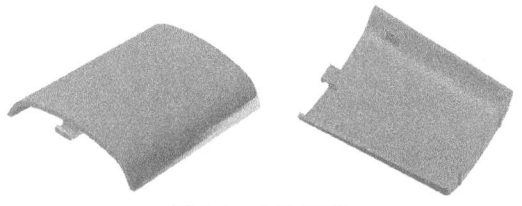

图 3-1　电池后盖

3.1　塑料概论

3.1.1　认识塑料

塑料是以高分子合成树脂为基本原料，加入一定量的添加剂而组成，在一定的温度压力下可塑制成具有一定结构形状，并能在常温下保持其形状不变的材料。树脂由高分子物质组成，通过聚合反应制成，又叫聚合物或高聚物。如图 3-2 所示为塑料原料。

图 3-2　塑料原料

塑料是由多成分组成的，几乎所有的塑料都是以各种树脂为基础，再加入改善其性能的各种各样的添加剂。在塑料中，树脂起决定性的作用，但也不能忽视添加剂的作用。

① 树脂。树脂是塑料中最重要的成分，它在塑料中起黏结作用，也叫黏料，决定了塑料的类型和基本性能（如热性能、物理性能、化学性能、力学性能等）。在塑料中，它联系或胶黏着其他成分，并使塑料具有可塑性和流动性，从而具有成型性能。

② 填充剂。填充剂又称填料，是塑料中重要的但并非必不可少的成分。填充剂与塑料中的其他成分机械混合，它们之间不起化学作用，但与树脂牢固胶黏在一起。填充剂在塑料中主要起增强作用，有时还可以使塑料具有树脂所没有的性能。

③ 增塑剂。增塑剂是为改善塑料的性能，提高柔软性而加入塑料中的一种低挥发性物质。增塑剂的加入虽然可以改善塑料的工艺性能和使用性能，但也使树脂的某些性能降低，如硬度、抗拉强度等。因此，要根据塑件的使用要求适量加入增塑剂。

④ 稳定剂。凡是能阻缓材料变质的物质称为稳定剂。在塑料中加入稳定剂可以制止或抑制树脂在加工或使用过程中产生降解。降解会使聚合物性能大幅下降，无法加工甚至完全失去使用价值。

⑤ 着色剂。着色剂是为了使塑料附上色彩，起美观和装饰的作用。某些着色剂还能提高塑料的光稳定性、热稳定性和耐候性。

⑥ 润滑剂。润滑剂的作用是为了降低塑料内部分子之间的相互摩擦或减少和避免对模具的磨损。常用的润滑剂有醇类、脂类、石蜡、硬脂酸以及金属皂类。润滑剂分为内润滑剂和外润滑剂两类。

3.1.2 塑料分类

塑料的种类很多，常用的分类方法有以下两种。

1. 按塑料受热后表现的性能分类

(1) 热固性塑料。在初受热时变软，可以塑制成一定形状，但加热到一定时间后或加入固化剂后就硬化定型，再加热则既不熔融也不溶解，形成体型（网状）结构物质的塑料。例如酚醛塑料、环氧塑料、氨基塑料等。

(2) 热塑性塑料。在特定温度范围内能反复加热和冷却硬化的塑料。这类树脂在成型过程中只发生物理变化而没有化学变化，所以受热后可多次成型，其废料可回收和重新利用。常用的热塑性塑料有聚乙烯、聚氯乙烯、聚苯乙烯、ABS、有机玻璃、尼龙等。

2. 按塑料的性能及用途分类

(1) 通用塑料。指产量大、用途广、价格低，适用于大量应用的塑料。通用塑料一般都具有良好的成型工艺性，可采用多种工艺成型出各种用途的制品。但是，通用塑料不具有突出的综合力学性能和耐热性，不宜用于承载要求较高的结构件和在较高温度下工作的耐热件。但因为通用塑料不同的品种都有各自的某些优异性能，使它具有广泛用途。通用塑料主要包括6大品种：聚乙烯、聚丙烯、聚氯乙烯、聚苯乙烯、酚醛塑料和氨基塑料，它们的总产量占塑料总产量的一半以上。

(2) 工程塑料。在工程技术中常作为结构材料来使用，它们的力学性能、耐摩擦性、耐腐蚀性、尺寸稳定性等均较高，具有某些金属特性，越来越多地代替金属来作某些机械零件。目前用得较多的工程塑料有聚碳酸脂、聚甲醛、ABS、聚苯醚、氯化聚醚等。

(3) 特种塑料。具有某些特殊性能的塑料。例如用于导电、压电、热电、导磁、感光、防辐射、光导纤维、液晶、高分子分离膜以及特有减摩耐磨用途等塑料。

特种塑料又称为功能塑料。特种塑料的主要成分是树脂，有些是专门合成的特种树脂，但也有一些是采用上述通用塑料或工程塑料用树脂经过特殊处理或改性后获得的。

3.1.3 塑料命名

塑料按其物理化学性质的不同及受热后表现行为的不同分为热固性塑料和热塑性塑料。由于它们在性质上的明显差异，故其命名方法与代号截然不同。

1. 热塑性塑料命名

这类塑料品种繁多、性能各异，即使用一品种，由于树脂分子量或分子量分布不同，或添加物比例的不同，其物理、力学性能、加工性能及使用性能也截然不同。此外，还可通过共聚、改性及增强等化学或物理方法，获得性能更加优良的新品种。对于热塑性塑料，世界上各个国家、各个企业均有不同的命名方法与牌号，但其大品种仍然有相同的名称和代号，见表 3-1。

表 3-1 塑料名称与缩写代号对照

缩写代号	塑料或树脂全称	缩写代号	塑料或树脂全称
ABS	丙稀腈－丁二烯－苯乙烯共聚物	DAP	邻苯二甲酸二烯丙酯树脂
ACS	丙稀腈－氯乙聚乙烯－苯乙烯共聚物	DMC	团状模塑料
AI	聚酰胺－酰亚胺（聚合物）	EC	乙基纤维素
AK	醇酸树脂	EEA	乙烯－丙烯酸乙酯共聚物
A/MMA	丙稀腈－甲基丙烯酸甲酯共聚物	EP	环氧树脂
A/S	丙烯腈－苯乙烯共聚物	E/P/D	乙烯－丙烯－二烯三元共聚物
A/S/A	丙烯腈－苯乙烯－丙烯酸酯共聚物	EPS	泡沫聚苯乙烯
BMC	预制整体模塑料（也称块状模塑料）	E/TFE	乙烯－四氟乙烯共聚物
BOPP	双轴定向聚丙烯	E/VA	乙烯－乙酸乙烯共聚物
BS	丁二烯－苯乙烯共聚物	E/VAL	乙烯－乙烯醇共聚物
CA	乙酸纤维素	FEP	全氟（乙烯－丙烯）共聚物、四氟乙烯－六氟
CAB	乙酸－丁酸纤维素	(PFEP)	丙烯共聚物
CAP	乙酸－丙酸纤维素	FRTP	纤维增强热塑性塑料
CF	甲酚－甲醛树脂	GPS	通用聚苯乙烯
CMC	羧甲基纤维素	GRP	玻璃纤维增强塑料
CN	硝酸纤维素	HDPE	高密度聚乙烯
CP	丙酸纤维素	HIPS	高冲击强度聚苯乙烯
CRP	碳纤维增强纤维素	IO	离子聚合物
CS	酪素塑料	IPN	互贯网络聚合物
CSPE	氯磺化聚乙烯	LDPE	低密度聚乙烯
CTA	三乙酸纤维素	LLDPE	线型低密度聚乙烯
DAIP	间苯二甲酸二烯丙酯树脂	MC	甲基纤维素
MDPE	中密度聚乙烯	PMI	聚甲基丙烯酰亚胺

续表 3-1

缩写代号	塑料或树脂全称	缩写代号	塑料或树脂全称
MF	三聚氰胺－甲醛树脂	PMMA	聚甲基丙烯酸甲酯
MS	甲基丙烯酸甲酯－本乙烯树脂	PMMI	聚均苯四酰亚胺
OPP	定向聚丙烯	PMP	聚 4－甲基戊烯－1
OPS	定向聚苯乙烯	PO	聚烯烃
OPVC	定向聚氯乙烯	POM	聚甲醛
PA	聚酰胺	PP	聚丙烯
PAA	聚丙烯酸	PPC	氯化聚丙烯
PAI	聚酰胺－酰亚胺	PPO	聚苯醚（聚 2，6－二甲基醚）、聚苯撑氧
PAN	聚丙烯腈	PPOX	聚氧化丙烯、聚环氧丙烯
PAR	聚芳酯	PPS	聚苯硫醚、聚苯撑硫
PARA	聚芳酰胺	PPSU	聚苯砜
PAS	聚芳砜	PS	聚苯乙烯
PB	聚丁烯－1	PSU	聚砜
PBI	聚苯丙咪唑	PTFE	聚四氟乙烯
PBTP	聚对苯二甲酸丁二醇酯	PUR	聚氨酯
PC	聚碳酸酯	PVAC	聚醋酸乙烯
PE	聚乙烯	PVCC	氯化聚氯乙烯
PEA	聚丙烯酸乙酯	PVC	聚氯乙烯
PEC	氯化聚乙烯	PVDC	聚偏二氯乙烯
PEEK	聚醚酮	PVDF	聚氯二氟乙烯
PEOX	聚氧化乙烯、聚环氧乙烷	PVF	聚氟乙烯
PES	聚醚砜	PVFM	聚乙烯醇缩甲醛
PETP	聚对苯二甲酸乙二醇酯	PVK	聚乙烯基咔唑
PF	酚醛树脂	PVP	聚乙烯吡咯烷酮
PFA	全氟烷氧基树脂、可溶性聚四氟乙烯	RF	间苯二酚－甲醛树脂
PI	聚酰亚胺	RP	增强塑料
PIB	聚异丁烯	RTP	增强热塑性塑料
PMA	聚丙烯酸甲酯	S/AN	苯乙烯－丙烯腈共聚物
PMCA	聚 α－氯代丙烯酸甲酯	SBS	苯乙烯－丁二烯嵌段共聚物
SI	聚硅氧烷	UHMWPE	超高分子量聚乙烯
SMC	片状模塑料	UP	不饱和聚酯

续表 3-1

缩写代号	塑料或树脂全称	缩写代号	塑料或树脂全称
S/MS	苯乙烯－α－甲基苯乙烯共聚物	VC/E	氯乙烯－乙烯共聚物
TMC	厚片模塑料	VC/E/MA	氯乙烯－乙烯－丙烯酸甲酯共聚物
TPE	热塑性弹性体	VC/E/VAC	氯乙烯－乙烯－乙酸乙烯酯共聚物
PCTFE	聚三氟氯乙烯	PVAL	聚乙烯醇
PDAIP	聚间苯二甲酸二烯丙酯	PVB	聚乙烯醇缩丁醛
PDAP	聚邻苯二甲酸二烯丙酯	PVCA	聚氯乙烯－乙酸乙烯酯
PDMS	聚二甲基硅氧烷	VC/MA	氯乙烯－丙烯酸甲酯共聚物
TPS	韧性聚苯乙烯	VC/MMA	氯乙烯－甲基丙烯酸甲酯共聚物
TPU	热塑性聚氨酯	VC/OA	氯乙烯－丙烯酸辛酯共聚物
PXT（商品名）	聚 4－甲基戊烯－1（实际上是 4－甲基戊烯－1 与少量乙烯的共聚物）	VC/VAC	氯乙烯－乙酸乙烯酯共聚物
UF	脲甲醛树脂	VC/VDC	氯乙烯－偏二氯乙烯共聚物

2. 热固性塑料命名

热固性塑料有酚醛、三聚氰胺、环氧树脂、不饱和聚酯、有机硅和硅酮等。该类塑料虽然品种不同，但使用历史悠久，用途广泛，已形成了一套完整的命名方法与使用牌号。下面介绍酚醛塑料的牌号和命名。

酚醛塑料牌号由 4 部分组成。

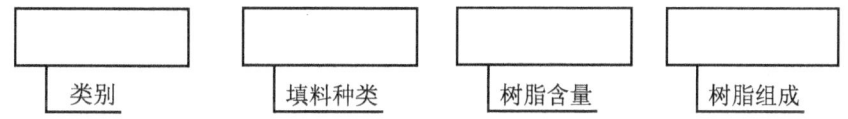

类别以汉语拼音字母表示，见表 3-2。填料种类以阿拉伯数字表示，见表 3-3。树脂含量（质量分数）以阿拉伯数字表示，见表 3-4。树脂组成仍以阿拉伯数字表示，见表 3-5。注塑成型的酚醛塑料以汉语拼音字母 Z 表示。用"－"连接在牌号的最后面，如 H1606－Z，D151－Z 等。

酚醛塑料粉的命名方法为"牌号＋固定名称"。固定名称为"酚醛塑料粉"。

表 3-2 酚醛塑料类别符号（摘自 GB/T 1404.1－2008）

类别	符号	类别	符号	类别	符号
日用	R	高压电	Y	耐热	E
电气	D	无氨	A	冲击	J
绝缘	U	耐酸	S	耐磨	M
高频	P	湿热	H	特种	J

表 3-3 酚醛塑料粉的填料种类符号（摘自 GB/T 1404.1－2008）

填料种类	符号	填料种类	符号
木粉	1	高岭土	5
石英	2	木粉与矿物	6
云母	3	矿物与矿物	7
石棉	4	其他	8

注：1. 含有两种填料的产品，一般以复合填料的符号（6 或 7）表示。若其中一种填料的质量分数达 60% 以上，则以填料的符号表示。

2. 含有 3 种或 3 种以上填料的产品，一般以复合填料的符号（6 或 7）表示。若其中一种填料的质量分数达 50% 以上，则以填料的符号表示。

表 3-4 酚醛塑料粉的树脂质量分数符号（摘自 GB/T 1404.1－2008）

树脂质量分数（/%）	符号	树脂质量分数（/%）	符号	树脂质量分数（/%）	符号
1～30	1	>40～45	4	>55～60	7
>30～35	2	>45～50	5	>60～65	8
>35～40	3	>50～55	6	>65	9

表 3-5 酚醛塑料粉的树脂组成符号（摘自 GB/T 1404.1－2008）

树脂组成	符号	树脂组成	符号
苯酚、甲醛	1	苯胺、苯酚、甲醛	01
工业酚、甲醛	2	聚氯乙烯、苯酚、甲醛	02
苯酚、工业酚、甲醛	3	丁腈橡胶、苯酚、甲醛	03
苯酚、二甲酚、甲醛	4	聚酰胺、苯酚、甲醛	04
苯酚、杂酚、甲醛	5	苯乙烯、苯酚、甲醛	05
苯酚、甲酚、甲醛	6	二甲苯、苯酚、甲醛	06
苯酚、糠酚、甲醛	7	三聚氰胺、苯酚、甲醛	07
酚、糠酚、甲醛	8		

3.1.4 塑料的应用领域

由于塑料具有重量轻，容易造型，物理性质好，化学性质好，价格便宜，可着色，外观好，触感好，可大量生产等优点，应用领域非常广泛，图 3-3 所示为常见的塑料制品。

 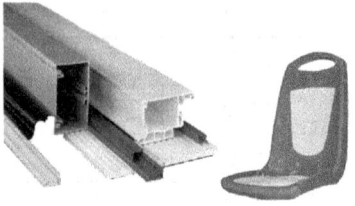  

音响　　　　PVC 型材　　　公交车座椅　　　日用品
图 3-3 常见的塑料制品

① 包装。塑料作为一种新型包装材料，在包装领域中已获得广泛应用。例如各种中空容器、注塑容器（周转箱、集装箱、桶等）、包装膜、编织袋、泡沫塑料、捆扎绳和打包带等。

② 交通运输、航空航天工业。塑料可代替金属，用于飞机、汽车、火车、轮船等交通工具及相应的附属设施。品种有燃油箱、保险杠、遮阳板、车座、门把手、方向盘、仪表板等。

③ 电气工业。可用于作为电线、电缆、绝缘体、家用电器、计算机及各种通信设备等的原材料。

④ 化学工业。耐腐蚀性使塑料在化工设备方面得到广泛应用，如制作塔器、贮槽、贮罐、反应器、电镀电解槽、热交换器、烟囱、管道、阀门、泵、衬里等。

⑤ 建筑工业。可用于给水管系统，排水管系统，雨水管、槽系统，电气护套管系统，热收缩管系统，塑料门窗系统，板材、壁纸、地板卷材、地板毡、披叠板系统，平托盘，发泡与实芯硬PVC多种异型材，防水材料，堵水材料，装饰装修材料，建筑涂料，外加剂，黏结剂，卫生洁具，家具等等。

⑥ 医疗行业。医用高分子材料分为人工脏器、修复人体缺陷和制作医疗器械3大类。如人工血管、心脏瓣膜、食道、气管等，人工耳朵、人工皮肤、人工关节等，输液器、输血袋、注射器、插管、检验用品、病人用具、手术室用品等，都可用塑料来进行制造。

⑦ 日用品。在人们的日常生活中，塑料的应用更为广泛，如市场上销售的塑料凉鞋、拖鞋、雨衣、手提包、儿童玩具、牙刷、肥皂盒、热水瓶壳等等。目前在各种家用电器，如电视机、收音机、电风扇、洗衣机、电冰箱等方面都获得了广泛的应用。

塑料也存在着一些缺点，使其应用受到一定限制。一般塑料的机械强度均不如金属，且塑料成型时收缩率较高；塑料对温度的敏感性远比金属或其他非金属材料大；塑料的使用温度范围远较其他材料窄；塑料若长期受载荷作用，即使温度不高，其形状也会产生"蠕变"，塑料这种渐渐产生的塑件流动是不可逆的，导致塑件尺寸精度丧失等。所以，在选择塑料时要注意扬长避短。

3.2 塑料成型工艺

根据塑料的类型、特性以及制品的结构特点，塑料制品常用的成型方法有注塑成型、压缩成型、压注成型、挤出成型等，如图3-4所示。塑料成型工艺可成型的塑料制品如图3-5所示。本书着重介绍应用最广泛的注射成型、压缩成型、压注成型、挤出成型。

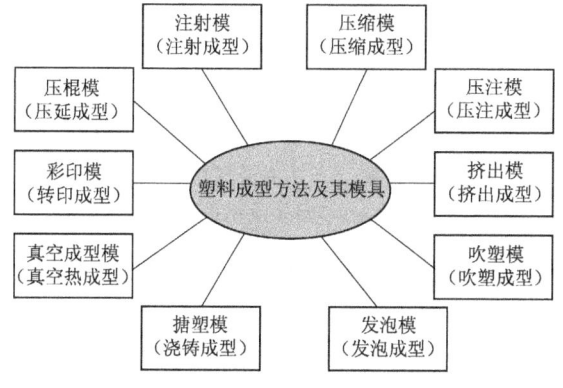

图3-4 塑料制品的成型方法

图 3-5 各种注塑制品

3.2.1 注射成型技术

注射成型又称为注射模塑,是热塑性塑料制品一种重要的成型方法。该方法广泛用于塑件生产中,可生产各种尺寸的制件以及结构复杂的制件,轻的不足 1g,重的可达几百几千克,其产品占目前塑件生产的 30% 左右。

1. 注射原理与过程

注射成型是通过塑料注塑机和模具来实现的。注塑机的类型很多,但通常分为柱塞式和螺杆式两类。

注射成型的原理是将颗粒状或粉末状塑料从注射机的料斗送进加热的料筒中,经过加热融化呈流动状态后,在柱塞或螺杆的推动下,熔融塑料被压缩并向前移动,进而通过料筒前端的喷嘴以很快的速度注入温度较低的闭合模具型腔中。充满型腔的熔料在受压的情况下,经冷却固化后即可保持模具型腔所赋予的形状,然后开模分型获得成型塑件。

下面以螺杆式注射机为例解释注射成型过程。螺杆式注射机成型原理如图 3-6 所示。

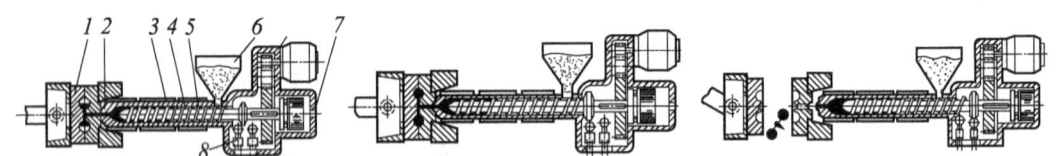

(a) 合模注射　　　　(b) 保压冷却　　　　(c) 加料预塑、开模推出制件

1—模具;2—喷嘴;3—加热装置;4—螺杆;5—料筒;6—料斗;
7—螺杆传动装置;8—注射液压缸;9—行程开关

图 3-6 塑件成型过程

① 加料　将塑料原料加入注射机的料斗 6 中,落入料筒 5 内,并随着螺杆 4 的转动沿着螺杆向前输送。

② 塑化　在输送过程中,塑料在料筒中受加热装置 3 和螺杆 4 剪切摩擦热的作用而逐渐升温,直至由固体颗粒融化成粘流态,并产生一定的压力。当螺杆头部的压力达到能够克

服注射液压缸 8 活塞后退的阻力时,在螺杆转动的同时逐步向后退回,料筒前端的熔体逐渐增多,当螺杆退到预定位置(行程开关)时,即停止转动和后退,如图 3-6(c)所示。至此,加热塑化完毕。塑化直接关系到塑料制品的产量和质量。

③ 注射　不论何种形式的注射机,注射的过程可分为充模、保压、倒流、浇口冻结后的冷却和脱模等几个阶段。

　　a. 充模。加料塑化完成后,合模装置动作,使模具 1 闭合,接着由注射液压缸 8 带动螺杆按要求的压力和速度,将已经熔融并积存于料筒端部的熔融塑料(熔料)经喷嘴 2 注射到模具型腔,如图 3-6(a)所示。

　　b. 保压。当熔融塑料充满模具型腔后,螺杆 4 对熔体仍保持一定压力(即保压),以防止塑料倒流,当模具中熔体冷却收缩时,继续保持施压状态的螺杆 4 迫使浇口附近的熔料不断补充入模具中,使型腔中的塑料能成型出形状完整而致密的塑件,如图 3-6(b)所示。

　　c. 倒流。保压结束后,螺杆 4 后退,型腔中压力解除,这时型腔中的熔料压力将比浇口前方的高,如果浇口尚未冻结,就会发生型腔中熔料通过浇口流向浇注系统的倒流现象。

　　d. 浇口冻结后的冷却。当浇口冻结后,已不再需要继续保压,因此可退回螺杆 4,卸除对料筒内塑料的压力,对模具进行进一步的冷却。

　　e. 脱模。塑件冷却到一定的温度即可开模,在推出机构的作用下将塑件推出模外,如图 3-6(c)所示。这样就完成了一个工作循环。

2. 注塑成型工作循环

注塑成型工作循环如图 3-7 所示。

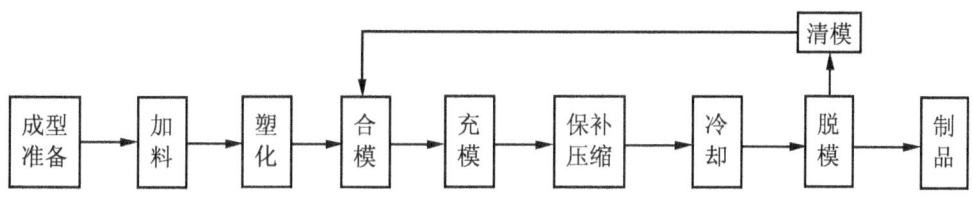

图 3-7　注射成型工作循环

3. 注塑成型特点

螺杆式注射机注射成型具有以下特点。

① 可成型形状复杂、尺寸精度要求高的塑件。

② 成型周期短、效率高,生产过程可实现自动化。完成一次注射成型工艺过程所需的时间包括合模时间、注射时间、保压时间、冷却时间、开模时间、顶出时间及其他时间(如放嵌件,喷脱模剂等)。其中保压时间和冷却时间占的比例最大,有时可达 80%。注射成型周期从几秒钟到几分钟不等。周期的长短取决于制品的壁厚、大小、形状、注射成型机的类型以及所采用的塑料品种和工艺条件等。

③ 成型塑料品种多。到目前为止,除氟塑料外,几乎所有的热塑性塑料都可用此法成型。注射成型也能加工某些热固性塑料,如酚醛塑料等。

④ 设备及模具制造费用高,不适合单件及小批量生产。

此注射成型广泛用于各种塑料制品的生产,如电视机外壳、食品周转箱、塑料盆、桶、汽车仪表盘等。图 3-8 所示是注塑机以及各种注塑制品。注射成型是一种比较先进的成型工艺，目前正继续向着高速化和自动化方向发展。

(a) 注塑机　　　　　　　　(b) 常见的注塑制品

图 3-8 注塑机和常见的注塑制品

3.2.2 压缩成型技术

压缩成型又称为模压成型或压制成型，它是将塑料原料直接加入敞开的成型温度下的模具加料腔中，然后合模加压，使其成型并固化，从而获得所需要的塑件。它是热固性塑料成型的主要方法。压缩成型所用的设备是压力机。

1. 压缩成型原理

压缩模塑件成型原理如图 3-9 所示，其过程如下。

① 加料。将粉料、粒状、碎屑状或纤维状的塑料放入成型温度下的模具加料腔中，如图3-9（a）所示。

② 合模加压。上模在压力机作用下下行，进入凹模并压实，然后加热、加压，熔融塑料开始固化成型，如图3-9（b）所示。

③ 制件脱模。当塑件完全固化后，通过一定的脱模力将塑件取出，从而获得所需要的塑料制品，如图3-9（c）所示。

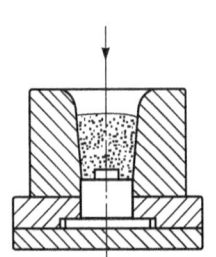 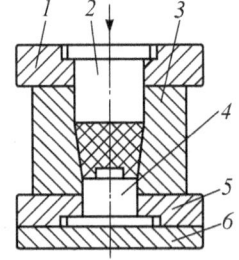 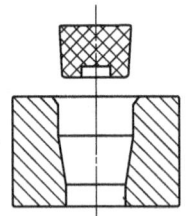

(a) 加料　　　　　　(b) 压缩　　　　　　(c) 制件脱模

1—上模板；2—上凸模；3—凹模；4—下凸模；5—下模板；6—垫板

图 3-9 压缩成型

2. 压缩成型工作循环

压缩模的工作循环如图 3-10 所示。

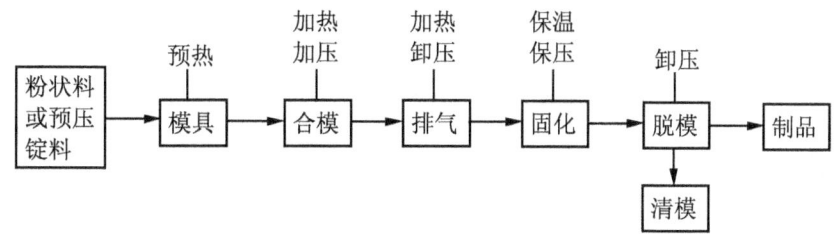

图 3-10　压缩模的工作循环图

3. 压缩成型特点

① 和注射成型相比,成型塑件的收缩率小,变形小,各项性能均匀性较好。

② 压力损失小,适用于成型流动性差的塑料,比较容易成型大型制品。压力机的压力直接通过凸模传递到型腔,其损失可大大减少。

③ 成型中无浇注系统废料产生,耗料少。

④ 模具结构比较简单,设备投资少,易操作。压缩模具没有浇注系统,也不需要复杂的顶出装置。

⑤ 压缩成型终了时模具才闭合,塑件常有较厚的溢边,且每模溢边厚度不同,因此塑件高度尺寸的精度较低。压缩成型工艺在加料前模具是敞开的,在塑料最终成型时模具才完全闭合,因此在合模面处易产生飞边。

⑥ 对形状复杂或带嵌件的制品不易成型。

⑦ 用压缩成型法成型塑件的周期比用注射、压注成型法的长,生产效率低。

压缩成型主要用于热固性塑料制品的生产,热固性塑料有环氧树脂、酚醛塑料、氨基塑料、不饱和聚酯塑料等,其中环氧树脂和酚醛塑料使用最为广泛,比如电器照明用设备零件、电话机、开关插座、塑料餐具、齿轮等。对于热塑性塑料也可以采用压缩成型,但由于生产效率低,采用不多。图 3-11 所示为压缩成型机及常见的压塑产品。

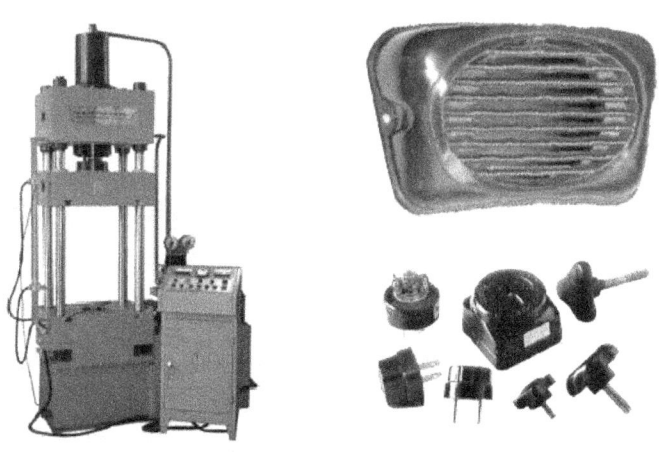

(a) 压缩成型机　　　　　　(b) 常见的压塑产品

图 3-11　压缩成型机及常见的压塑产品

3.2.3 压注成型技术

压注成型又称传递成型或挤塑成型，它是成型热固性塑料制品的常用方法之一。压注成型是在克服压缩成型缺点，吸收注射成型优点的基础上发展起来的，它与前述的压缩成型和注射成型有许多相同或相似的地方，但也有其自身特点。

1. 压注成型原理

压注成型原理如图 3-12 所示。

① 加料、加热。将经预压成锭状并预热的塑料加入模具的加料腔内，继续加热使其受热成为粘流态，如图 3-12（a）所示。

② 加压、固化。在与加料室配合的压料柱塞的作用下，使熔料通过设在加料室底部的浇注系统高速挤入型腔，进入并充满闭合的模具型腔。然后，塑料在型腔内继续受热、受压，经过一定时间后固化，如图 3-12（b）所示。

③ 脱模。打开模具取出塑料制品，如图 3-12（c）所示。清理加料室和浇注系统后进行下一次成型。

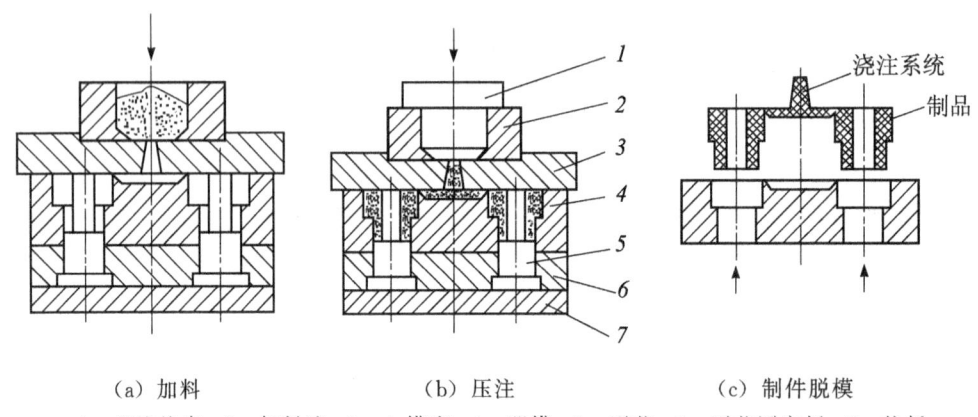

（a）加料　　　　　（b）压注　　　　　（c）制件脱模

1—压注柱塞；2—加料腔；3—上模座；4—凹模；5—型芯；6—型芯固定板；7—垫板

图 3-12　压注成型原理

2. 压注成型工作循环

压注模的工作循环如图 3-13 所示。压注成型工艺过程和压缩成型工艺过程基本类似，主要区别在于压缩成型过程是先加料后合模，而压注成型过程是先合模后加料。

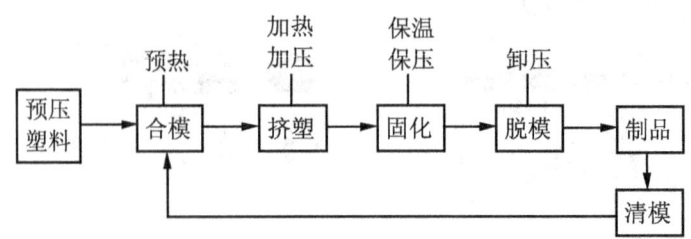

图 3-13　压注模的工作循环图

3. 压注成型特点

① 在成型前模具已经完全闭合，塑件质量高。由于塑料成型前模具已经完全闭合，模具分型面的塑料飞边很薄，容易保证塑件精度，表面粗糙度也小。

② 可以成型较复杂的塑料。塑料在进入型腔前预先受热塑化，在压力作用下，使塑料熔体注入型腔，因此能成型深孔或形状复杂的塑件，塑件的密度及强度都会有所提高。

③ 生产效率高。由于塑料在温度和压力作用下进入型腔前已充分塑化，因而塑料在模具内的保压时间较短，从而缩短了成型周期，提高了生产效率。

④ 成型工艺条件要求严格，操作难度大。

⑤ 成型塑料浪费较大。压注成型后，总会有一部分余料留在加料室内，还有浇注废料，使原料消耗增大，且废料不可回收利用。

⑥ 压注模结构复杂，制造成本高。

压注成型设备有普通液压机和专用液压机。普通液压机和压缩成型使用的设备相同。图 3-14 所示为专用压注成型液压机。

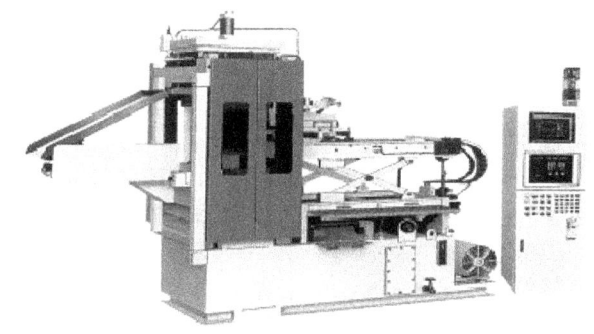

图 3-14 专用压注成型液压机

压注成型主要用于热固性塑料的成型。它对塑料的要求是在未达到硬化温度之前，即在加料腔熔融至充满模具型腔期间，应具有较好的流动性；达到硬化温度，即充满型腔之后，又具有较快的硬化速度。能够符合这种要求的热固性塑料有酚醛、三聚氰胺、甲醛和环氧树脂等。图 3-15 所示为压注成型的塑料制品。

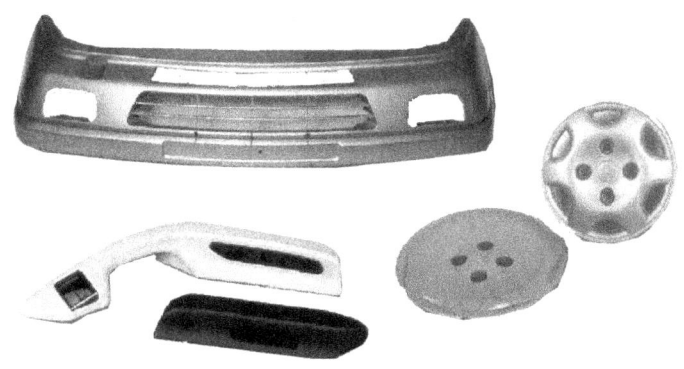

图 3-15 压注成型的塑料制品

3.2.4 挤出成型工艺

挤出成型又称为挤压成型。挤出成型是生产各种热塑性塑料型材（如管、棒、丝）的主要成型方法，即轴向任何处断面的形状和尺寸一样的制品，均可以采用挤出方法成型。

1. 挤出成型原理

挤出机的结构如图 3-16 所示。挤出成型过程可分为如下 3 个阶段。

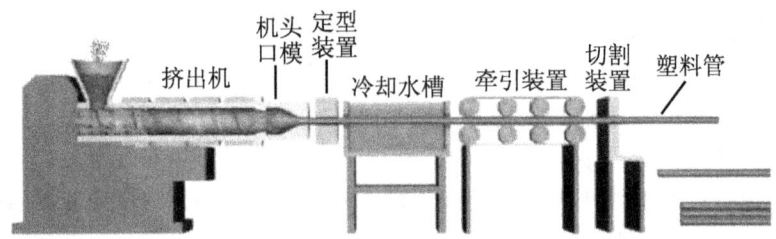

图 3-16 挤出机结构

① 塑化。通过挤出机加热器的加热和螺杆、料筒对塑料的混合、剪切作用所产生的摩擦热使固态塑料变成均匀的黏性流体。

② 成型。利用挤出机的螺杆旋转（柱塞）加压，使粘流态塑料通过具有一定形状的挤出模具（机头）口模，使其成为具有一定几何形状和尺寸的塑件。

③ 定型。通过冷却等方法使熔融塑料已获得的形状固定下来，成为固态塑件。塑件经切断器定长切断后，置于卸料槽中。

挤出成型是塑料制品加工中最常用的成型方法之一，在塑料成型加工生产中占有很重要的地位。主要用于热塑性塑料的成型，也可用于某些热固性塑料。

2. 挤出成型特点

塑料挤出成型与其它成型方法相比较（如注射成型、压缩成型等）具有以下特点。

① 挤出生产过程是连续的，可根据需要生产任意长度的塑料制品。

② 模具结构简单，尺寸稳定。

③ 生产效率高，生产量大，成本低，应用范围广，能生产管材、棒材、板材、薄膜、单丝、电线电缆、异型材等。

目前，挤出成型已广泛用于日用品、农业、建筑业、石油、化工、机械制造、电子、国防等部门。图 3-17 所示为挤出产品样件和挤出设备。

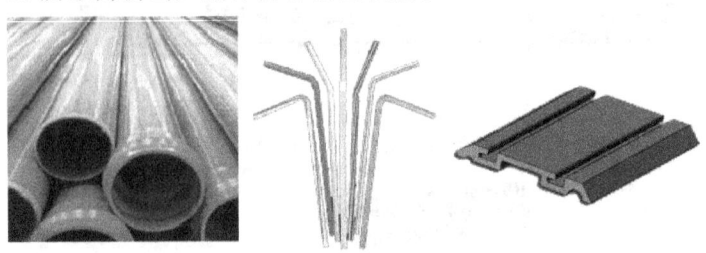

(a) 挤出产品样件

(b) 挤出设备

图 3-17 挤出产品样件和挤出设备

3.2.5 真空吹塑成型

真空吹塑成型主要用于热塑性塑料中空容器的成型，如薄壁塑料瓶、桶以及玩具类塑件。中空吹塑成型是将处于塑性状态的型坯置于模具型腔内，借助压缩空气将其吹胀，使之紧贴于型腔内壁上，经冷却定型得到中空塑料制品的成型方法。根据中空吹塑成型方法不同，可分为挤出吹塑成型、注射吹塑成型、注射拉伸吹塑成型、多层吹塑成型等。

挤出吹塑成型是我国目前中空吹塑制品中的主要成型方法。图 3-18 所示为挤出吹塑成型工艺过程的示意图。其中图 3-18（a）表示挤出机头挤出管状型坯；图 3-18（b）表示将型坯引入对开的模具；图 3-18（c）表示模具闭合，夹紧型坯上、下两端；图 3-18（d）表示向型腔中通入压缩空气，使型坯膨胀贴模而成型；图 3-18（e）表示经保压、冷却、定型后，放气取出塑料制品。图 3-19 所示为吹塑制品及吹塑模具，图 3-20 所示为吹塑成型压机。

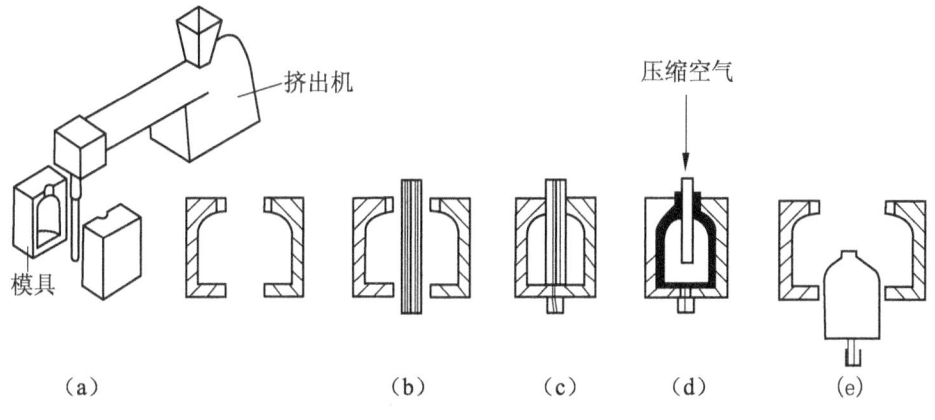

图 3-18 挤出吹塑成型工艺过程

模具导论

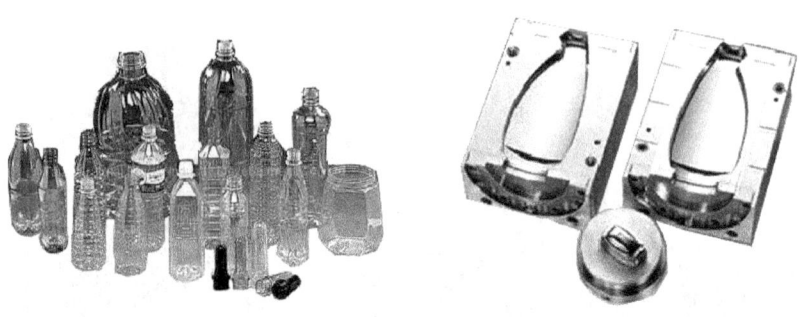

(a) 吹塑制品　　　　　(b) 吹塑模具

图 3-19　吹塑制品及吹塑模具

图 3-20　吹塑成型压机

这种中空吹塑成型方法的优点是模具结构简单，投资少，操作容易，适用于多种热塑性塑料的中空塑料制品的吹塑成型。缺点是塑料制品的壁厚不均匀，需要后加工以去除飞边和余料。

3.3　塑料模

塑料模是实现塑料成型生产的专用工具和主要工艺装备。各种塑料制品大都需使用模具成型，塑料模具的种类很多，主要以成型的类别作为区分方式。例如注射模、压缩模、真空吸塑模等等，其中以注射模最为复杂。本部分针对注射模做详细介绍。

3.3.1　注射模基本结构

注射模由动模和定模两部分组成，动模安装在注射机的移动模板上，定模安装在注射机的固定模板上。注射成型时，动模与定模闭合构成浇注系统和型腔。开模时，动模与定模分离，取出塑料制品。根据模具中各零部件所起的作用，一般注射模又可细分为以下基本组成部分，如图 3-21 所示。

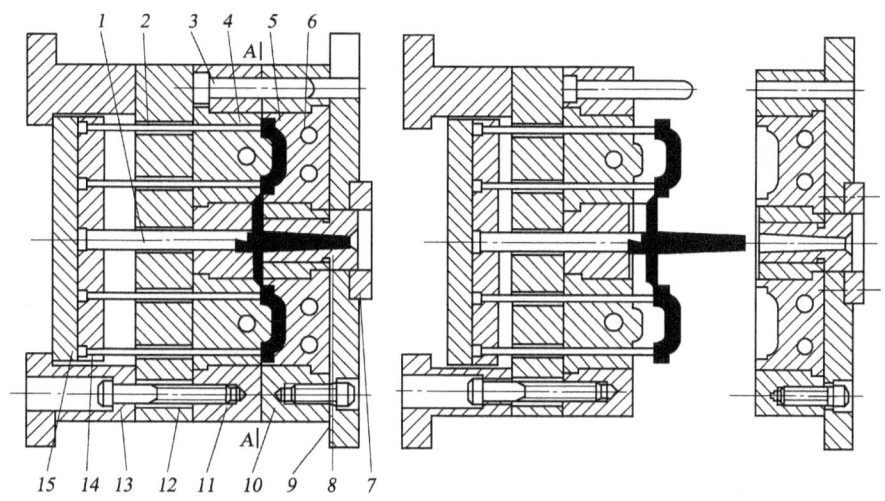

1—拉料杆；2—推杆；3—导柱；4—凸模；5—凹模；6—冷却通道；7—定位圈；8—浇口套；
9—定模座板；10—定模板；11—动模板；12—支承板；13—动模支架；14—推杆固定板；15—推板

图 3-21 单分型面注射模具

① 成型部分。成型零件是直接与塑料接触，并决定塑料制件形状和尺寸精度的零件，即构成型腔的零件，如图 3-21 所示凸模 4、凹模 5 等，它们是模具的主要零件。凸模（型芯）形成塑件的内表面形状，凹模（型腔）形成塑件的外表面形状，合模后凸模和凹模便成了模具的型腔。

② 浇注系统。它是将熔融塑料由注射机喷嘴引向型腔的通道。通常，浇注系统由主流道、分流道、浇口和冷料穴 4 个部分组成，起到输送管道的作用，如图 3-21 所示件 8 为浇口套。

③ 导向机构。它通常由导柱和导套（或导向孔）组成，如图 3-21 所示件 3 及件 10 上的导向孔。此外，对多腔或较大型注射模，其推出机构也设置有导向零件，以避免推板运动时发生偏移，造成推杆的弯曲和折断或顶坏塑件。

④ 推出机构。指在开模过程中将制件及流道凝料从成型零件及流道中推出或拉出的零部件。如图 3-21 所示的推出机构由推杆 2、拉料杆 1、推板固定板 14 和推板 15 等组成。

⑤ 侧向分型抽芯机构。当塑件上有侧孔或侧凹时，开模推出塑件以前，必须先进行侧向分型，将侧型芯从塑件中抽出，方能顺利脱模，这个动作过程是由分型抽芯机构实现的。如图 3-21 所示，分型抽芯机构由件 7、8、9 及件 11 上的导滑部分等组成。

⑥ 冷却与加热装置。冷却与加热装置是用以满足成型工艺对模具温度要求的装置。冷却时，一般在模具型腔或型芯周围开设冷却通道，如图 3-21 所示冷却水通道 6。而加热时，则在模具内部或周围安装加热元件。

⑦ 排气系统。指在注射过程中，为将型腔内的空气以及塑料在受热和冷凝过程中产生的气体排出去而开设的气流通道。排气系统通常是在分型面处开设排气槽，有时也可利用活动零件的配合间隙排气。

⑧ 支承与固定零件。其主要起装配、定位和联接的作用，包括定模座板、垫块、支撑板、定位环、销钉和螺钉等，如图 3-21 所示件 9、10、11、12、13。

注射模就是依靠上述各类零件的协调配合来完成塑料制件成型的。并不是所有的注射模都具备上述 8 个部分,但型芯、浇注系统、推出机构和必要的支承固定零件必不可少。各种塑料模都可以由上述一些功能相似的零部件组成。

3.3.2 塑料模的分类

注射模的分类方法很多。按塑料材料类别可分为热塑性塑料注射模和热固性塑料注射模;按注塑机类型可分为立式注塑机用注射模、卧式注塑机用注射模和角式注塑机用注射模;按浇注系统形式可分为普通流道注射模及热流道注射模。按注射模的总体结构特征分类最为方便,可分为单分型面注射模、双分型面注射模、斜导柱(或弯销、斜滑块、齿轮齿条)侧向分型与抽芯注射模、带活动镶块的注射模、推出机构设置在定模的注射模和自动卸螺纹注射模具等。

1. 单分型面注射模具

单分型面注射模具又称为两板式模具。单分型面是指在模具的动模板与定模板之间只有一个分型面。如图 3-21 所示,凸模 4 固定在动模板 11 上,连接在注射机的移动模板上,而具有型腔的定模板 10 固定在定模座板 9 上,连接在注射机的固定模板上。注射机开模时,移动模板带动动模部分左移,模具沿图示分型,塑件由于拉料杆 1 及凸模 4 的作用,连同流道内的凝料随动模后退,当注射机的顶杆接触到模具的推板 15 时,推出塑件及流道凝料。这种注射模结构简单,成形塑件的适应性强,操作方便,应用广泛,但是塑件连同凝料在一起,需手工处理。

2. 双分型面注射模具

双分型面注射模又称为三板式注射模,如图 3-22 所示。与单分型面注射模相比,在动模板 6 和定模板 14 之间加了一块中间板 13。A—A 为第一分型面,B—B 为第二分型面。由于塑件和浇口凝料是分开的,因此需要有两个分型面,分别用来取出塑件和凝料。在第一分型面的右边是定模板,开设了主流道,固定在注塑机的定模板上。在两个分型面之间的称为中间板,中间板上开有成型塑件外表面的型腔和浇口,由模具上的导柱支承。第二分型面左边部分为模具的动模部分,成型塑件内表面型芯被安装在动模座板上,连接在注塑机的移动模板上。

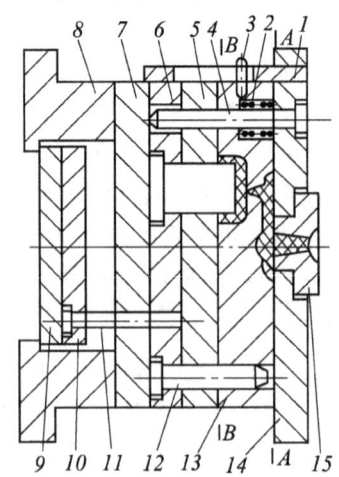

1—定距拉板;2—弹簧;3—限位钉;4—导柱;5—推件板;6—动模板;7—支承板;8—支架;
9—推板;10—推杆固定板;11—推杆;12—导柱;13—中间板;14—定模板;15—主浇道衬套

图 3-22 双分型面注射模

开模时，中间板 13 与定模板 14 之间在弹簧 2 的作用下，A 面分型，将主流道的凝料从浇注套中脱出。待动模继续后退至定距拉板 1，拉到固定在中间板 13 上的限位钉 3 时，B 面分型，将塑件与浇口拉开，塑件与型芯一起后退，而浇注系统的凝料在 A 分型面上被取出。当动模继续后退，注射机的顶杆接触推板 9 时，推件板 5 在推杆 11 的推动下，将塑件推出、落下。

这种注射模具能够在塑件中心设置点浇口，截面积较小，塑件的外观好，并且有利于自动化生产。但双分型面的注射模结构复杂，成本较高，模具的质量增大，因此不常用于大型塑件或流动性较差的塑料成型。

3. 带活动镶块的注射模具

当塑件带有侧孔或螺纹孔时，无法通过分型面来取出塑件，需要在模具上设置活动的型芯或对拼组合式镶块。如图 3-23 所示，模具开模时，动模板 5 和定模座板 1 分开，塑件的外腔与定模脱开，塑件留在活动镶块 3 上。当动模继续后退，推板 11 接触到注射机的顶杆时，设置在活动镶块 3 上的阶梯推杆 9 将活动镶块 3 连同塑件一起推出，再由人工将活动镶块 3 上的塑件取下来。合模时，推杆 9 先在弹簧 8 的作用下复位，之后，由人工将活动镶块 3 插入型芯锥面相应的孔中，最后模具合模，进行下一循环。

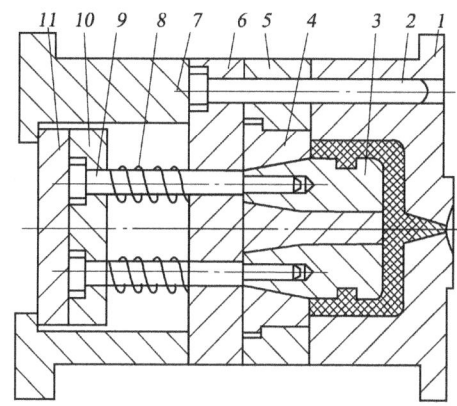

1—定模座板（型腔）；2—导柱；3—活动镶块；4—型芯座；5—动模板；6—支承板；
7—支架；8—弹簧；9—推杆；10—推杆固定板；11—推板

图 3-23　带活动镶块的注射模

这种注射模手工操作多，生产效率低，劳动强度大，只适用于小批量生产。

4. 带侧向抽芯、侧向分型的注射模具

带活动镶块的注射模具仅适用于侧面有孔或凹槽的塑件的小批量生产，当这类塑件的批量较大时，就应采用侧向抽芯或侧向分型的注射模具。

带动型芯滑块侧向移动的整个机构称侧向分型与抽芯机构。图 3-24 所示为常见的斜导柱侧向抽芯注射模。图中塑件的侧壁有一孔，这个孔由侧型芯滑块 3 来成型。开模时，动模板 14 与定模板 16 分开，由于斜导柱 2 固定在定模板上，而斜滑块 3 由导滑槽与动模部分相连，因此，斜导柱在开模力的作用下，带动斜滑块沿导滑槽向外滑动，直至滑块与塑件完全脱开，完成侧向抽芯动作。

这时塑件包在型芯 4 上随动模继续后移，直到注塑机顶杆与推板 9 接触，推出机构开始工作，推杆将塑件从型芯上推出。合模时，复位杆使推出机构复位，斜导柱使侧型芯滑块向内移动复位，最后由楔紧块 1 锁紧。

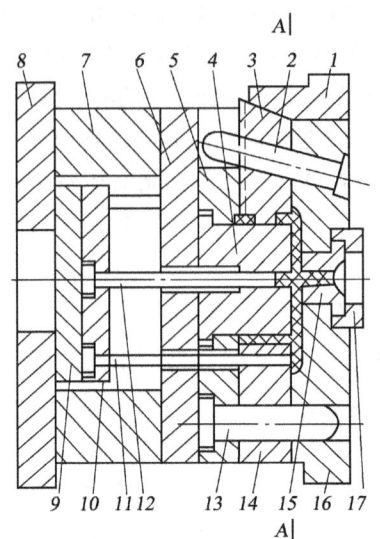

1—楔紧块；2—斜导柱；3—侧型芯滑块；4—型芯；5—型芯固定板；6—支承板；
7—垫块；8—动模座板；9—推板；10—推杆固定板；11—推杆；12—拉料杆；13—导柱；
14—动模板；15—主流道衬套；16—定模板；17—定位圈

图 3-24　斜导柱侧向抽芯注射模

5. 自动卸螺纹注射模

成型带有内螺纹或外螺纹的塑件时，为了能自动卸螺纹，在模具内设有能转动的螺纹型芯或螺纹型环，利用注塑机的往复运动或旋转运动，或设置专门的原动机件（如电动机、液压马达等）和传动装置与模具连接，开模后带动螺纹型芯或螺纹型环转动，使制件脱模。

图 3-25 所示为角式注塑机上使用的自动卸螺纹注射模。塑件带有内螺纹，当注射机开模时，注射机的开合模的丝杆带动模具的螺纹型芯 1 旋转，以使塑件与螺纹型芯 1 脱模。为了防止螺纹型芯与制件一起旋转，一般要求制件的外形具有防转结构。图 3-25 所示是利用制件顶面的凸出图案来防止制件随螺纹型芯转动，以便制件与螺纹型芯分开。

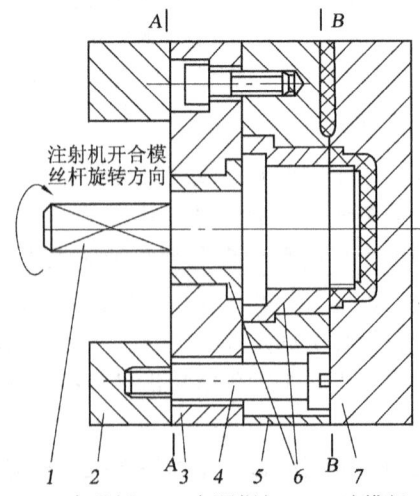

1—螺纹型芯；2—支架；3—支承板；4—定距螺钉；5—动模板；6—衬套；7—定模座板

图 3-25　自动卸螺纹的注射模具

6. 推出机构设置在定模的注射模具

注射机的顶出机构设在注射机的动模部分，为了设计的方便，注射模的推出装置也应相应地设置在模具的动模部分，塑件就应设计为留在动模一侧。但有的塑件由于要求特殊和形状限制，塑件必须要留在定模一侧，这时，就应在定模一侧设置推出机构，一般用拉板、拉杆形式。

如图 3-26 所示，这是一套成型塑料衣刷的注射模具，由于衣刷形状的限制，直接浇口需要设计在衣刷的背面，塑件由于包住型芯而留在定模一侧。在开模时，由于塑件对型芯 11 抱紧力较大，A 分型面先分型，塑件从成形镶块 3 上脱出而留在定模部分；当开模到一定距离以后，当紧固螺钉 4 触到拉板 8 上时，拉板 8 带动螺钉 6，推出机构开始工作，B 分型面分型，塑件被从型芯 11 上脱出。

7. 热流道注射模

采用热流道注射模具注射成型，模具浇注系统中的塑料始终保持熔融状态，在成型过程中只需取出塑件而没有浇注系统凝料。如图 3-27 所示，塑料熔体从喷嘴 21 进入模具后，在流道中加热保温，使其保持熔融状态。每一次注射完毕，只在型腔内的塑料冷凝成型，取出塑料制品后又可继续注射，大大节省了塑料用量，提高了生产效率，有利于实现自动化生产，保证塑料制品质量。无流道注射模结构复杂，造价高，对模具温度的控制要求严格，仅适用于大批量生产。

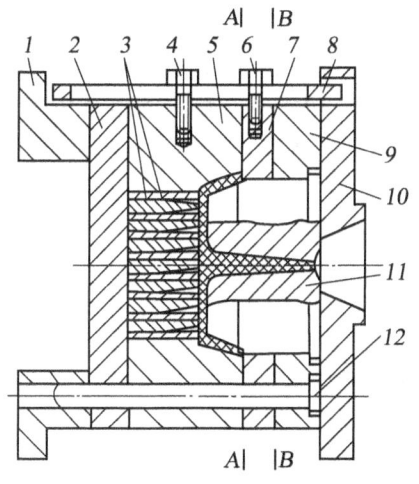

1—模脚；2—支承板；3—成型镶块；
4—紧固螺钉；5—动模板；6—螺钉；
7—推件板；8—拉板；9—定模板；
10—定模座板；11—型芯；12—导柱

图 3-26 推出机构设置在定模的注射模具

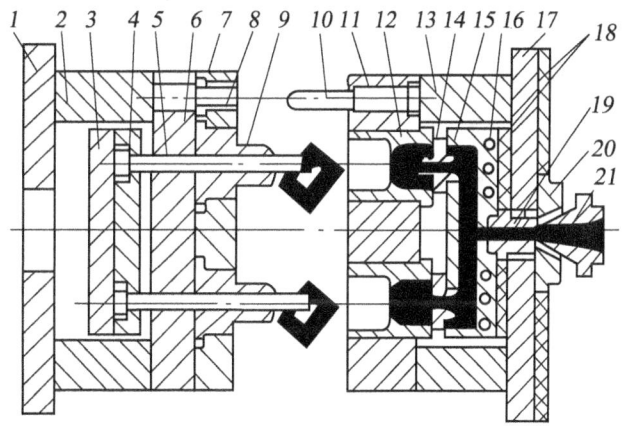

1—动模座板；2—垫块；3—推板；4—推杆固定板；5—推杆；
6—支承板；7—导套；8—动模板；9—型芯；10—导柱；
11—定模板；12—凹模；13—垫块；14—二级喷嘴；
15—热流道板；16—加热器孔；17—定模座板；
18—绝热层；19—主流道衬套；20—定位圈；21—喷嘴

图 3-27 热流道注射模

3.4 塑料模具成型设备

塑料模具成型设备是指对塑料进行模塑成型所用的设备。按成型工艺方法不同，可分为塑料注射机、液压机、挤出机、吹塑机等。本章主要介绍塑料注射机（又称注塑机）。注塑机的成型原理是将已经完成塑化的熔融状态的塑料（即黏流态塑料），在压力作用下注射入模腔内，经冷却定型后而获得塑料制品。在注射成型一个工作循环中，注射机需完成塑化、注射和成型3个基本过程。

注射机主要用于热塑性塑料成型，近年来也已成功地用于某些热固性塑料成型。由于它具有能一次成型出形状复杂、尺寸精确、表面质量很高的制品，生产效率高，对不同性质塑料的加工适应性较强，易于实现自动化等一系列优点，得到了广泛应用。

3.4.1 注射机分类

随着注射成型工艺应用范围的不断扩大，注射机的类型也不断增多，目前对注射机类型的划分有不同的方法，按机器的传动方式分为液压式、机械式和液压—机械（连杆）式注射机，按机器的加工能力分为超小型（注射量和锁模力分别小于 30 cm³ 和 400 kN）、小型（注射量为 60～500 cm³，锁模力 400～3000 kN）、中型（注射量为 500～2000 cm³，锁模力 3000～6000 kN）、大型和超大型（注射量大于 2000 cm³ 和 8000 kN）注射机，按操作方式分为自动、半自动和手动注射机，但目前人们多采用以结构特征和机器外形来区别的方法。

1. 按机器外形特征分

（1）卧式注射机

卧式注射机的注射装置与合模装置的轴线在同一线水平排列，如图 3-28 所示。其优点是机身低，便于操作和维修；机器重心低，安装稳定性好；塑件顶出后可利用其自重作用而自动下落，容易实现自动操作。缺点是模具的安装和嵌件的安放比较麻烦，占地面积较大。这种类型对于大、中、小型注射机都适用，是目前国内外大、中型注射机广为采用的形式。

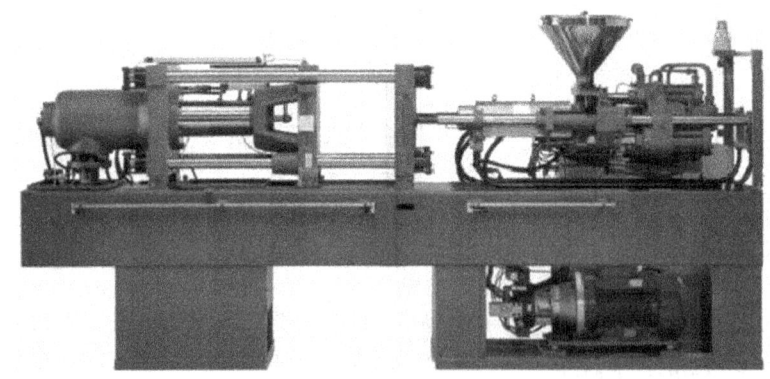

图 3-28 卧式注射机

（2）立式注射机

立式注射机注射装置与合模装置的轴线在同一线垂直排列，如图 3-29 所示。其优点是占地面积小，模具的装拆和嵌件的安放都较方便。缺点是塑件顶出后常需由人工取出，不易实现自动化；机器的稳定性较差，维修和加料也不方便。这种类型注射机多为注射量在 60 cm³ 以下的小型注射机。

（3）角式注射机

角式注射机是介于卧式和立式之间的一种形式，它的注射装置与合模装置的轴线互相垂直排列,注射装置的轴线与模具的分型面处于同一平面上,如图 3-30 所示。优点是结构简单,注射成型时熔料从模具的侧面进入型腔,特别适用于加工中心部分不允许留有浇口痕迹的制品。缺点是开合模机构是纯机械传动,无法准确可靠地注射和保持压力及锁模力,模具受冲击和振动较大。

图 3-29　立式注射机

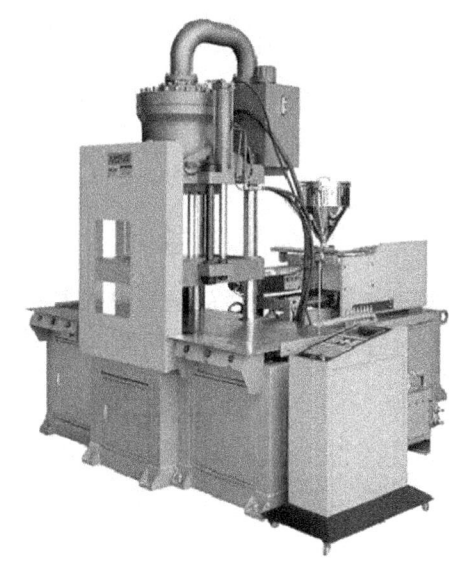

图 3-30　角式注射机

2. 按塑料在料筒的塑化方式不同分

(1) 螺杆注射机

图 3-31 所示为卧式螺杆注射机结构示意图。螺杆注射机的工作原理已在前面章节中详细讲述。卧式注射机多为螺杆式,最大注射量可达到 60 cm³ 以上,目前在工厂中广泛使用。

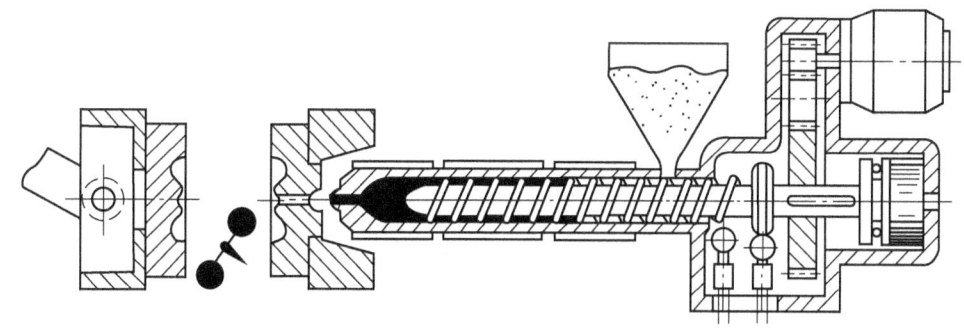

图 3-31　卧式螺杆注射机结构示意图

(2) 柱塞注射机

图 3-32 所示为卧式柱塞注塑机结构示意图。柱塞注射机多为立式注射机,注射量小于 30~60 cm³,不易成型流动性差、热敏性强的塑料。柱塞式注射机由于自身结构特点,在注射成型中存在着塑化不均、注射压力损失大等问题。

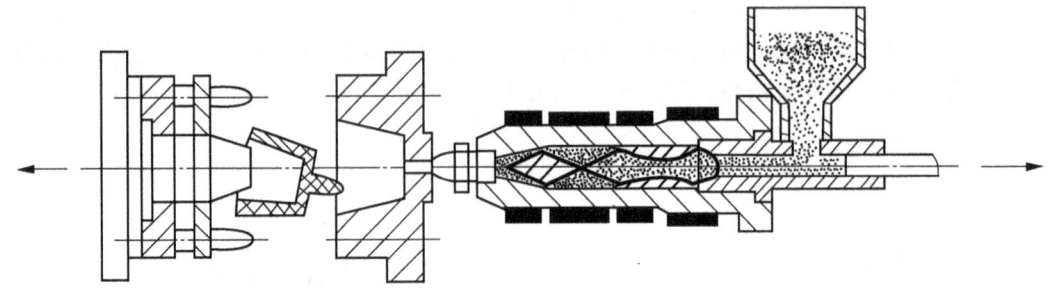

图 3-32 卧式柱塞注塑机结构示意图

3.4.2 注射机型号

我国塑料注射成型机的型号编制方法（JB2485－78）是由基本型号和辅助型号两部分组成，基本型号和辅助型号之间用短线隔开。如图 3-33 所示。

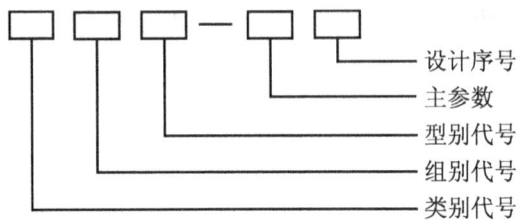

图 3-33 注射机型号的编制方法

型号中的第一项代表塑料机械类，以大写印刷体汉语拼音字母"S"（塑）表示；第二项代表注射成型组，以大写印刷体汉语拼音字母"Z"（注）表示；第三项用来区别是通用型还是专用型组，通用型组省略，专用型用相应的大写印刷体汉语拼音字母表示，如多模注射机以"M"（模）表示，多色注射机以"S"（色）表示，混合多色注射机以"H"（混）表示，热固性塑料注射机以"G"（固）表示；第四项代表是以"cm^3"为单位的注射容量主参数，以阿拉伯数字表示，若是卧式基本型时，在主参数前不再注代号，立式的注"L"（立），角式的注"J"（角），如果是不带预塑的柱塞式注射机时在代号之前另注"Z"（柱）。

型号示例（注射容量为 30 cm^3 的柱塞式立式塑料注射机）。

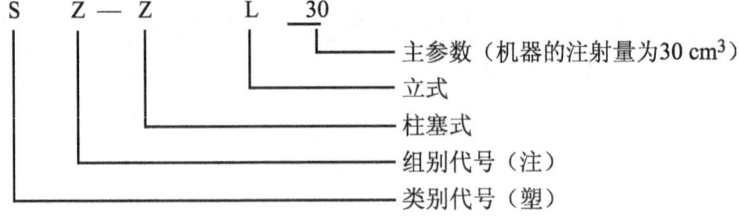

注射机产品型号的表示方法各国不尽相同，国内也没有很好统一，国产注射机的规格系列有 SZ 系列和 XS 系列。

SZ 系列用理论注射容量和锁模力表示设备规格，如 SZ—200/1000，是指理论注射容量为 200 cm^3，锁模力为 1000 kN 的塑料注射成型机。XS 系列以理论注射量表示设备规格，如 XS—ZY—125A 指预塑式（Y）塑料（S）注射（Z）成型（X）机，理论注射量是 125 cm³，A 指设备设计序号第一次改型。

目前，国产注射机的厂家通常以厂家名称的缩写字母加上主参数表示注射机的规格，例如，HT 系列为海天机械有限公司生产的注射机，CJ 系列为震德公司生产的注射机等。另外，目前生产的注射机普遍配备 3 根不同直径的螺杆，国际上对这类注射机比较公认的规格表示法为注射量与注射压力的综合参数/锁模力。注射量与注射压力的综合参数/锁模力的计算方法是，取中间直径螺杆的理论注射量（cm³）乘以中间螺杆的注射压力（MPa）再除以 100 所得的数值。为与国际接轨，目前我国部分企业开始用此法来表示型号规格。

3.4.3 注射机组成及工作原理

1. 注射机组成

注射机主要由注射装置、合模装置、液压传动和电气控制系统组成，如图 3-34 所示。

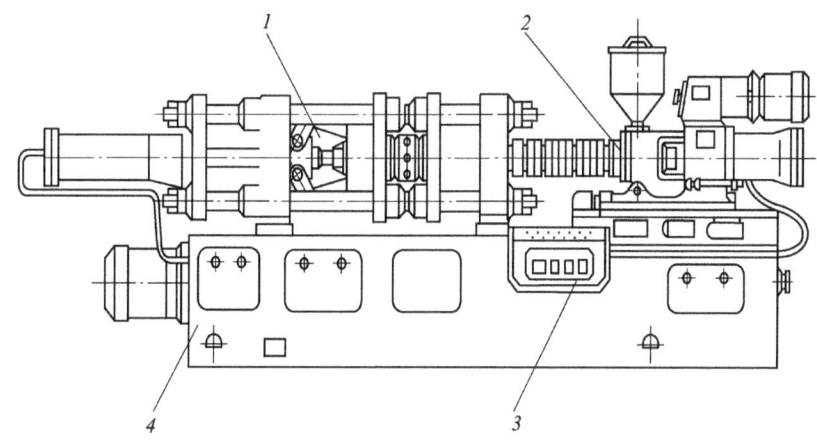

1—合模装置；2—注射装置；3—电气控制系统；4—液压系统

图 3-34 螺杆式注射机结构示意图

（1）注射装置

注射系统是注射机的主要部分，其作用是使塑料均匀地塑化并达到流动状态，并以足够的压力和速度将一定量的熔料注射到模具的型腔内，当熔料充满型腔后，仍需保持一定的压力和作用时间，使其在合适压力作用下冷却定型。注射装置主要由塑化部件（螺杆、料筒、喷嘴）和料斗、传动装置、注射及移动油缸等组成。

（2）合模装置

合模装置的作用是实现模具的闭合并锁紧，保证注射时模具可靠地合紧及脱出制品的动作。合模装置主要由前后固定板、移动模板、连接前后固定用的拉杆、合模油缸、移动油缸、连杆机构、调模装置及塑料顶出装置等组成。

（3）液压传动和电气控制系统

液压传动和电气控制系统的作用是保证注射机按工艺过程的动作程序和预定的工艺参数（压力、速度、温度、时间等）要求准确有效地工作。液压传动系统主要由各种液压元件和回路及其它附属设备组成。电气控制系统主要由各种电气仪表等组成。

2. 注射机的工作原理

尽管注射机的类型很多,但其完成注射成型的基本过程是相同的。下面以目前应用最广的螺杆式注射机为例,阐述其工作过程,如图3-31所示。

(1) 合模与锁紧

注射成型机的成型周期一般自模具开始闭合时算起。模具首先以低压进行快速闭合,当动模与定模很接近时,合模的动力系统自动切换成低压(即试合模压力)、低速,确认模内无异物存在时,再切换成高压、低速而将模具锁紧。

(2) 注射装置前移

注射座移动液压缸,使注射装置前移,保证喷嘴与模具主流道入口以一定的压力贴合,为注射阶段做好准备。

(3) 完成注塑工艺过程

完成上述两个工作过程后,便可向注射液压缸接入压力油。与液压缸活塞杆相接的螺杆以高压高速将头部的熔料注入模腔。然后实现注塑成型工艺过程,即加料、塑化、注射、保压、预塑、冷却。

(4) 注射装置后退

注射装置退回的目的主要是避免喷嘴与冷模长时间接触,使喷嘴内料温过低,影响下次注射和制件质量,另一方面,有时为了便于清料,常使注射装置退回。

(5) 开模与顶出制件

模具内的制件冷却定型后,合模机构就开启模具。在注射机顶出系统和模具推出机构的联合作用下,将制件自动推出,为下次成型做好准备。

3.5 塑料模具材料选用

塑料模具是利用其自身特定的形状和尺寸来成型塑料制品的。由于塑料制品形状复杂、表面粗糙度要求高,因而塑料模具的制造难度较大。如何正确合理地选用模具材料,对模具的制造和使用都具有重要意义。

3.5.1 塑料模具材料

模具的材料对模具的性能、寿命、加工工艺、加工精度和制造周期有着重要影响。下面介绍目前应用比较多的塑料模具材料和适用范围。

1. 渗碳型模具用钢

渗碳型塑料模具钢主要用于冷挤压成型的塑料模具,国内的型号主要有20、20Cr、DT1、DT2、12CrNi3A、20CrMnTi等,国外的型号有P2、P3、P4等。

2. 淬硬型模具用钢

淬硬型模具钢包括碳素工具钢,型号有T7A、T8A、T10A;低合金冷作模具钢,型号有9Mn2V、CrWMn、9CrWMn;高速钢和一些热作模具钢等,国外的淬硬型模具钢型号有D3、SKS31、H13等。

3. 预硬型塑料模具钢

预硬钢是供应状态时已预先进行了热处理,其硬度已达到模具的使用要求,模具形成时不需要在进行热处理而直接使用的钢。国内的型号有 A2、D3、H13 等,国外的型号有 P20、PD55、PX4 等。

4. 时效硬化型塑料模具钢

这类模具钢的特点是合碳量低,合金度较高,经高温淬火(固溶处理)后,钢处于软化状态,组织为单一的过饱和固溶体。国内的型号有 18Ni、25CrNi3MoAl、06NiCrMoVTiAl 等,国外的型号有 P21、NAK55 等。

5. 耐蚀塑料模具钢

塑料模具钢的工作温度较高,有时工作中产生的气体、液体等对模具有一定的腐蚀作用,为此须采用耐蚀性的材料。常用的耐蚀塑料模具钢国内有马氏体不锈钢(Cr13 型)、奥氏体不锈钢(18-8 型)及 PCR 钢等,国外有 110CrMo17、M300、S-136 等。

6. 镜面型塑料模具钢

镜面型塑料模具钢除要求具有一定强度、硬度外,还要求冷热加工性能好,热处理变形小,纯洁度高,以防在镜面出现针孔、稿皮、斑纹及锈蚀等缺陷。

7. 铜合金塑料模具材料

用于塑料模具材料的铜合金主要是铍青铜,采用铸造方法制模,可以制出形状复杂的模具,型号有 ZCuBe2 等。

8. 铝合金塑料模具材料

铝合金的密度小,熔点低,加工性能和导热性都优于钢,其中铸造铝硅合金还具有优良的铸造性能,在有些场合可选用铸造铝合金来制造塑料模具,降低制模成本,型号有 ZL101 等。

9. 锌合金模具材料

用于制作塑料模具的锌合金大多为 Zn-4Al-3Cu 共晶型合金,还含有少量 Pb、Cd、Sn、Fe 等杂质。用此合金通过铸造方法易于制出光洁而复杂的模具型腔,但是锌合金高温强度较差,且合金易于老化,因此锌合金塑料模具长期使用后易出现变形甚至开裂。表 3-6 列出了各种模具材料的适用范围和热处理性能。

表 3-6 常用模具材料的选用范围与热处理

模具零件	使用要求	模具材料	热处理		说明
导柱导套	表面耐磨、有韧性、抗弯曲、不易折断	20、20Mn2B	渗碳淬火	≥55HRC	
		T8A、T10A	表面淬火	≥55HRC	
		45	调质、表面淬火、低温回火	≥55HRC	
		黄铜 H62、青铜合金			用于导套

续表 3-6

模具零件	使用要求	模具材料	热处理		说明
成型零部件	强度高、耐磨性好，热处理变形小，有时还要求耐腐蚀	9Mn2V、9CrSi、CrWMn、CrW	淬火、低温回火	≥55HRC	用于制品生产批量大，强度、耐磨性要求高的模具
		4Cr5MoSiV、Cr6WV	淬火、中温回火	≥55HRC	同上，但热处理变形小、抛光性能较好
		5CrMnMo、3CrW8V、5CrNiMo	淬火、中温回火	≥46HRC	用于成型温度高，成型压力大的模具
		T8、T8A、T10、T12、T12A	淬火、低温回火	≥55HRC	用于制品形状简单、尺寸不大的模具
		38CrMoAlA	调质、氮化	≥55HRC	用于耐磨性要求高并能防止热咬合的活动成型零件
		10、15、20、12CrNi3、12CrNi4	渗碳淬火	≥55HRC	容易切削加工或采用塑性加工方法制作小型模型的成型零部件
成型零部件	强度高、耐磨性好，热处理变形小，有时还要求耐腐蚀	45、50、55、40Cr、42CrMo、35CrMo、40MnB、40MnVB	调质、淬火（或表面淬火）	≥55HRC	用于制品批量生产的热塑性塑料成型零部件
		铍铜			导热性良好，耐磨性良好，可铸造成型
		锌基合金、铝合金			用于制品试制或中小批量生产中的模具成型零部件，可铸造成型
		球墨铸铁	正火或退火	正火≥200HBS 退火≥100HBS	用于大型模具
主流道衬套	耐磨性好、有时要求耐腐蚀	45、50、55 以及可用于成型零部件的其他材料模具	表面淬火	≥55HRC	
推杆、拉料杆等	一定的强度和耐磨性	40、50、55	淬火	≥45HRC	
		T8、T8A、T10、T10A	淬火、低温回火	≥55HRC	
各种模板、推板、固定板、模座等	一定的强度和刚度	45、50、40Cr、40MnB、45MnZ	调质	≥00HBS	
		结构钢			
		Q235～Q275			
		球墨铸铁			用于大型模具
		HT200			仅用于模座

3.5.2 塑料模具材料选用原则和方法

1. 根据塑料制品种类和质量要求选用

① 对于型腔表面要求耐磨性好，心部韧性要好但形状并不复杂的塑料注射模，可选用低碳结构钢和低碳合金结构钢。

② 对于聚氯乙烯或氟塑料及阻燃的 ABS 塑料制品，所用模具钢必须有较好的抗腐蚀性。

③ 对于生产以玻璃纤维做填充剂的热塑性塑料制品的注射模或热固件塑料制品的压缩模，要求模具具有高硬度、高耐磨性、高抗压强度和较高韧性，防止塑料把模具型腔面过早磨毛或因模具受高压而局部变形。

④ 制造透明塑料的模具，要求模具钢材有良好的镜面抛光性能和高耐磨性，一般采用实效硬化型模具钢制造。

2. 根据塑料件生产批量选用

选用模具钢材品种与塑料件生产的批量大小有关。塑料件生产批量小，对模具的耐磨性及使用寿命要求不高。为了降低模具造价，不必选用高级优质模具钢，选用普通模具钢即可满足使用要求。

3. 根据塑料件的尺寸大小及精度要求选用

对于大型高精度的注射成型模具，当塑料件生产批量大时，采用预硬化钢。

4. 根据塑料件形状的复杂程度选用

对于复杂型腔的塑料注射成型模，为减少模具热处理后产生的变形和裂纹，应选用加工性能好和热处理变形小的模具材料。

3.6 典型注塑模实例

1. 菜筐注塑模

如图 3-35 所示，塑料制品为家用菜筐，材料为聚丙烯（PP），要求外表美观、光滑，有一定的强度，大批量生产。聚丙烯无味、无毒，呈白蜡状、半透明，是常用塑料中最轻的聚合物。它可用作医疗器具，如注射器、盒、输液袋等。

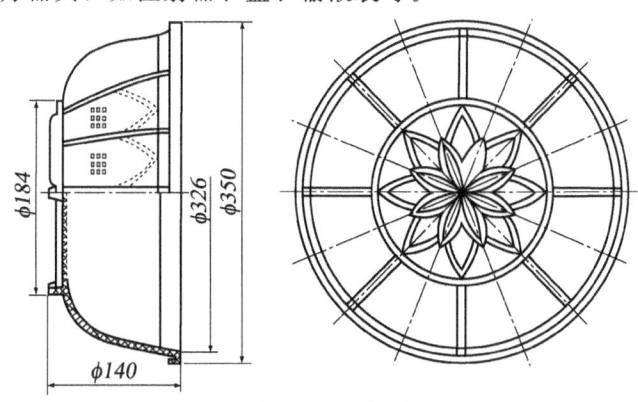

图 3-35 塑件图

该塑料制品在生产中常会遇见顶出块将制品底部顶坏，造成次品或废品。为此，在设计时将顶出设计为差动延时顶出。图 3-36 所示为菜筐注塑模，开模后制品包在型芯 5 上，当动模板 12 后退到顶动位置时，机床顶杆顶动顶板 2 及推杆 3，带动脱料板 11 脱出制品约 1 mm，这时，中心顶杆开始顶动制品底部。此时制品内外顶出受力基本平衡，制品在顶出过程中不会产生印迹。

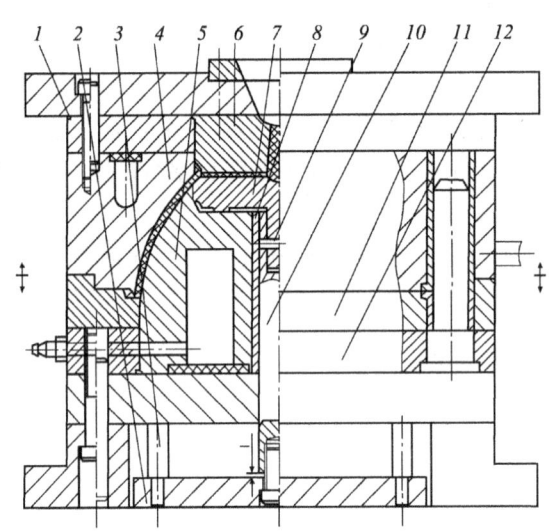

1—定模固定板；2—顶板；3—推杆；4—定模型腔；5—动模型芯；6—定模型芯；
7—顶出块；8—套；9—横销；10—差动顶杆；11—脱料板；12—动模固定板

图 3-36 注塑模结构

2. 行星齿轮注塑模

如图 3-37 所示，塑料制品为行星齿轮，材料为尼龙（PA），要求外表光滑，有强度和精度要求，大批量生产。尼龙是一种无毒、无味，呈白色或淡黄色的角质状固体，具有优良的抗拉、抗压、耐磨等力学性能，其冲击强度比一般塑料有显著提高。它广泛用于制造机械、汽车、化学与电气装置的零件，如齿轮、滚子、滑轮、辊轴等。

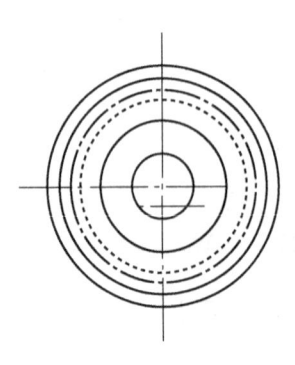 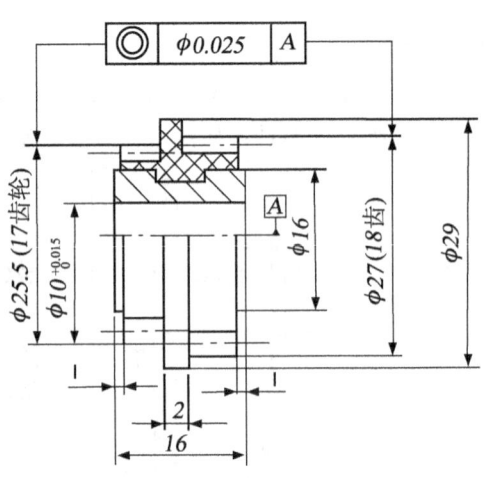

图 3-37 塑件图

由于该制品的同轴度要求精度较高,因此,对结构中的各个零部件的设计与加工都必须提出相应的尺寸与形状的公差精度,图 3-38 所示为行星齿轮注塑模结构图。模具特别是定模板 2、动模板 17、动模垫板 16、前垫板 11 和前顶板 14 等上的型孔、导孔以及定位孔等,均要求靠精密坐标镗床加工。

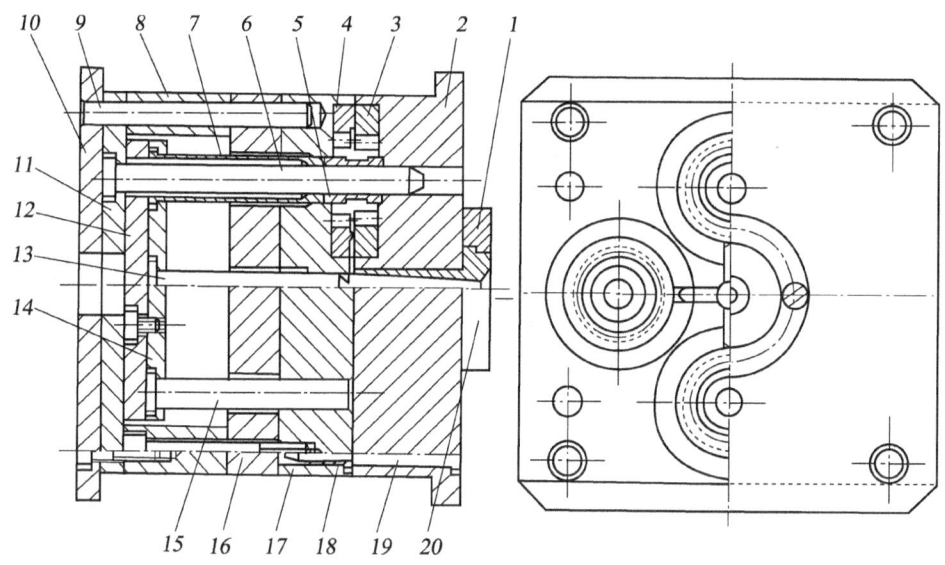

1—浇口套;2—定模板;3—1 号齿腔镶圈;4—2 号齿腔镶圈;5—冶金粉末嵌件;6—主型销;7—顶出套;8—支撑脚;9—圆柱销;10—后垫板;11—前垫板;12—后顶板;13—拉料杆;14—前顶板;15—复位杆;16—动模垫板;17—动模板;18—导套;19—导柱;20—定位圈

图 3-38 行星齿轮注塑模结构图

由于冶金粉末嵌件 5 与主型销 6 的配合精度较高,为保证产品能在被顶出套 7 顶出型腔后取出,又不至影响下个成型周期前将嵌件套入,故主型销的前段比定位段(嵌件长度的三分之二左右)的配合精度和类别均可低一个级类。该模具结构中的 1 号齿腔镶圈 3,2 号齿腔镶圈 4 设计成镶块嵌入,以便这两种零件的线切割或插齿加工。该模具为一模 4 腔布置,开模后,注塑机上的顶杆将力作用在前顶板 12 上,再通过顶出套 7、产生脱模力使塑料制品从型腔中脱出,顶出套 7 在推出塑料制品后的复位依靠复位杆 15 实现。拉料杆 13 的作用是钩住浇注系统中的凝料,使凝料随同塑料制品一起留在动模内。

3. 小线圈骨架注塑模

如图 3-39 所示,塑料制品为小线圈骨架,材料为尼龙 1010(PA1010),要求外表光滑,有一定的强度,大批量生产。

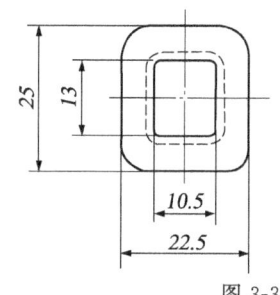 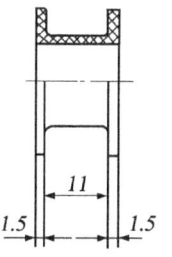

图 3-39 塑件图

图 3-40 所示模具用于成型小型骨架制品。该模具结构具有独到之处，以主流道为轴线，一模 8 腔对称布局，占据空间小，从而使结构较为紧凑。该模具采用镶拼方式，由圆柱销 1 贯穿滑块 6 和镶件 5，便于加工和装配；弯销 7 由楔块 8 楔紧，简便可靠；动定模之间无导柱、导套定位，而由型芯 3 承担了其功能，较为新颖。

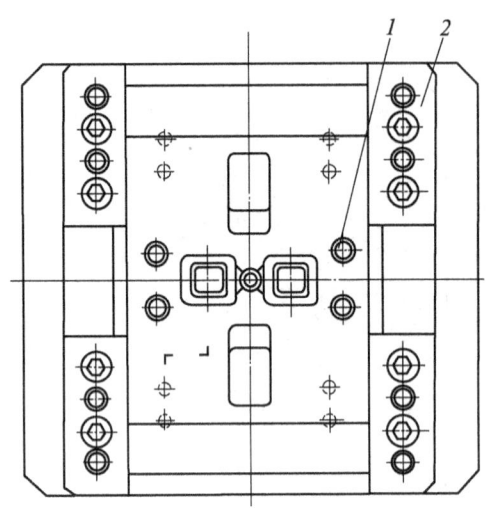
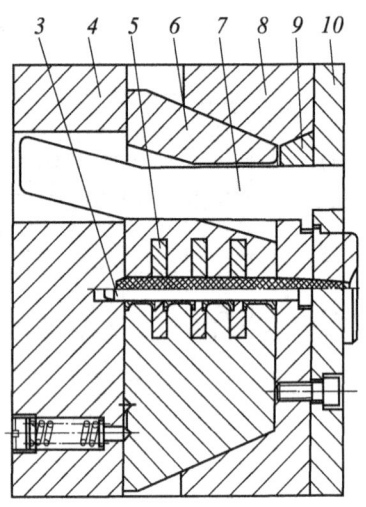

1—圆柱销；2—压板；3—型芯；4—动模；5—镶件；6—滑块；7—弯销；8—楔块；9—定模；10—定模板

图 3-40　小线圈骨架注塑模结构图

开模后，动定模分开，滑块 6 随动模 4 向左移动，流道和型芯 3 与制件分离，当弯销 7 与滑块 6 接触，带动滑块 6 向外侧移动，塑件与镶块 5 分开，完成侧抽芯动作。

4. 螺母注塑模

如图 3-41 所示，塑料制品为螺母，材料为 ABS，要求尺寸精确，有一定的强度，大批量生产。ABS 树脂（丙烯腈—苯乙烯—丁二烯共聚物）是一种强度高、韧性好、易于加工成型的热塑型高分子材料。因为其强度高、耐腐蚀、耐高温，常被用于家用电子电器、工业设备、建筑行业及日常生活用品等领域。

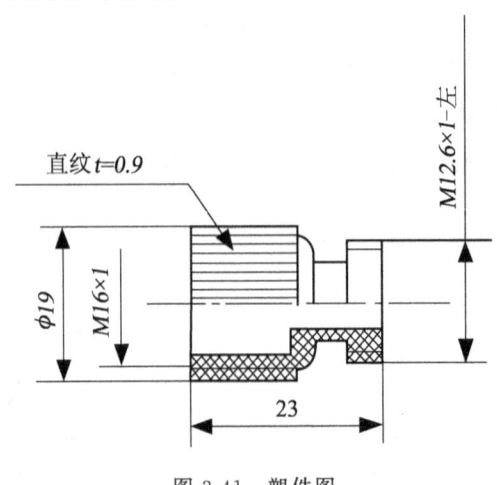

图 3-41　塑件图

该套模具结构的特色在于模具上有为直角式设备使用的自动脱件结构，这是因为塑件两端有螺纹且表面带有直纹，这样做是为了便于脱件和保护塑件。如图3-42所示，开模时，在斜导柱8抽出滑块7后，动模继续后退，带动方杆轴24，通过齿轮传动，使螺纹型芯27旋转，塑件表面的直纹起止转作用的同时，使塑件向右方移动，达到自动脱件目的。锁紧楔12一端呈弧形，是考虑让开喷嘴位置。

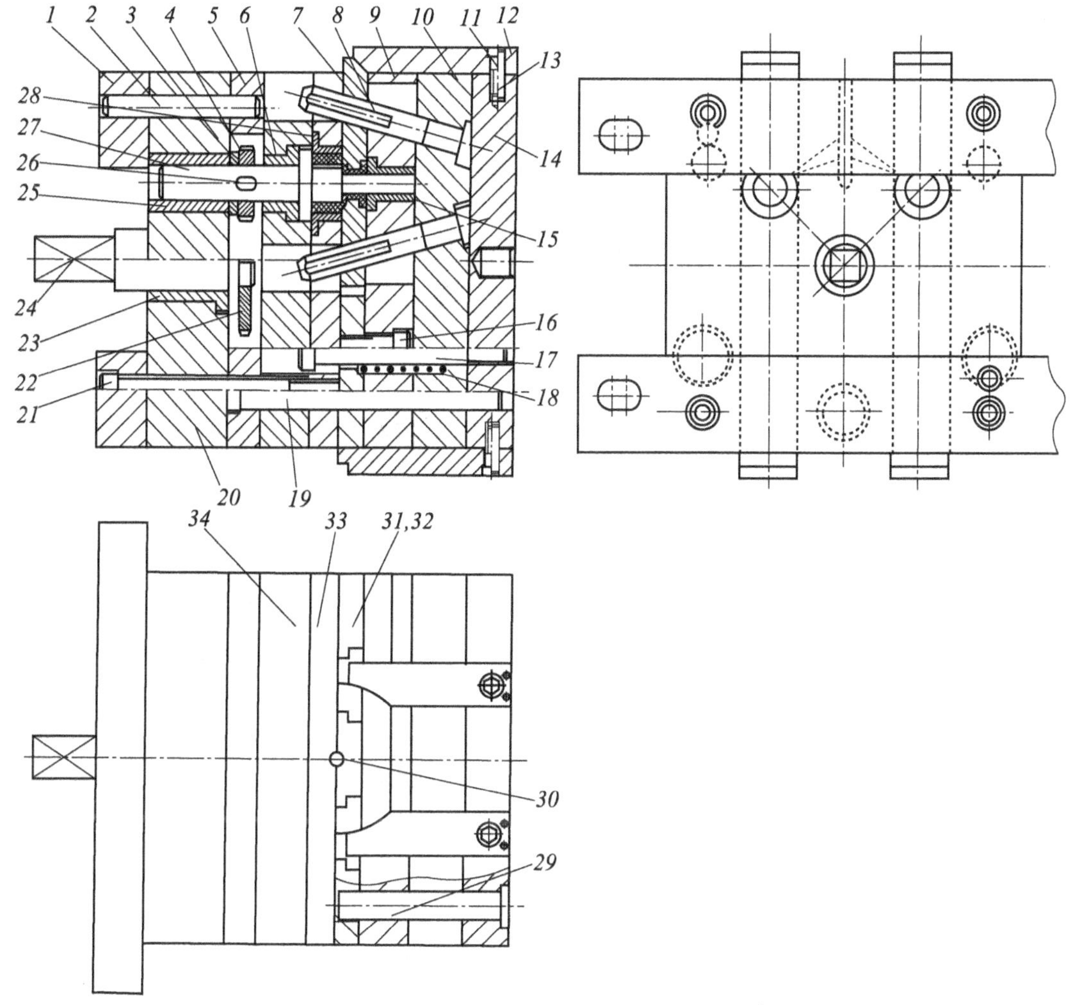

1—模脚；2—圆柱销；3—垫圈；4—齿轮；5—垫板；6—轴承；7—滑块；8—斜导柱；9—座板；10—固定板；11—内六角螺纹；12—锁紧楔；13—圆柱销；14—定模板；15—轴承；16—内六角螺钉；17—定距螺钉；18—弹簧；19—导柱；20—动模垫板；21—内六角螺钉；22—大齿轮；23—大轴承套；24—方杆轴；25—轴承；26—键；27—螺纹型芯；28—型腔；29—导柱；30—浇口套；31、32—压板；33—固定板；34—动模基准板

图3-42 螺母注塑模

5. 台历架注塑模

如图3-43所示，制品为台历架，材料为聚苯乙烯（PS），其凸凹面为装饰面，不允许有浇口痕迹、顶杆痕迹与拼缝痕迹。为满足制品的要求，该模具做了比较巧妙的设计。

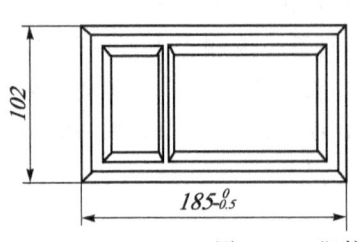
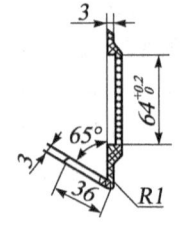

图 3-43　塑件图

聚苯乙烯是一种透明刚性固体，具有优良的光学性能，易燃烧，燃烧时火焰呈橙黄色，伴有浓烟，并有特殊气味。聚苯乙烯在热塑性塑料中是典型的硬脆塑料，具有较高的热膨胀系数。聚苯乙烯由于价廉易得、透明、加工性能好、绝缘性好、易印刷与着色，用途比较广泛。

图 3-44 所示为台历架注塑模。开模时，在强力弹簧 2 的作用下，模具首先沿 Ⅰ—Ⅰ 分型面分型，使在支撑板 8 上导滑的型芯 7 抽出制品。当分型一段距离后，由限位螺钉 1 迫使 Ⅰ—Ⅰ 分型面停止分型。继续开模，模具沿着 Ⅱ—Ⅱ 分型面分型，主浇道离开浇口套，浇注系统与制品留于动模一侧，同时滑块 4 在斜导柱 5 的作用下进行抽芯，型芯 7 也随之移动，制品与滑块 4 及型芯 7 脱开。为便于型芯 7 的滑动，其台阶面为斜面。随后推杆 9 推动浇口，制品与浇注系统一同脱开，模具自由落下。

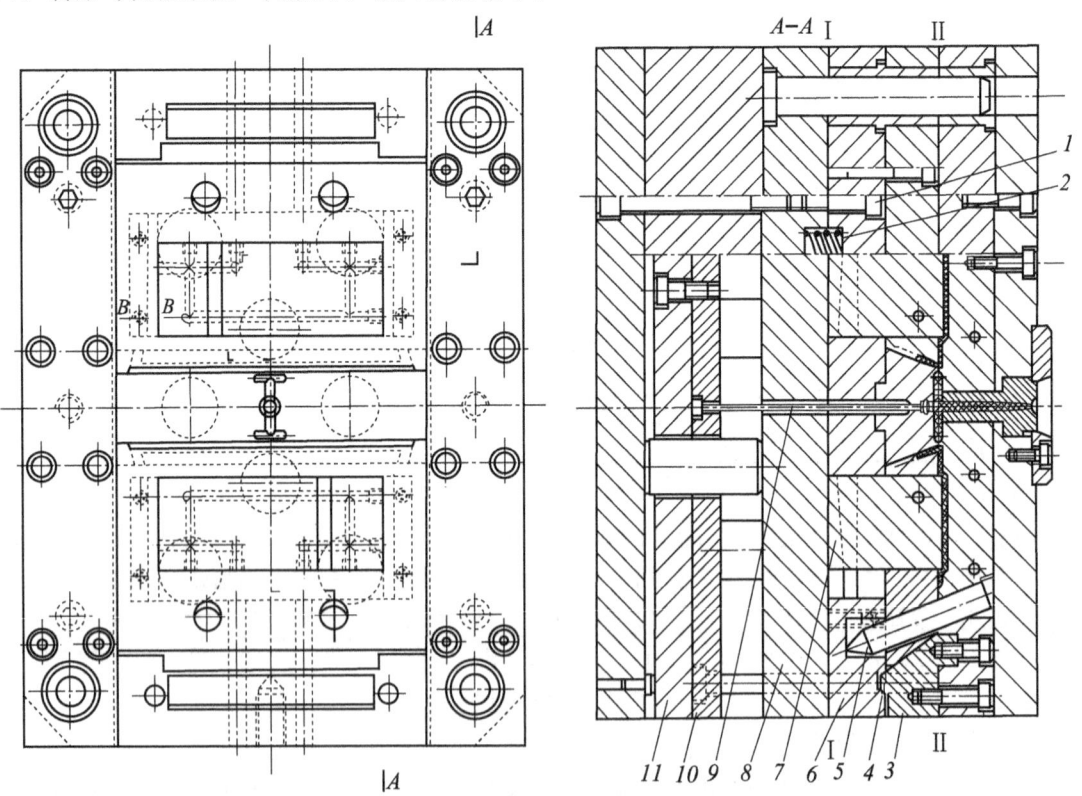

1—限位螺钉；2—强力弹簧；3—楔紧块；4—滑块；5—斜导柱；6—动模板；
7—型芯；8—支撑板；9—推杆；10—推杆固定板；11—推板

图 3-44　台历架注塑模

合模时，Ⅱ—Ⅱ分型面首先合模，斜导柱 5 及楔紧块 3 使滑块 4 复位，当强力弹簧 2 被压缩后Ⅰ—Ⅰ分型面合模，使型芯 7 复至原位。

【本章小结】

在塑料成型生产中，塑料原料、成型设备和成型所用模具是 3 个必不可少的条件，塑料成型工艺将这些物质条件联系起来，形成生产能力。本章的内容涵盖了塑料基本知识、塑料成型工艺、塑料成型设备及塑料模具等内容。塑料成型工艺是本章的学习重点与难点所在，常用的成型加工方法与模具见表 3-7。

表 3-7 常用的成型加工方法与模具

序号	成型方法	成型模具	用　　　　途
1	注射成型	注射模	如电视机外壳、食品周转箱、塑料盆、桶、汽车仪表盘等
2	压缩成型	压缩模	如电器照明用设备零件、电话机、开关插座、塑料餐具、齿轮等
3	压注成型	压注模	适用于生产小尺寸的塑件。
4	挤出成型	挤出模	如塑料棒、管、板、薄膜、电缆护套、异形型材（扶手等）
5	中空吹塑	吹塑模	适用于生产中空或管状的塑件，如瓶子、容器、玩具等

【先导案例研讨】

1. 塑件成型方式选择

根据已知条件，手机电池后盖为 ABS 材料，属于热塑性塑料，制品需要大批量生产。ABS 材料具有超强的易加工性，优良的外观特性和优异的尺寸稳定性以及很高的抗冲击强度。

虽然注射成型模具结构较为复杂，成本较高，但注塑成型生产周期短、效率高，大批量生产模具成本对于单件制品成本影响不大。而压缩成型、压注成型主要用于生产热固性塑件和小批量生产热塑性塑件；挤出成型主要用于成型具有恒定截面形状的连续型材；吹塑成型用于生产中空的塑料瓶、罐、盒类塑件。所以如图 1-1 所示电池后盖塑件应选择注射成型生产。

2. 成型设备选择

注射成型工艺的成型设备为注射机，该塑件的成型设备选用的是螺杆式注射机，模具为注射模具，这是一套比较典型的注射模具结构，如图 3-45 所示，下面阐述其工作过程。

成型时，注射机中的螺杆前进，将熔融塑料从喷嘴经流道系统压入型腔，待熔体充满型腔后，螺杆不动，进行保压、补缩，浇口的熔料凝结后，模具冷却定型，螺杆旋转后退，准备下次注射。冷却定型后，注射机的合模装置带动动模后退，使动模与定模从分型面处分开，在包紧力和 Z 形拉料杆 22 的作用下，塑件和流道凝料留在动模一侧。当动模开启到最大分型距离时，注射机的顶杆推动推板 20，使推杆固定板 21、推杆顶动推块 16，使内侧抽芯滑块 11 推动塑件从型芯 24 中脱离出来。由于抽芯滑块 11 与型芯 24 之间有斜导槽，所以内侧抽芯滑块 11 在推出的过程中也沿着型芯 24 向内侧移动，从而使塑件从抽芯滑块中脱出。塑件取出后，进行合模，定模固定板 14 端面顶动复位杆 18 使推出机构复位，准备下次注射。

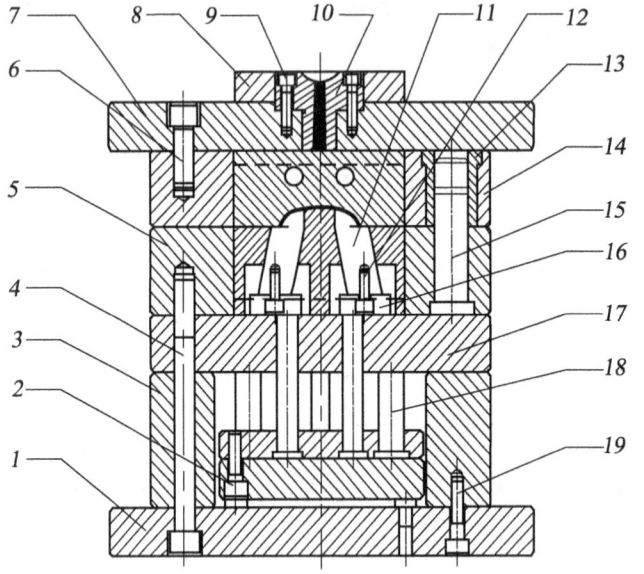
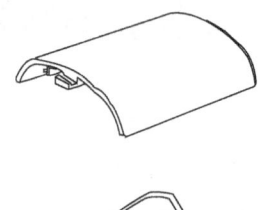

产品图：电池后盖

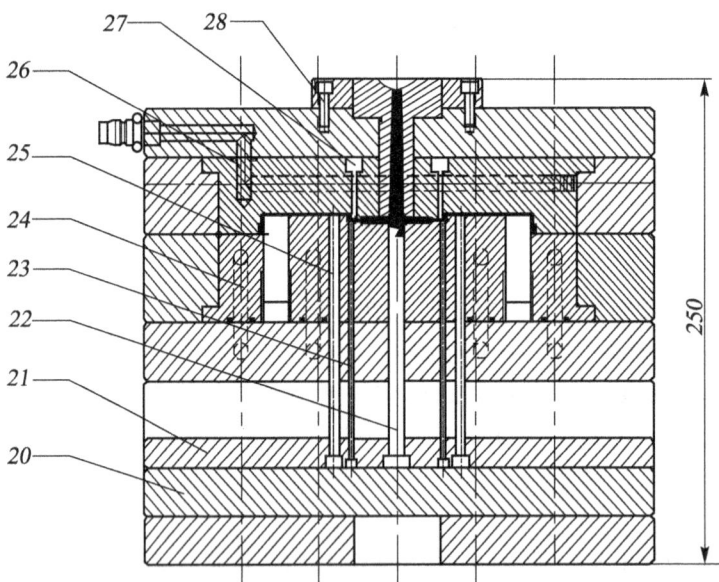

1—动模座板；2—螺钉；3—垫块；4、6、9、12、19、28—螺钉；5—动模固定板；
7—定模座板；8—定位圈；10—浇口套；11—内侧抽芯滑块；13—导套；
14—定模固定板；15—导柱；16—推块；17—支承板；18—复位杆；20—推板；
21—推杆固定板；22—拉料杆；23—顶杆；24—型芯；25—推杆；26—型腔；27—小型芯

图 3-45 电池后盖模具图

【练习题】

一、填空题（32分）（每空1分）

1. 塑料的主要成分有_____、_____、_____、_____、_____、_____。
2. 塑料按其受热后所表现的性能不同，可分为_____和_____两大类。
3. 注塑机主要由_____、_____、_____3部分组成。
4. 注射成型完整的注射过程包括_____、_____、_____、_____和_____。
5. 压注成型又称_____，它是成型_____塑料的常用模塑方法之一。
6. 塑料模按成型工艺不同分类，可分为_____、_____、_____、_____、_____等。
7. 注射模具的结构由_____、_____、_____、_____、_____、_____、_____基本部分组成。

二、选择题（24分）（每空2分）

1. 下列塑料中属于热固性塑料的是（　　）。
   （A）聚乙烯　　　（B）ABS　　　（C）尼龙　　　（D）酚醛
2. 加入后能够有效提高塑料弹性、可塑性、流动性，改善塑料低温脆化的助剂是（　　）。
   （A）填充剂　　　（B）增塑剂　　　（C）稳定剂　　　（D）润滑剂
3. 如图3-46所示塑料壶可用什么方法成型？（　　）
   （A）注射　　　（B）挤出　　　（C）压延　　　（D）中空

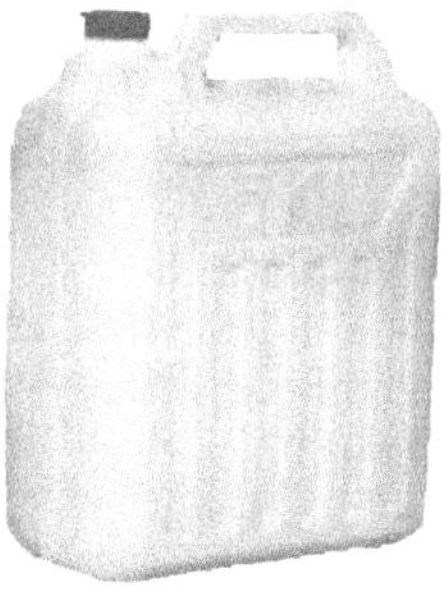

图3-46　塑料壶 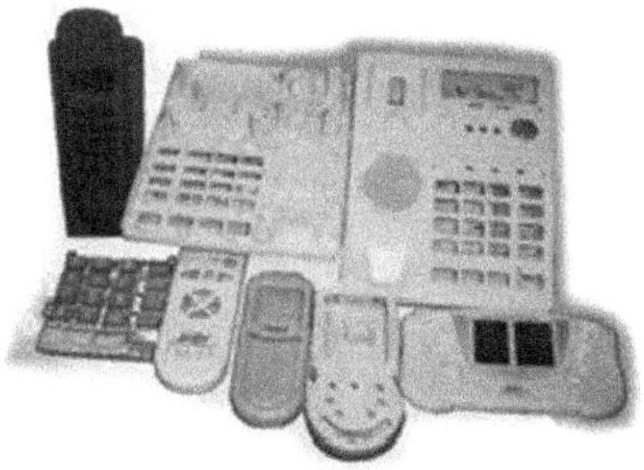　　　　图3-47　塑料制件

4. 如图3-47所示塑料制件常用什么方法成型？（　　）
   （A）注射　　　（B）挤出　　　（C）压延　　　（D）中空
5. 压缩模与注射模的结构区别在于压缩模有（　　），没有（　　）。
   （A）成型零件　　　（B）加料腔　　　（C）导向机构　　　（D）浇注系统
6. 压缩模主要用于加工（　　）的模具。
   （A）热塑性塑料　　　（B）热固性塑料　　　（C）通用塑料　　　（D）工程塑料
7. 卧式注射机注射系统与合模锁模系统的轴线（　　）布置。
   （A）水平
   （B）垂直

(C) 注射机注射系统水平，合模锁模系统垂直
(D) 注射机系统垂直，合模锁模系统水平

8. 合模时，导柱与导套间呈（　　）。
   (A) 过孔　　　　(B) 间隙配合　　(C) 过渡配合　　(D) 过盈配合

9. 挤出机头的作用是将挤出的熔融塑料由（　　）运动变为（　　）运动，并使熔融塑料进一步塑化。
   (A) 螺旋　　　　(B) 慢速　　　　(C) 直线　　　　(D) 快速

10. 下列产品中适合用挤出法成型的有（　　）。
    (A) 管　　　　(B) 板　　　　(C) 片　　　　(D) 膜

三、简答题　（44分）

1. 塑料的定义。(3分)
2. 请比较热塑性塑料及热固性塑料的特性。(4分)
3. 注射机的合模导向装置的作用是什么？(4分)
4. 压缩成型的特点是什么？(5分)
5. 塑料模常用的材料有哪些类型？举出2～3个钢的牌号。(8分)
6. 挤出成型工艺过程大致可分为那3个阶段？(6分)
7. 请比较压缩成型和压注成型方法的特性及其不同之处。(6分)
8. 参阅第二章，比较冷冲压模与注射模的结构，并说明有哪些零件是两者相似的。(8分)

第4章 其他模具

【学习目标】

◆ 了解压铸成型工艺的特点、压铸成型模具和设备、金属压铸的应用范围。
◆ 了解金属粉末注射成型的工艺、特点及其应用。
◆ 了解模锻成型工艺、特点、锻模及其应用。
◆ 了解玻璃模具特点及其应用。

【先导案例】

下面是生活中常见的4种产品,图4-1所示为刀柄,材料为不锈钢;图4-2所示为灯具,材料为铝合金;图4-3所示为玻璃瓶,材料为玻璃;图4-4所示为扳手,材料为优质工具钢。试分析判断每种产品分别是用哪种模具生产的。

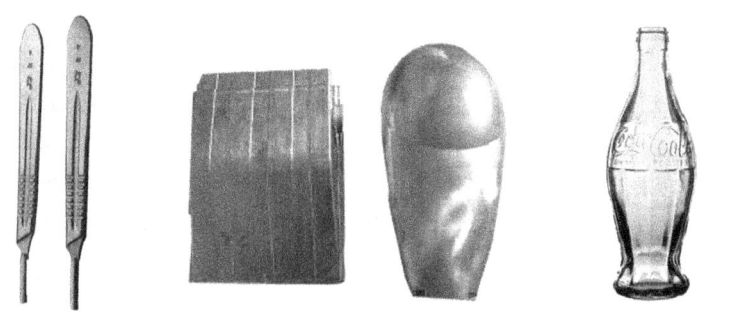

图4-1 刀柄　　　图4-2 灯具　　　图4-3 玻璃瓶　　　图4-4 扳手

4.1 压铸成型工艺及模具

4.1.1 压铸加工

压铸即压力铸造,是将加热为液态的铜、锌、铝或铝合金等金属浇入压铸机的入料口,经压铸机压铸,铸造出既定形状和尺寸的铜、锌、铝零件或铝合金零件的加工方法。压铸成型工艺能成型形状复杂、尺寸精确、轮廓清晰、表面质量及强度、硬度都较高的压铸件。压铸件有多种,如铜压铸件、锌压铸件、铝压铸件、铝合金压铸件等。

压铸加工的构成要素主要包括压铸模、压铸机和压铸合金。压铸模是指在压力铸造成型工艺中用以成型铸件所使用的金属模具。压铸机是在压力作用下把熔融金属液压射到模具中冷却成型,开模后得到固体金属铸件的设备。压铸合金是产品的材料,通常以熔点较低的金属,如锌、锡或机械性能和物理性能都较好的金属,如铝、铜为主要原料,在熔融状态或半熔融状态注入铸模中,经冷却后完成制品。

压铸成型工艺可应用于汽车、拖拉机、电气仪表、电信器材、航空航天、医疗器械及轻工日用五金行业,图4-5所示为各种压铸件。

图 4-5 各种压铸件

4.1.2 压铸成型工艺特点

由于压铸工艺是熔融合金在高压、高速下填充压铸模，冷却速度快，决定了它具有以下特点。

① 压铸件的尺寸精度和表面粗糙度高，互换性好，而且一般压铸件不经过机械加工或仅对个别部位加工就可使用。其尺寸精度可达 IT13～11 级，甚至可达 IT9 级，表面粗糙度达 $Ra3.2 \sim 0.8 \, \mu m$，甚至达 $Ra0.4 \, \mu m$。

② 压铸件组织致密，具有较高的强度和表面硬度。液态合金是在压力下凝固的，填充时间很短，冷却速度极快，所以在压铸件上靠近表面的一层金属晶粒较细，组织致密，使表面硬度提高，并具有良好的耐磨性和耐蚀性。压铸件抗拉强度一般比砂型铸造提高 25%～30%，但伸长率有所下降。

③ 压铸可以成形薄壁深腔、轮廓清晰的金属零件。液态合金在高压高速下可保持高的流动性，能够获得其他工艺方法难以加工的金属零件。例如锌合金压铸件最小壁厚可达 0.3 mm，铝合金铸件可达 0.5 mm，最小铸出孔直径为 0.7 mm，可铸出最小螺距为 0.75 mm 的螺纹。

④ 在压铸件上可以直接嵌铸其他材料的零件，以节省贵重材料和加工工时。这既满足了使用要求，扩大产品用途，又减少了装配工作量，简化制造工艺。

⑤ 材料利用率高。由于压铸件尺寸精确、表面粗糙度低等优点，一般不再进行机械加工而直接装配使用，或只需经过少量机械加工即可装配使用，既提高了金属利用率，又减少了大量的加工设备和工时，其材料利用率为 60%～80%，毛坯利用率达 90%。

⑥ 生产率极高。压铸生产易实现机械化和自动化操作，生产周期短，效率高，适合大批量生产。在所用铸造方法中，压铸是一种生产率最高的方法。

⑦ 极易产生气孔、氧化夹杂物等缺陷。压铸时由于液态金属填充速度极快，型腔中液体很难完全排除，从而降低了压铸件内在质量。并且由于高温时气孔内的其他膨胀会使表面鼓泡，故一般压铸件不能进行热处理，也不宜在高温下工作。

⑧ 不适宜小批量生产。其主要原因是压铸机和压铸模费用昂贵，压铸机生产效率低，小批量生产不经济。

⑨ 压铸件尺寸受到限制。因受到压铸机锁模力及装模尺寸的限制，不能压铸大型铸件，另外，对内凹复杂的铸件，压铸较为困难。

⑩ 压铸合金种类受到限制。由于压铸模具受到使用温度的限制，高熔点合金压铸模具寿命较低，难以用于工业化规模生产。目前常用的压铸合金主要是锌合金、镁合金及铜合金。

4.1.3 压铸成型模具

压铸模是指压力铸造成型工艺中用以成型铸件所使用的金属模具。

1. 压铸模分类

压铸模可按固定方式分为移动式压铸模和固定式压铸模,目前国内移动式压铸模占绝大多数。按型腔数目可分为单腔模和多腔模。按加料室结构特征进行分类可分为罐式压铸模、活板式压铸模、柱塞式压铸模。按分型面特征可分为一个或两个水平分型面压铸模和带垂直分型面的压铸模,后者用于生产线轴型制品或其它带有侧孔或侧凹的制品。

2. 压铸模基本构成

压铸模由定模和动模两个主要部分组成。定模固定在压铸机的定模安装板上,与压铸机压室连接,浇注系统与压室相通。动模安装在压铸机的动模座板上,随动模座板移动,从而与定模合模或开模。压铸模的结构如图4-6所示,具体细分则可分为8个部分。

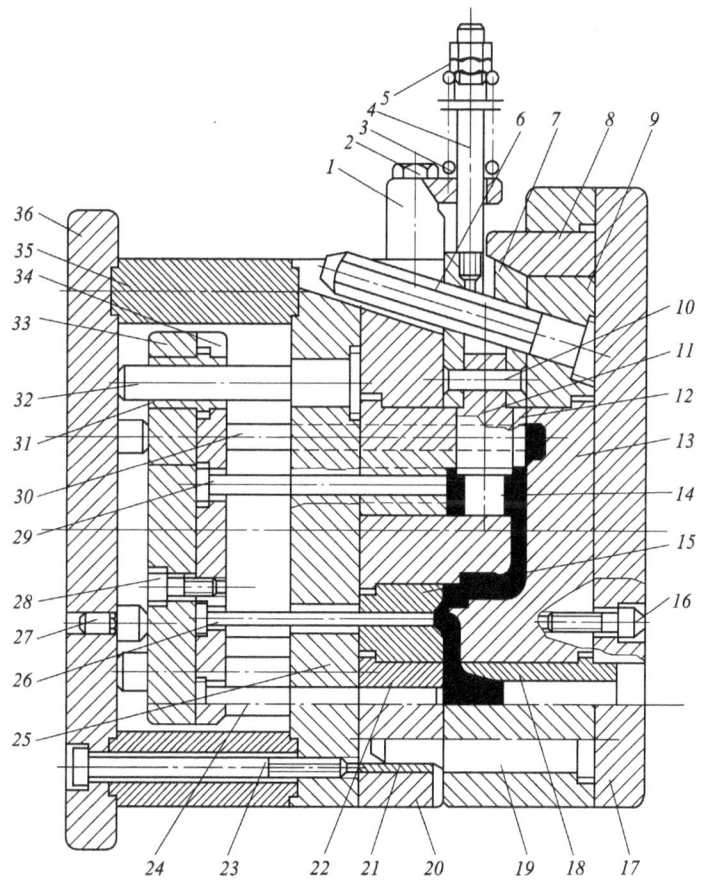

1—限位块;2—螺钉;3—弹簧;4—螺栓;5—螺母;6—斜销;7—滑块;8—楔紧块;9—定模套板;10—销;11—活动型芯;12、15—动模镶块;13—定模镶块;14—型芯;16、28—螺钉;17—定板模座;18—浇口套;19—导柱;20—动模套板;21—导套;22—浇道镶块;23—螺钉;24、26、29—推杆;25—支承板;27—限位钉;30—复位杆;31—推板导套;32—推板导柱;33—推柱;34—推板固定板;35—垫板;36—活动模座

图4-6 压铸模基本结构

① 成型工作零件。成型工作零件由镶块、型芯、嵌件组成，装在动、定模上。模具在合模后，构成铸件的成型空腔，通常称为型腔，是决定铸件几何形状和尺寸公差等级的工作零件。

② 浇注系统。浇注系统是沟通模具型腔与压铸机压射室的部分，即熔融金属进入型腔的通道，包括直浇道、横浇道和内浇道。该系统在动模和定模合拢后形成，对充填和压铸工艺规定十分重要。

③ 排溢系统。排溢系统是溢流以及排除压室、浇道和型腔中气体的沟槽。该系统一般包括排气道和溢流槽，而溢流槽又是储存冷金属和涂料余烬的处所，一般设在模具的成形镶块上。

④ 抽芯机构。铸件在取出时受型芯或型腔的阻碍，必须把这些型芯或型腔做成活动的，并在铸件取出前将这些活动的型芯或型腔活块抽出后，才能顺利取出铸件。带动这些活动型芯或型腔活块抽出与复位的机构称为抽芯机构。

⑤ 推出复位机构。推出复位机构是将铸件从模具中推出的机构。它由推出元件（推管、推杆、推板）、复位杆、推杆固定板、导向零件等组成，在开、合模的过程中完成推出和复位动作。

⑥ 支撑与固定零件。支撑与固定零件包括各种套板、座板、支撑板和垫块等构架零件，其作用是将模具各部分按一定的规律和位置加以组合和固定，并使模具能够安装到压铸机上。

⑦ 导向机构。导向机构是引导定模和动模在开模与合模时可靠地按照一定方向进行运动的导向部分，一般由导套、导柱组成。

⑧ 加热与冷却系统。由于压铸件的形状、结构和质量需要，在模具上常设有冷却和加热装置。

压铸模在工作时，首先使定、动模处于闭合位置。用料勺将熔化的合金倒进浇口套内，开动压机，液态合金在活塞推动下以很高的速度推进由模具定、动模组成的型腔内，冷却后成型。开动压机，动模部分移动分模，而卸料部分不动，使成型的制品零件推出动模，在顶件杆作用下卸出模外。反推杆起保护各顶杆作用。

4.1.4 压铸成型设备

压铸机是压铸生产的专用设备，压铸模与压铸机是压力铸造的两个主要组成元素。

1. 压铸机分类

压铸机的分类方式有两种：一是按照压铸方法分类，二是按照模具的启闭方向分类。

按照压铸方法分类可分为热室压铸机和冷室压铸机。热室压铸加工原理如图 4-7 所示。在此图中右方可以明显看出有一射出缸装置，连接包容在机架内的熔化锅，压铸机的射出料筒浸渍在金属熔液中。在压铸循环开始时，由固定侧射入金属熔液，完成金属成型，常用于压铸铅、锌和锡等低熔点合金。热室压铸机实物图如图 4-8 所示。冷室压铸机与热室压铸机仅在浇注机构上有所不同，冷室压铸机的压室与熔化锅是分开的。熔融金属必须由另外的熔化设备和射出装置完成送料，其中卧式冷室压铸机用于压铸有色及黑色金属。冷室压铸机实物图如图 4-9 所示。

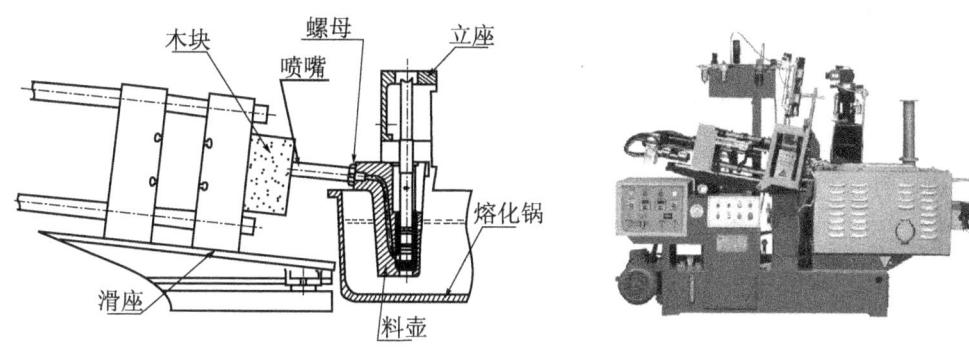

图 4-7 热室压铸加工　　　　图 4-8 热室压铸机

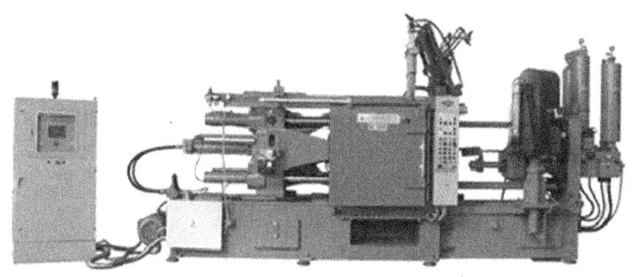

图 4-9 冷室压铸机

按照模具的启闭方向可分为卧式压铸机和立式压铸机。卧式压铸机压室的中心线是水平的。图 4-8 和图 4-9 所示的压力机都是卧式压铸机。立室压铸机压室的中心线是垂直的，压铸模与压室的相对位置如图 4-10 所示。立式压铸机与卧式压铸机相比，占用面积较小，适于压铸小型制品。

除了上述两种分类外，压铸机还可分为双活塞压铸机和转子压铸机。随着现代科学技术的不断飞速发展，压铸机的发展也十分迅速，大型、实时压射、闭环回路系统、配有新工艺装置（如真空装置，充氧装置）、柔性系统以

图 4-10 立式压铸机

及全自动化等类型的压铸机相继问世，同时半固态压铸机和固态压铸机也有所发展。

2．压铸机结构

压铸机主要由合模机构、压射机构、液压系统和机座等部分组成，如图 4-11 所示。

(1) 合模机构

合模机构是带动压铸模的动模部分使模具分开或合拢的机构，其作用是实现压铸模具的开合，在压射过程中锁紧模具，开模时将铸件脱出。它按实现锁模力的方式分为液压式和液压—机械组合式两种类型。

(2) 压射机构

压射机构将合金熔液推入模具型腔，进行填充成型，形成铸件。它的结构性能决定了压铸工艺参数，直接影响合金熔液填充形态和铸件质量。

（3）液压系统

压铸机的液压系统主要由液压泵、合开型液压缸、顶出液压缸、压射液压缸、调型液压马达、各类液压控制阀和辅助元件组成。

（4）机座

它是压铸机的基础部件，压铸机的各部分部件都安装在机座上。

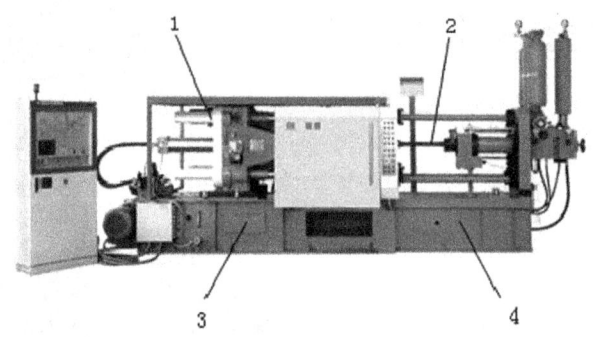

1—合模机构；2—压射机构；3—基座；4—控制系统

图 4-11　压铸机组成

4.1.5　金属压铸应用范围

压力铸造是近代发展较快的一种高效、少或无切削的金属成型工艺方法，已广泛应用于国民经济的各行各业中。压铸件广泛用于汽车和摩托车、仪器仪表、工业电器、家用电器、农机、无线电、通信、机床、运输、造船、照相机、钟表、计算机、纺织器械等行业。其中汽车和摩托车制造业是主要的应用领域，汽车约占 70%，摩托车约占 10%。目前生产的一些压铸零件最小的只有几克，最大的铝合金铸件质量达 50 kg，直径可达 2 m。

压铸件的形状多种多样，大体上可以分为 6 类。

① 圆盖类。表盖、机盖、底盘等。

② 圆盘类。号盘类等。

③ 圆环类。接插件、轴承保持器、转向盘等。

④ 筒体类。凸缘外套、导管、壳体形状的罩壳、仪表盖、照相机壳、化油器等。

⑤ 多孔缸体、壳体类。汽缸体、汽缸盖及油泵等多腔的结构较为复杂的壳体（如缸体类零件对力学性能和气密性均有较高的要求，材料一般为铝合金），如汽车与摩托车的缸体、缸盖。

⑥ 特殊形状类。叶轮、喇叭、字体等由筋条组成的装饰性压铸件等。

目前采用压铸方法可以生产铝、锌、镁和铜等合金。由于缺乏理想的耐高温模具材料，黑色合金的压铸尚处于小规模试验研究阶段，未能进行工业化规模生产。在有色合金的压铸中，铝合金所占比例最高，占 60%～80%，锌合金次之，占 10%～20%。在国外，锌合金铸件绝大部分为压铸件。铜合金压铸件较少，比例仅占压铸件总量的 1%～3%。镁合金压铸件过去应用很少，曾应用于林业机械中，不到 1%。但近年来随着汽车工业、电子通信工业的发展和产品轻量化的要求，加之近期镁合金压铸技术日益完善，从而使镁合金压铸件市场备受关注。图 4-12 所示为各种压铸件。

铝合金铸件

锌合金铸件

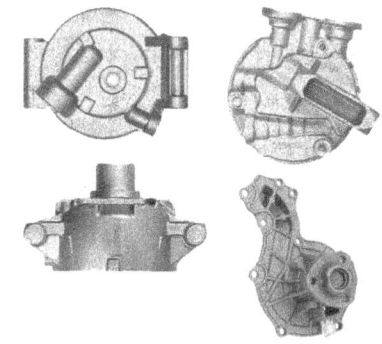
汽车部件压铸件

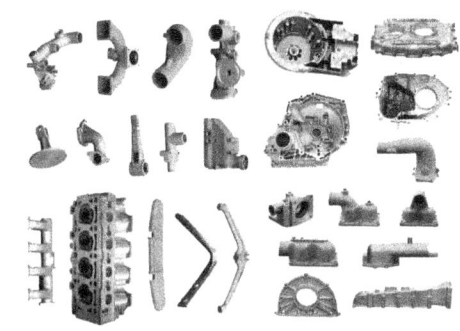
各式压铸件

图 4-12 各种压铸件

4.2 粉末冶金注射成型工艺及模具

粉末冶金注射成型（PIM）或金属粉末注射成型（MIM）是 20 世纪 70 年代末、80 年代初发展起来的一种粉末冶金成型新技术。它是传统粉末冶金技术与高分子材料注射成型加工技术相结合的一种新型成型加工技术。

4.2.1 金属粉末注射成型工艺及特点

1. 金属粉末注射成型工艺

金属粉末注射成型的基本工艺步骤是首先选取符合 MIM 要求的金属粉末和黏结剂，然后在一定温度下采用适当的方法将粉末和黏结剂混合成均匀的喂料，经制粒后在注射成型机上注射成型，获得的成型坯经过脱脂处理后经烧结致密化而得到最终产品。

金属注射成型的基本工艺过程可分为 4 个阶段，即喂料制备、注射成型、脱脂和烧结，其中喂料制备又包括原料粉末的预混合、致结剂的制备、粉末/黏结剂喂料的混炼、喂料制粒几个独立的步骤。金属粉末注射成型的工艺流程如图 4-13 所示。

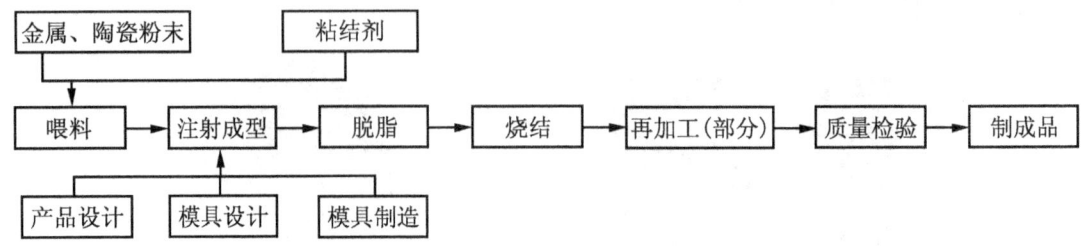

图 4-13 工艺流程图

在金属粉末注射成型的工艺流程中，金属粉末制取的要求较高，包括粉末的形状、粒度、粒度组成、比表面和松装密度等。制备原料粉末的方法主要有羟基法和雾化法。黏结剂在金属注射成型技术中起着相当关键的作用，只有加入一定量的黏结剂后，粉末才具有一定的流动性，适合于注射成型，在成型后，黏结剂又起着保持制品形状的作用。混炼就是在一定装置和一定温度下，将原料粉末及黏结剂进行混合并充分有效地搅拌，使其均匀化并符合注射要求的过程。注射成型是整个工艺过程的关键工序。在注射成型过程中易形成裂纹孔隙、焊缝、分层、粉末与黏结剂分离等多种缺陷。这些缺陷往往要在脱脂和烧结完成、注射应力被释放后才能发现。缺陷形成的原因除由于原料粉末不合格，黏结剂选择不当等因素外，主要取决于注射成型时的工艺条件。脱脂就是采用适当方法，使成型坯中的黏结剂得以全部去除的过程。脱脂的基本方法有两种，分别是溶剂萃取法和热分解法。烧结是粉末冶金的一个重要环节，同时也是最后一道工序，通过烧结，使得产品达到全致密或接近全致密化。

2. 金属粉末注射成型优点

① 金属粉末注射成型零件几何形状的自由度高，各部分密度均匀，适于制造几何形状复杂及具有特殊要求的小型零件。

② 金属粉末注射成型合金灵活性好，对于过硬、过脆、难以切削的材料或毛坯铸造时有偏析或污染的零件，可降低制造成本。

③ 金属粉末注射成型产品质量稳定，性能可靠，零件的相对密度可达 92%—98%，可进行渗碳、淬火、回火等处理。

④ 金属粉末注射成型加工零件尺寸精度高，可以不必进行二次加工或仅需少量的精加工。

⑤ 金属粉末注射成型工艺流程短，生产效率高，易于实现大批量、规模化生产。

⑥ 金属粉末注射成型加工制造不受尺寸、形状限制，广泛应用于冶金、机械、纺织、化工等行业。

⑦ 金属粉末注射成型技术可满足制件形状复杂、高性能和低成本的要求。

4.2.2 粉末注射成型技术应用

粉末注射成型技术特别适合于生产复杂外形的零件，且生产成本低，产品性能优越，可广泛应用于国防和民用各个领域，见表 4-1。

表 4-1 粉末注射成型技术应用

行业	应用情况
航空工业	飞机机翼绞链、火箭喷嘴、导弹尾翼、陶瓷涡轮叶片芯子
汽车工业	点火控制锁部件、涡轮增压器转子、阀门导轨部件、汽车刹车装置部件、汽车防晒棚部件
电子工业	磁盘驱动器部件、电缆连接器、电子管壳、计算机打印头、电子封装件、热沉材料
兵器工业	地雷转子、枪械扳机、穿甲弹弹心、准星座、集束箭小箭
医疗器械	牙齿矫形托槽、体内缝合针、活体组织取样钳、防辐射屏罩
日用产品	表壳、表带、表扣、高尔夫球头和球座、运动鞋扣、体育枪械零件、文件装订打孔器
机械行业	异形铣刀、切削工具、微型齿轮

图 4-14 所示为医疗器械中的牙齿矫形托槽，图 4-15 所示为机械工业中的刀夹，图 4-16 所示是理发剪刀片，图 4-17 所示是电缆分割线。

图 4-14 牙齿矫形托槽

图 4-15 刀夹

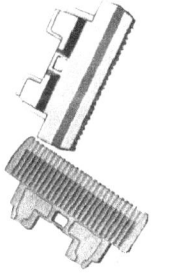

图 4-16 理发剪刀片

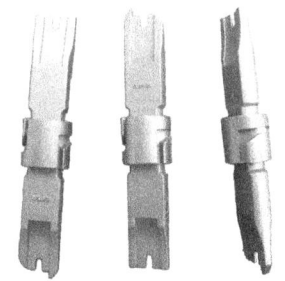

图 4-17 电缆分割器

4.3 模锻成型工艺及模具

在锻压生产中，将金属毛坯加热到一定温度后放在模膛内，利用锻锤压力使其发生塑性变形，充满模腔后形成与模膛相仿的制品零件，这种锻造方法称为模型锻造，简称模锻。汽车曲轴就是典型的模锻件，如图 4-18 所示。

图 4-18 汽车曲轴

模锻按所使用的设备不同分为锤上模锻、压力机上模锻和胎模锻等。

4.3.1 模锻工艺及其特点

1. 模锻工艺

模锻工艺是金属毛坯在外力作用下发生变形,充满模膛,获得所需形状、尺寸并具有一定机械性能的模锻件的锻造生产工艺。

模锻的生产流程,也就是模锻工艺过程,一般由下列基本工序构成。

① 坯料准备。根据选定的坯料规格下料。

② 坯料加热。将坯料加热到规定的温度范围。

③ 模锻。将加热好的坯料在模膛内成型。

④ 切边、冲孔。切除飞边和冲去连皮。

⑤ 热校正或热精压。

⑥ 冷却。

⑦ 磨去毛刺。

⑧ 热处理。

⑨ 清理。去除氧化皮。

⑩ 冷校正或冷压。

上述工艺过程并非所有模锻件都必须全部采用,除坯料准备、坯料加热、模锻、切边和冲孔以及磨去毛刺为模锻过程所不可缺少的环节外,其余工序的采用应按锻件的具体要求而定。

2. 模锻特点

模锻是成批或大批量生产锻件的锻造方法。其特点是在锻压设备动力作用下,坯料在锻模模膛内被压,塑性流动成型,得到比自由锻件质量更高的锻件。

(1) 模锻生产的优点

① 可以锻造形状较复杂的锻件,尺寸精度较高,表面粗糙度较低。

② 锻件的机械加工余量较小,材料利用率较高。

③ 可使流线分布更为合理,进一步提高零件的使用寿命。

④ 操作简便,劳动强度较小。

⑤ 生产率较高、锻件成本低。

(2) 模锻生产的缺点

① 设备投资大、模具成本高。

② 生产准备周期、锻模的制造周期都较长,只适合大批量生产。

③ 工艺灵活性不如自由锻。

(3) 模锻与自由锻相比优点

① 能制造形状较复杂、尺寸精度高、表面粗糙度较小的锻件。

② 提高了锻件的力学性能和使用寿命。

③ 生产率要高出自由锻几倍甚至几十倍。

④ 劳动条件较好。

4.3.2 锻模

在锻压生产中，将金属毛坯加热到一定温度后，放在模腔内，利用锻锤压力使其发生塑性变形，充满模腔后形成与模腔相仿的制品零件，这种专用工具称为锻造模具，简称锻模。

1. 锻模分类

① 按照模锻设备分类，可分为模锻锤用锻模、摩擦压力机锻模和自由锻锤用固定锻模及不固定锻模（胎膜）。

② 按照工艺用途分类，可分为模锻用锻模和切边、冲孔锻模。

③ 按照有无飞边分类，可分为开式模锻用锻模和闭式模锻用锻模。

④ 按照模腔数量分类，可分为单腔锻模和多腔锻模。

2. 锻压过程

锻压时，金属坯料在型槽表面的压力和接触摩擦力作用下，内部的应力状态很复杂。金属在加热至锻造成型温度后，放在终锻模腔内锻造，从锻造开始到金属充满模腔成为锻件为止。其变形过程大致可分为 3 个阶段，下面分别通过开式模锻锻模和闭式模锻锻模来介绍相应过程。

(1) 开式模锻形成过程

图 4-19 所示为开式模锻形成过程。

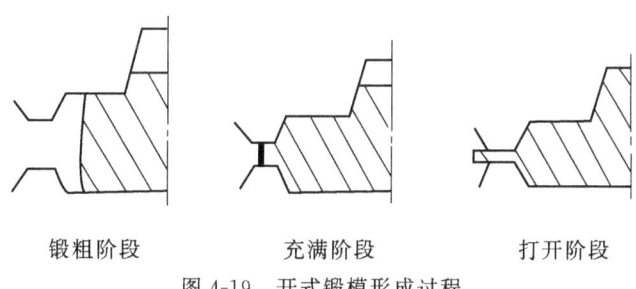

锻粗阶段　　　　充满阶段　　　　打开阶段

图 4-19　开式锻模形成过程

① 锻粗阶段。金属坯料在上模的压力作用下，高度降低而直径增大，金属则向周围侧面流动。

② 模腔充满阶段。下模腔已经充满，而凸台部分尚未充满，金属屑开始流入飞边槽。随着桥部金属的变薄，金属流入飞边的阻力增大，迫使金属屑流向凸台和角部，以完全充满模腔。

③ 打开阶段。金属已充满模腔，但上、下模面尚未打开。此时，多余金属屑挤入飞边槽。

(2) 闭式模锻过程

闭式模锻过程可分为 3 个阶段，如图 4-20 所示。

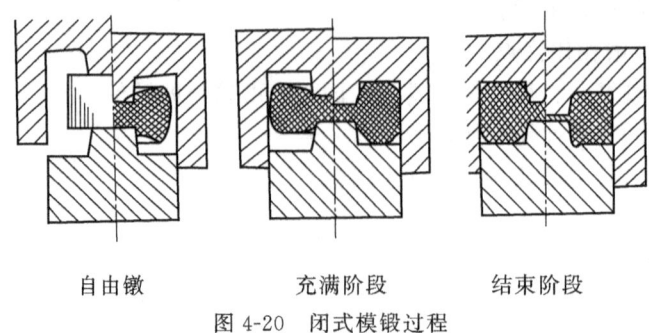

自由镦　　　　　充满阶段　　　　结束阶段

图 4-20　闭式模锻过程

① 自由镦锻阶段。从毛坯与上模模膛表面（或冲头表面）接触开始到坯料金属与模膛最宽处侧壁接触为止。

② 充满阶段。即从毛坯金属与模膛最宽处侧壁接触开始到金属完全充满模膛为止。

③ 结束阶段。多余金属被挤出到上、下模的间隙中，形成少量纵向毛刺，锻件达到预定的高度。

3. 锻模结构

(1) 锤锻模结构

整式锤锻模的结构如图 4-21 所示。

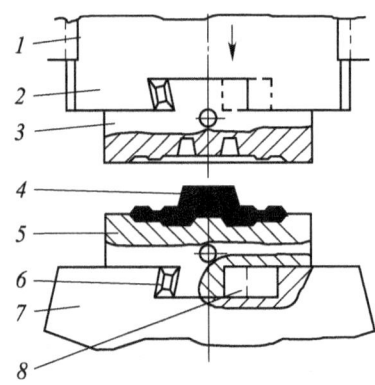

1—导轨；2—锤头；3—上模；4—锻件；5—下模；6—楔块；7—模座；8—键

图 4-21　整式锻锤模结构

模具分上、下模两部分，分别用键、楔和调整垫片固定在模锻锤头和模座的燕尾槽内。

① 燕尾。燕尾是锤锻模上凸出的楔块，锻模靠它紧固在锤头和锤座上。

② 键槽。键槽的作用是与键配合安装，以防止模具在锻打过程中因振动而前后窜动。

③ 锁扣。锁扣的作用是用来保持上下模模膛始终配合一致，在锤击时不错位。

④ 钳口。上下模的钳口部位用于锻造操作时放置钳子和部分坯料，也便于操作者从模膛中取出锻件。

⑤ 检验角。指定锻模两个互为垂直的侧面为基准面，这两个侧面所构成的直角称为检验角。在制造锤锻模和安装锤锻模时都需要有基准面，否则制造和安装精度难以保证。

⑥ 起重孔。锤锻模体积大，质量重，所以要设计起重孔，以便安装调试起吊。

⑦ 模膛。模膛是锻模最重要的部分，在锻打过程中，金属在外力的作用下变形而充满

模膛，获得所需要的锻件形状和尺寸。

(2) 摩擦压力机锻模

① 开式整体式结构。该模具通过燕尾槽固定在模座上，用导销定位，如图 4-22 所示。一般用于较大制品模锻。

② 闭式拼分式结构。模具由两块凹模和凸模组成，如图 4-23 所示。生产时，两半凹模接合面应紧密接触，凹模与模套采用锥度配合，凹模底面与模套底面要有一定间隙。

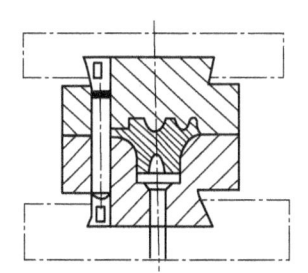

图 4-22 开式整体式摩擦压力机锻模

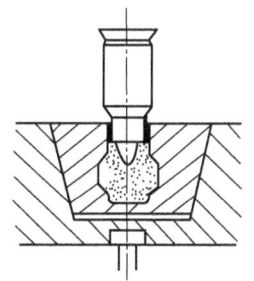

图 4-23 闭式拼分式摩擦压力机锻模

4.3.3 模锻成型设备

常用的模锻设备有蒸汽—空气模锻锤、摩擦压力机、热模锻压力机、曲柄压力机和平锻机等。

1. 模锻锤

模锻锤可以分为蒸汽—空气模锻锤、高速锤、无砧座锤和液压模锻锤。蒸汽—空气模锻锤是目前使用广泛的一种模锻设备，一般简称为模锻锤，其结构如图 4-24 所示。

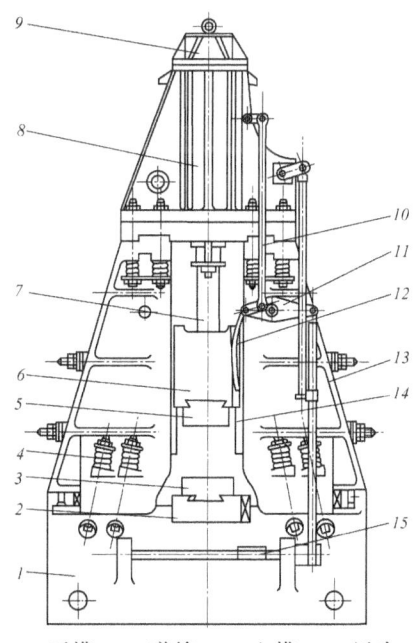

1—砧座；2—模座；3—下模；4—弹簧；5—上模；6—锤头；7—锤杆；8—汽缸；
9—保险缸；10—拉杆；11—杠杆；12—曲杆；13—立柱；14—导轨；15—脚踏板

图 4-24 蒸汽—空气模锻锤

模锻锤的工作原理与蒸汽—空气自由锻锤基本相同，但在锤身结构、操纵系统、工作循环种类等方面有较大区别。模锻锤的砧座比自由锻锤大得多，且与锤身（立柱、气缸等）连成一个封闭的刚性整体。锤头与导轨之间配合精密，因而锤头运动精度高，能保证在锤击中上、下锻模对准。

模锻锤在工作中存在振动和噪声大、劳动条件差、锻件质量差、蒸汽效率低和能源消耗大等一系列问题，在生产中将逐步被其他模锻设备所取代。

2. 摩擦压力机

摩擦压力机在第 2 章中已经详细叙述。摩擦压力机上模锻的特点是摩擦压力机的行程速度慢，打击力不易调节，制坯工作必须由另外的锻造设备如空气锤和辊锻机等来进行。

在中小批量生产的锻工车间采用摩擦压力机模锻具有如下优点：设备构造简单、价格较低、震动小、基础简单、没有砧座，大大减少了设备和厂房建筑上的投资，劳动条件较好；具有顶出装置，可减小锻件的模锻斜度；设备的维护保养较为简单，使用安全可靠。

摩擦压力机与模锻锤比较有以下不足：劳动生产率不如模锻锤；燃料和金属的消耗较多，模锻大型件受到限制。

4.3.4 金属模锻应用范围

模锻工艺一般用在大批量的重要零件生产中，例如汽车和摩托车的曲轴、摩托车方向器锻件如图 4-25 所示，发动机连杆锻件如图 4-26 所示。

图 4-25 摩托车方向器锻件

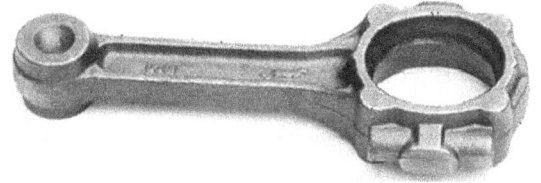
图 4-26 发动机的连杆锻件

4.4 玻璃模具

玻璃是一种非结晶无机物，透明、坚硬，具有良好的耐蚀、耐热和电学、光学特性，能制成各种形状的制件，具有很好的透光性、观赏性、电绝缘性、化学稳定性、较好的气密性和成型性等。

4.4.1 玻璃的性质与类型

1. 玻璃的性质

（1）没有固定的熔点。玻璃有一个从熔融状态到固体状态的连续变化过程，即有一个从转变温度到软化温度的温度范围。

（2）各向同性。玻璃通常是透明的，可以制作均质透光材料。当玻璃内部不存在应力或缺陷时，光线在内部的散射很少，其力学、热学、电学等性能都是各向相同的。

（3）没有晶界或粒界。玻璃没有晶界或粒界，可获得原子、分子级平滑表面，具有良好的气密性。

(4) 性能可设计性。玻璃的膨胀系数、黏度、电导、电阻、介电损耗、离子扩散速度及化学稳定性等性能一般都遵循加和法则，可通过调整成分及提纯、掺杂、有机无机改性、表面处理、混杂及微晶化等技术改善。

(5) 无固定形态。可按制作者的要求改变其形态。

2. 玻璃制品的类型

① 瓶罐玻璃、器皿玻璃和容器玻璃，如啤酒瓶、酒瓶、药瓶和钢化器皿等。

② 平板玻璃。如玻璃镜子、型板玻璃、钢化玻璃、着色玻璃、彩色玻璃等。

③ 灯泡、真空管玻璃。如灯泡的泡壳、荧光灯、汽车灯、杀菌灯、红外线灯泡等用的玻璃。

④ 理化、医疗用玻璃。如仪器玻璃、医疗用玻璃、温度计、体温计等。

⑤ 工艺美术玻璃。如刻花玻璃、玻璃珍珠、纽扣、穿孔珠制品、五彩玻璃等。

⑥ 照明器具玻璃。如灯罩、信号灯、发热板、感光玻璃等。

4.4.2 玻璃制品成型方法

玻璃成型方法从生产方面可分为人工成型和机械成型；从加工方面可分为压制法、吹制法、拉制法、压延法、浇铸法和烧结法。

① 压制法。将塑性玻璃熔料放入模具，受压力作用而成型的方法，用来制造空心或实心制件，如玻璃砖、透镜、水杯等。

② 吹制法。分压—吹法和吹—吹法。压—吹法是先用压制的方法制成制件的口部和雏形，然后移入成型模中吹成制件。

③ 拉制法。主要用于玻璃管、棒、平板玻璃和玻璃纤维等生产。

④ 压延法。将玻璃料液倒在浇铸台的金属板上，然后用金属辊压延，使之变为平板，然后送去退火。厚的平板玻璃、刻花玻璃、夹金属丝玻璃等，可用压延法制造。

⑤ 浇铸法。浇铸法又分普通浇铸和离心浇铸。普通浇铸法就是将熔好的玻璃液注入模型或铸铁平台上，即成制件，常用于建筑用装饰品、艺术雕刻等玻璃生产中，冷却后取出退火并适当加工。离心浇铸是将熔好的玻璃液注入高速旋转的模型中。由于离心力作用，使玻璃液体紧贴到模型壁上，直到玻璃冷却硬化为止。离心浇铸成型的制件壁厚对称均匀，常用于大直径玻璃器皿的生产。

⑥ 烧结法。将粉末烧结成型，用于制造特种制件及不宜用熔融态玻璃液成型的制件。

4.4.3 玻璃模分类和结构

玻璃模具是玻璃制品的重要成型工艺装备，主要指多种玻璃制品的初模及成模、口模、地模、冲头等。

1. 玻璃模分类

玻璃制件成型方法很多，模具种类也很多。按成型方法可分为压模、压—吹模和吹—吹模，按成型阶段可分为初型模、成型模；按生产方式可分为人工用模、半自动用模和自动成型机用模。

2. 典型模具结构

(1) 人工吹制玻璃用模具

人工吹制的玻璃制件一般形状简单，对尺寸和形状精度无特殊要求。人工吹制时，用玻璃吹管挑取玻璃料液，同时向管内吹气。制成椭圆形状料泡，放入开启的模具内。然后人工关闭模具，待料泡伸长触及模底时，再次向料泡吹气，直至得到最终形状，然后用冷割或敲击的方法使制件与吹管分离。这种方法所用模具无须特别精密，可用灰铸铁、塑料或木料制造。由于生产率低，这种方法除在特殊情况下（如玻璃花等艺术品）还有保留，大多已很少采用。

（2）半自动生产用压模

虽然自动化生产的玻璃制件品种不断增多，但一些形状复杂、带有花纹的制件，还需手动开模，实现半自动生产。半自动生产用压模一般由两部分（俗称两瓣模）或三部分、甚至四部分组成，各部分制件也可用铰链连接。压模可借助人工开启和闭合。

图 4-27 所示为玻璃模具和玻璃制品，图 4-28 所示为玻璃模具示例。

图 4-27　玻璃模具和制品

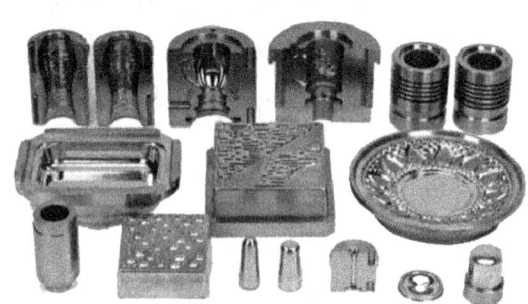

图 4-28　玻璃模具

【本章小结】

本章主要介绍了压铸成型工艺、压铸成型模具、压铸成型设备以及金属压铸的成型范围；粉末冶金注射成型工艺以及粉末注射成型技术的应用；模锻成型工艺及模具，锻模的分类和锻压过程，以及模锻成型设备等和玻璃、玻璃模具等相关内容。

【先导案例研讨】

根据材料分析以上 4 种产品，玻璃瓶的材料为玻璃，而其他 3 个产品分别是钢和合金，可以判断出玻璃瓶采用玻璃模具进行生产。图 4-29 所示为生产玻璃瓶的玻璃模具。

扳手的材料是优质工具钢，一般采用锻模来生产。锻模是将金属毛坯加热到一定温度后放在模腔内，利用锻锤压力使其发生塑性变形，充满模腔后形成与模腔相仿的制品零件的工艺。图 4-30 所示为生产扳手的锻模。

图 4-29　玻璃模具及其产品

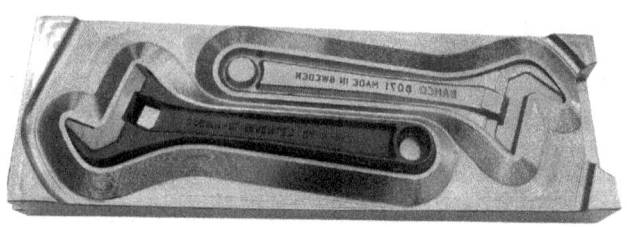

图 4-30　扳手锻模

灯具的材料是铝合金，一般采用压铸模生产。通过压铸模生产的压铸件组织致密，具有较高的强度和表面硬度，而且压铸可以成形薄壁深腔、轮廓清晰的金属零件。

手术刀柄是不锈钢，在生产中采用金属粉末注射方法进行生产。金属粉末注射成型的零件几何形状的自由度高，各部分密度均匀，适于制造几何形状复杂及具有特殊要求的小型零件。对于过硬、过脆、难以切削的材料或毛坯铸造时有偏析的零件，可降低制造成本。

【练习题】

一、填空题（共30分，每空1分）

1. 压铸模是由_____和_____两个主要部分组成。
2. 压铸模按加料室结构特征进行分类可分为_____、_____和_____。
3. 压铸机的_____结构直接影响合金熔液填充形态和铸件质量。
4. 金属注射成型的基本工艺过程可分为_____、_____、_____和_____。
5. _____是决定铸件几何形状和尺寸公差等级的工作零件。
6. 将金属毛坯加热到一定温度后放在模腔内，利用锻锤压力使其发生塑性变形，充满模腔后形成与模腔相仿的制品零件是_____。
7. 模锻锤可以分为_____、_____、_____和_____。
8. 开式模锻形成过程大体分为_____、_____和_____3个阶段。
9. 在闭式模锻中，从毛坯金属与模腔最宽处侧壁接触开始到金属完全充满模腔为止的阶段是_____。
10. 锤锻模主要由_____、_____、_____、_____、_____和_____组成。
11. 玻璃模按成型方法可分为_____、_____和_____。

二、简答题（共70分，每题10分）

1. 什么是压力铸造？有何特点？
2. 压铸模具体细分可分为几个部分，分别是什么？
3. 金属粉末注射成型的工艺步骤是什么？
4. 什么是模型锻造？
5. 锻模有哪几种分类方法？具体的分类是什么？
6. 模锻生产的优缺点分别是什么？
7. 玻璃模具的成型方法主要有哪几种？

第5章 模具制造

【学习目标】
- ◇ 掌握模具典型零件的机械加工方法。
- ◇ 了解模具特种加工及其应用范围。
- ◇ 了解电火花加工原理、特点和应用范围。
- ◇ 了解电化学及化学加工的原理、特点和应用范围。
- ◇ 学会常见快速成型制造方法及应用。
- ◇ 了解模具标准化与模具生产管理。

【先导案例】

图 5-1 所示为冷冲模导柱和导套,材料为低碳钢（20 钢）,请制订其加工工艺。

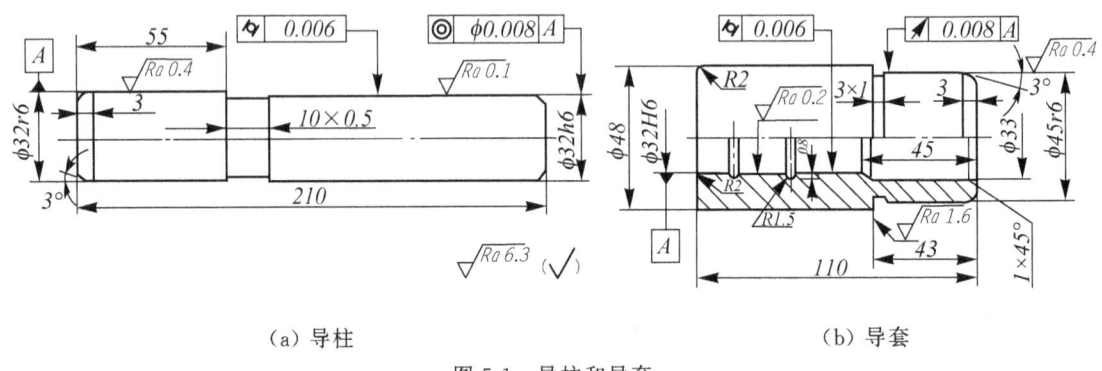

(a) 导柱　　　　　　　　　　　　(b) 导套

图 5-1　导柱和导套

5.1　模具零件加工方法

现代工业产品的生产对模具要求越来越高,模具结构日趋复杂,制造难度日益增大。模具制造正由过去的劳动密集和主要依靠手工技巧及采用传统机械设备向技术密集,更多依靠各种高效、高精度数控切削机床、电加工机床转变。从过去的机械加工时代转变为机、电结合加工以及其他特殊加工时代,钳工量呈逐渐减少之势。

5.1.1　模具零件加工方法

在模具制造中,通常按照零件结构和加工工艺过程的相似性将各种模具零件大致分为工作型面零件、板类零件、轴类零件、套类零件等。其加工方法主要有机械加工、特种加工两大类,机械加工方法主要包括各类金属切削机床的切削加工,采用普通数控切削机床进行车、铣、刨、镗、钻、磨,可以完成大部分模具零件加工,再配以钳工操作,可实现整套模具的制造。机械加工方法是模具零件的主要加工方法,模具的工作零件即使采用特种加工方法,也需要用机械加工的方法进行预加工。

1. 车削加工

在卧式车床进行旋转体零件（如圆形凸、凹模）内、外表面的粗加工或精加工，也可进行镗孔、平断面、车螺纹等。精车的尺寸精度可达IT6～IT8，表面粗糙度为$Ra=0.8\sim1.6\ \mu m$。

2. 铣削加工

在模具零件的铣削加工中，应用最广的是立式铣床和万能工具铣床的立铣加工，其主要加工对象是各种模具的型腔和型面，加工精度可达IT10，表面粗糙度为$Ra=1.6\ \mu m$。对模具成型零件，采用铣削时应留0.05 mm的修光余量，用于钳工的修光加工。当型面的精度要求较高时，铣削仅作为中间工序，铣削后需用成型磨削或电火花加工等方法进行精加工。

3. 刨削加工

刨削主要用于模具零件外形的加工。中小型零件广泛采用牛头刨床加工，大型零件则需要用龙门刨床加工。一般刨削加工的精度可达IT10，表面粗糙度为$Ra=1.6\ \mu m$。

4. 钻削加工

钻削是模具零件中圆孔的主要加工方法，所用设备主要是钻床。在模具制造中常采用钻孔对孔进行粗加工，去除大部分余量，然后经扩孔、铰孔，对未淬硬孔进行半精加工和精加工，以达到设计要求。

5. 磨削加工

磨削的方式有多种，平面磨削主要用于坯料的准备加工，可磨平面、基准面；外圆磨削主要用于磨导柱、圆形凸模等零件的外表面；内圆磨削主要用于磨导套、圆形凹模等零件的内表面；成型磨削主要用于凸、凹模工作型面的精加工，它可在专用成型磨床上进行加工，也可在平面磨床上借助专用夹具和成型砂轮进行。目前，磨削加工技术发展较快，出现了多种新型磨削加工方式，光学曲线磨主要用于磨削难于加工的复杂、细小形状的零件；坐标磨主要对淬火后模具零件的孔进行精加工，是淬火后进行孔加工精度最高的一种方法。

常用机械加工方法可达到的表面粗糙度见表5-1。

表5-1 机械加工方法可达表面粗糙度

加工方法	表面粗糙度Ra（μm）			
	粗	半精	精	细
车	12.5～6.3	6.3～3.2	6.3～1.6	0.8～0.2
铣	12.5～3.2		3.2～0.8	0.8～0.4
高速铣	1.6～0.8		0.4～0.2	
刨	12.5～6.3		6.3～1.6	0.8～0.2
钻	12.5～0.8			
铰	6.3～1.6	1.6～0.4	0.8～0.1	
镗	12.5～6.3	6.3～3.2	3.2～0.8	0.8～0.4
磨	3.2～0.8	0.8～0.2	0.2～0.025	
研磨	0.8～0.2	0.2～0.05	0.05～0.025	
珩磨	0.8～0.2		0.2～0.025	

5.1.2 选择模具表面加工方法的原则

模具零件各表面的加工方法主要根据表面形状、尺寸大小、精度和表面粗糙度、零件材料性质、生产类型以及具体的生产条件等来确定，选择原则主要有以下几个方面。

① 在保证加工表面的加工精度和表面粗糙度的前提下，要结合零件的结构形状、尺寸大小以及材料和热处理等要求进行全面考虑。例如，对于IT7级精度的孔，采用镗削、铰削、拉削和磨削均可达到要求，但型腔上的孔一般不宜选择拉削和磨孔，而常选择镗孔或铰孔。

② 工件材料的性质对加工方法的选择也有影响。例如，淬火钢应采用磨削加工，而对于有色金属零件，为避免磨削时堵塞砂轮，一般都采用高速镗或高速精密车削进行精加工。

③ 表面加工方法的选择，除了首先要保证质量要求外，还应考虑生产效率和经济的要求。

④ 选择正确的加工方法，还要考虑本厂、本车间的现有设备及技术条件。

5.2 模具典型零件机械加工

5.2.1 导柱导套加工

1. 导柱加工

各类模具应用的导柱结构种类很多。导柱属轴类零件，主要结构是表面为不同直径的同轴圆柱表面。因此，可根据导柱的结构尺寸和材料要求，直接选用适当尺寸的热轧圆钢为毛坯料。

在机械加工过程中，除保证导柱配合表面的尺寸和形状精度外，还要保证各配合表面之间的同轴度要求。导柱的配合表面是容易磨损的表面，应有一定的硬度要求，在精加工之前要安排热处理工序，以达到要求的硬度。

下面以冷冲模滑动式导柱（如图5-2所示）为例介绍导柱的制造方法。

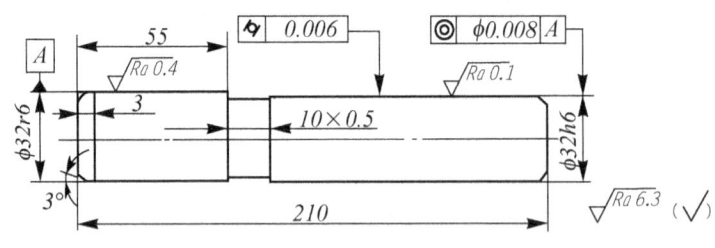

图 5-2 导柱

导柱形状比较简单，一般采用普通机床进行粗加工和半精加工后再进行热处理，最后用磨床进行精加工，消除热处理引起的变形，提高配合表面的尺寸精度和减少配合表面的粗糙度。对于配合要求高、精度高的导向零件，还要对配合表面进行研磨，才能达到要求的精度和表面粗糙度。导柱的加工工艺路线一般是备料→粗加工→半精加工→热处理→精加工→光整加工。

导柱加工时，外圆柱面的车削和磨削都是以两端的中心孔定位，可使外圆柱面的设计基准与工艺基准重合，并使各主要工序的定位基准统一，易于保证外圆柱面间的位置精度，使各磨削表面都有均匀的磨削余量。由于要用中心孔定位，首先应加工中心孔，为后续工序提供可靠的定位基准。中心孔的形状精度和同轴度直接影响加工质量，特别是加工高精度的导柱，保证中心孔与顶尖之间的良好配合尤为重要。若中心孔有较大的同轴度误差，将使中心孔和顶尖不能良好接触，影响加工精度，尤其是当中心孔出现圆度误差时，将直接使工件产生圆度误差，如图 5-3 所示。

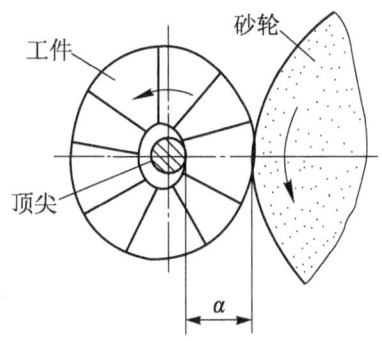

图 5-3　中心孔的圆度误差使工件产生圆度误差

导柱在热处理后应修正中心孔，消除中心孔在热处理过程中可能产生的变形和其他缺陷，使磨削外圆柱面时能获得精确定位，保证外圆柱面的形状和位置精度要求。修正中心孔可以采用研磨、挤压等方法，可以在车床、钻床或专用机床上进行。如图 5-4 所示为在车床上使用磨削方法修正中心孔。可在被磨削的中心孔处加入少量煤油或机油，手持工件进行磨削。用这种方法修正中心孔效率高，质量较好，但砂轮磨损快，需要经常修整。

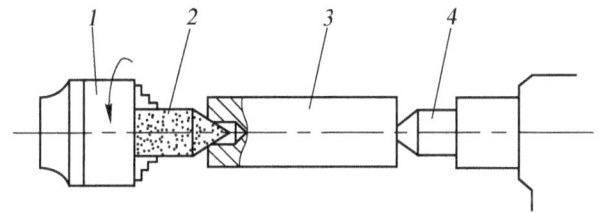

1—三爪自定心卡盘；2—砂轮；3—工件；4—尾顶尖
图 5-4　磨中心孔

导柱研磨加工目的是进一步提高被加工表面的质量，以达到设计要求。生产数量大时（如专门从事模架生产），可以在专用研磨机床上研磨，单件小批量生产时可采用简单的研磨工具，在普通车床上进行研磨，如图 5-5 所示。研磨时将导柱安装在车床上，由主轴带动旋转，在导柱表面上涂一层研磨剂，然后套上研磨工具并用手握住，作轴向往复运动。

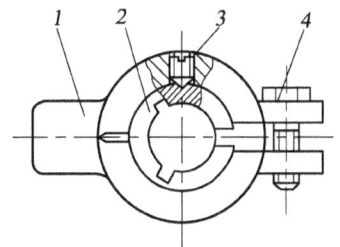

1—研磨架；2—研磨套；3—止动螺钉；4—调整螺钉
图 5-5　导柱研磨工具

2. 导套加工

导套和导柱一样，是模具中应用最广泛的导向零件。尽管其结构形状因应用部位不同而各异，但构成导套的主要表面是内、外圆柱表面，可根据其结构形状、尺寸和材料要求，直接选用适当尺寸的热轧圆钢为毛坯。

在机械加工过程中，除保证导套配合表面的尺寸和形状精度外，还要保证内外圆柱配合表面的同轴度要求。导套的内表面和导柱的外圆柱面为配合面，使用过程中运动频繁，为保证其耐磨性，需有一定的硬度要求。

下面以冷冲模滑动式导套（如图 5-6 所示）为例介绍导套的制造过程。

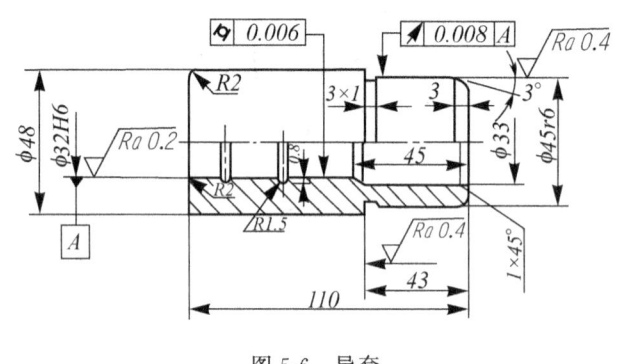

图 5-6　导套

如图 5-6 所示导套的精度和表面粗糙度要求，其加工方案可选择为备料→粗加工→半精加工→热处理→精加工→光整加工。

导套磨削时要正确选择定位基准，以保证内、外圆柱面的同轴度要求。工件热处理后，在万能外圆磨床上利用三爪卡盘夹住 $\phi 48$ mm 外圆柱面，一次装夹后磨出 $\phi 32H7$ 内孔和 $\phi 45r6$ 外圆。这样可以避免多次装夹而造成的误差，保证内外圆柱配合表面的同轴度要求。如果加工同一尺寸的导套数量较多，可以先磨好内孔，再将导套装在专门设计和制造的高精度锥度心轴（锥度 1/1000—1/5000）上，

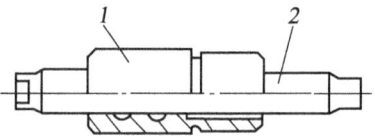

1—导套；2—心轴

图 5-7　用小锥度心轴安装导套

以心轴两端的中心孔定位，借心轴和导套间的摩擦力带动工件旋转磨削外圆柱面，也能获得较高的同轴度，如图 5-7 所示。研磨导套与研磨导柱类似，由主轴带动研磨工具旋转，手握套在研具上的导套，作轴向往复直线运动，如图 5-8 所示。

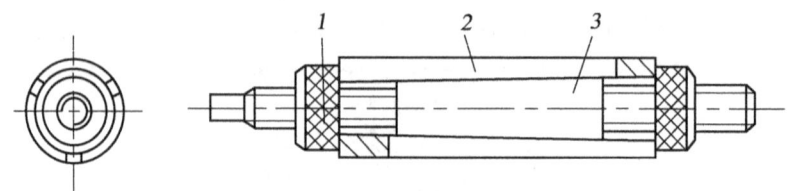

1—调整螺母；2—研磨套；3—锥度心轴

图 5-8　导套研磨工具

5.2.2 模座和模板加工

模座（包括上、下模座，动、定模座板等）和模板（包括各种固定板、套板、支承板、垫板等）都属于板类零件，其结构、尺寸已标准化。

1. 模座加工

冷冲模模座多用铸铁或钢板制造，而塑料模或压铸模的模座及各种模板多用中碳钢制造。标准铸铁模座如图 5-9 所示。在制造过程中主要进行平面加工和孔系加工。为了保证模座工作时沿导柱上下移动平稳，无限滞现象，模座上下平面应保持平行。加工后模座上、下平面的平行度要求见表 5-2。上下模座的导柱、导套安装孔的孔间距应保持一致，孔的轴心线与模座的上下平面要垂直。

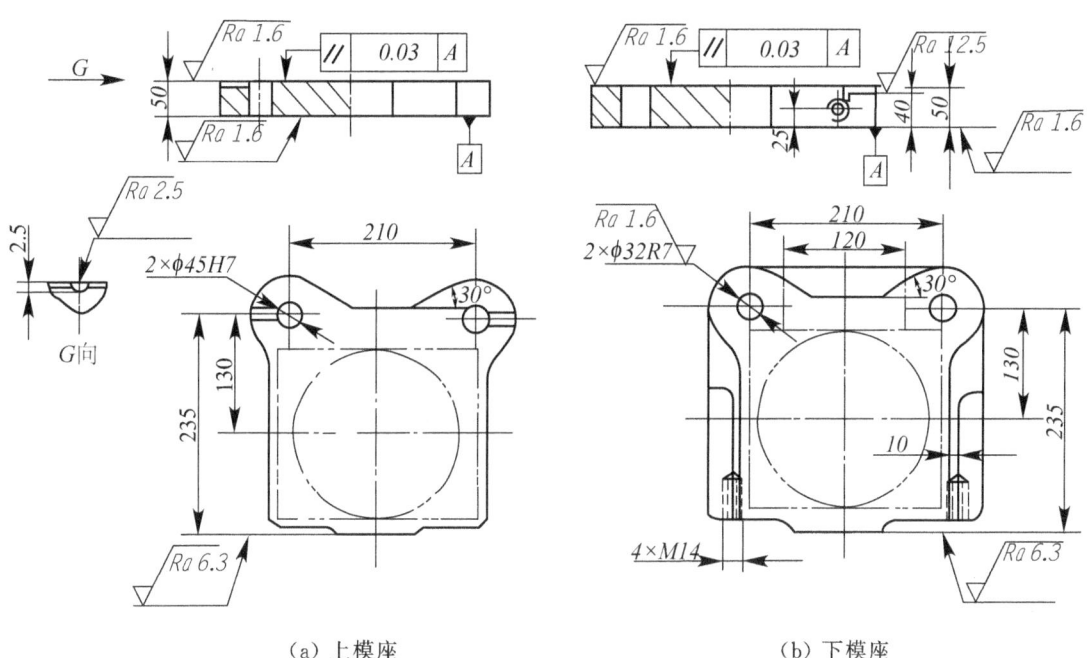

(a) 上模座　　　　　　　　(b) 下模座

图 5-9　冷冲模座

表 5-2　模座上、下平面的平行度公差

基本尺寸 (mm)	公差等级		基本尺寸 (mm)	公差等级	
	IT4	IT5		IT4	IT5
	公差值			公差值	
40～63	0.008	0.012	250～400	0.020	0.030
63～100	0.010	0.015	400～630	0.025	0.040
100～160	0.012	0.020	630～1000	0.030	0.050
160～250	0.015	0.025	1000～1600	0.040	0.060

模座加工主要是平面加工和孔系加工。在加工过程中为了保证技术要求和加工方便，一

一般遵循"先面后孔"的原则。模座的毛坯经过刨削或铣削加工后,再对平面进行磨削,可以提高模座平面的平面度和上下平面的平行度,同时容易保证孔的垂直度要求。

上、下模座孔的镗削加工,可根据加工要求和工厂的生产条件,在铣床或摇臂钻床等机床上采用坐标法或利用引导元件进行加工。批量较大时可以在专用镗床、坐标镗床上进行加工。为保证导柱、导套的孔间距离一致,在镗孔时经常将上、下模座重叠在一起,一次装夹同时镗出导柱和导套的安装孔。

图 5-9 所示的上模座的加工工艺路线和下模座的加工工艺路线分别见表 5-3 和表 5-4。

表 5-3　上模座加工工艺路线

工序号	工序名称	工序内容及要求
1	备料	铸造毛坯
2	刨(铣)平面	刨(铣)上、下平面,保证尺寸 50.8 mm
3	磨平面	磨上、下平面达尺寸 50 mm;保证平面度要求
4	划线	划前部及导套安装孔线
5	铣前部	按线铣前部
6	钻孔	按线钻导套安装孔至尺寸 $\phi 43$ mm
7	镗孔	和下模座重叠镗孔达尺寸 $\phi 45H7$,保证垂直度
8	铣槽	铣 $R 2.5$ mm 圆弧槽
9	检验	

表 5-4　下模座加工工艺路线

工序号	工序名称	工序内容及要求
1	备料	铸造毛坯
2	刨(铣)平面	刨(铣)上、下平面,保证尺寸 50.8 mm
3	磨平面	磨上、下平面达尺寸 50 mm;保证平面度要求
4	划线	划前部,导柱孔线及螺纹孔线
5	铣床加工	按线铣前部,铣两侧压紧面达尺寸
6	钻床加工	钻导柱孔至尺寸 $\phi 30$ mm,钻螺纹底孔,攻螺纹
7	镗孔	和上模座重叠镗孔达尺寸 $\phi 32R7$,保证垂直度
8	检验	

2. 模板加工

模板主要包括各种固定板、套板、支承板、垫板等,都属于板类零件,在制造过程主要进行平面加工和孔系加工。根据模架的技术要求,在加工过程中要特别注意保证模板平面的平面度和平行度以及导柱、导套安装孔的尺寸精度、孔与模板平面的垂直度、孔与孔的平行度要求。在平面加工中要特别注意防止弯曲变形,在粗加工后若模板有弯曲变形,在磨削中电磁吸盘会把这种变形矫正过来,磨削后加工表面的这种形状误差又会恢复。为此,在加工前应在电磁吸盘与模板间垫入适当厚度的垫片再进行磨削。上下两面用同样的方法交替磨削，可获得较高的平面度。若需要更高精度的平面时，应采用刮研的方法加工。

为了保证模板上导柱、导套安装孔的位置精度，根据实际加工条件，可采用坐标镗床、数控镗床或数控铣床进行加工。若无上述设备或设备精度不够，也可在卧式镗床或铣床上，将动、定模板重叠在一起，一次装夹，同时镗出相应的导柱和导套的安装孔。

在对模板进行镗孔加工时，应在模板平面精加工后以模板的大平面及两相邻侧面作定位基准，将模板放置在机床工作台的等高垫铁上。各等高垫铁的高度应保持一致。工作台和垫铁应用净布擦拭，彻底清除铁屑粉末。在使模板大致达到平行后，轻轻夹住，然后以长度方向的前侧面为基准，用百分表找正后将其压紧，最后将工作台再移动一次，进行检验并加以确认。模板用螺栓加垫圈紧固，压板着力点不应偏离等高垫铁中心，以免模板变形，如图5-10所示。图5-11所示为一冷冲模的凸模固定板，其加工工艺路线见表5-5。

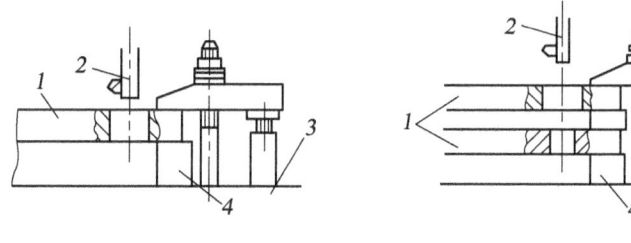

单个模板镗孔　　　　　　动、定模同时镗孔

1—模板；2—镗杆；3—工作台；4—等高垫铁

图 5-10　模板装夹

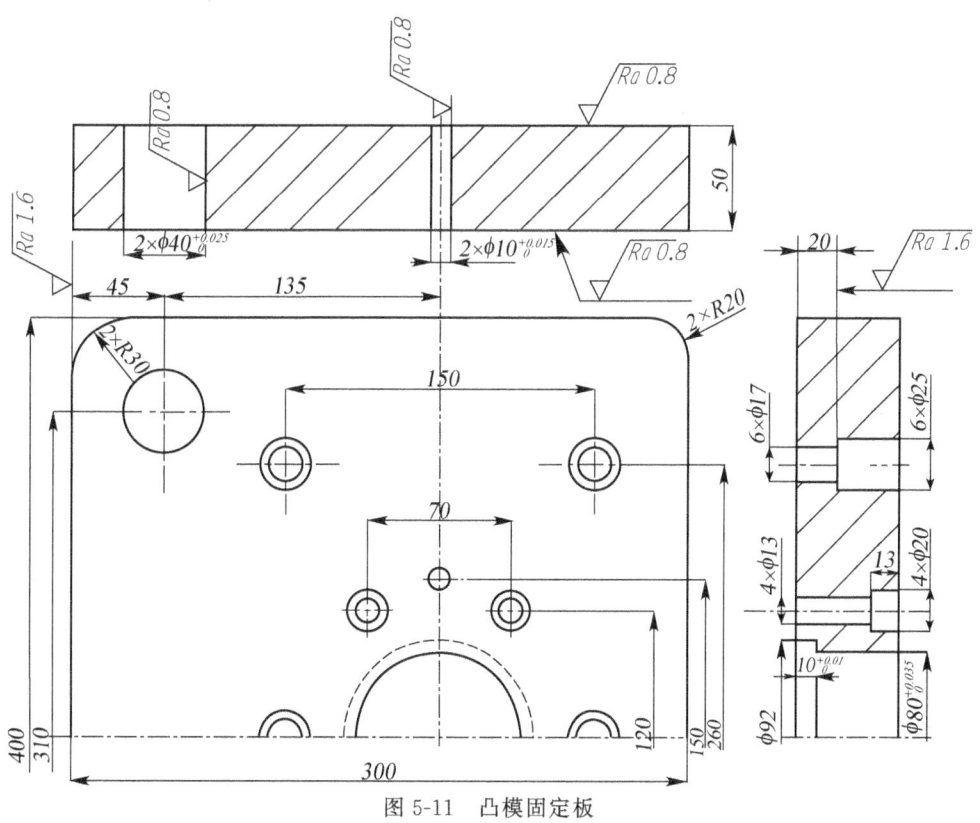

图 5-11　凸模固定板

表 5-5　凸模固定板加工工艺路线

工序号	工序名称	工序内容及要求
1	备料	锻造毛坯
2	铣	上、下面至 53
3	磨	上、下面磨平,且平行
4	铣	四周侧面,至 302×402,且互相垂直、平行
5	钳	中分划线,钻、扩孔:$2\times\phi40_0^{+0.025}$ 至 $\phi36$,$\phi80_0^{+0.035}$ 至 $\phi74$
6	热处理	调质处理 26～30HRC
7	铣	上、下面至 50.4
8	磨	上、下面至尺寸要求,且平行
9	铣	四周均匀去除至尺寸要求,且互相垂直、平行
10	铣	$2\times R20$、$2\times R30$ 至尺寸要求
11	钳	钻、扩孔:$4\times\phi13$,$4\times\phi20$,$4\times\phi17$,$4\times\phi25$ 至尺寸要求
12	镗	$2\times\phi10_0^{+0.015}$、$2\times\phi40_0^{+0.025}$ 和 $\phi80_0^{+0.035}$ 等各孔至尺寸要求

5.2.3　滑块加工

滑块和斜滑块是塑料注射模具、塑料压制模具、金属压铸模具等广泛采用的侧向抽芯及分型导向零件,主要作用是侧孔或侧凹的分型及抽芯导向。工作时,滑块在斜导柱的驱动下沿导滑槽运动。模具不同,滑块的形状、大小也不同,有整体式或组合式的滑块。图 5-12 所示为组合式滑块。

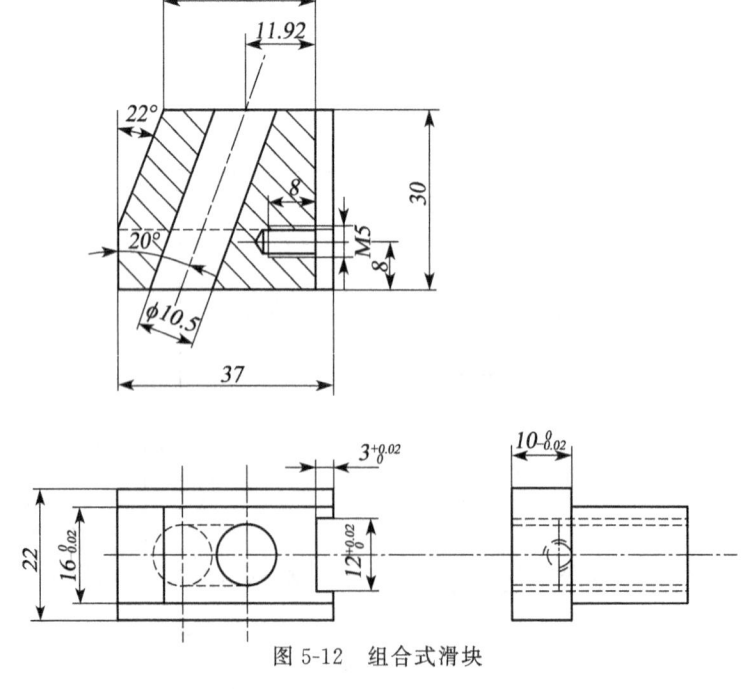

图 5-12　组合式滑块

滑块和斜滑块多为平面和圆柱面的组合。斜面、斜导柱孔和成型表面的形状、位置精度和配合要求较高。加工过程中除保证尺寸、形状精度外，还要保证位置精度。对于成型表面还要保证有较低的表面粗糙度。

如图 5-12 所示滑块斜导柱孔的位置和表面粗糙度要求较低，孔的尺寸精度较低，主要须保证各平面的加工精度和表面粗糙度。另外，滑块的导轨和斜导柱孔要求耐磨性好，必须进行热处理以保证硬度要求。为了保证斜导柱内孔和模板导柱孔的同轴度，可用模板装配后进行配加工。内孔表面和斜导柱外圆表面为滑动接触，其粗糙度值要低并且有一定硬度要求，因此要对内孔研磨以修正热处理变形及降低表面粗糙度。斜导柱内孔的研磨方法同导套的研磨方法基本相同。

图 5-12 所示滑块的加工工艺路线见表 5-6。

表 5-6 滑块加工工艺过程

工序号	工序名称	工序内容及要求
1	备料	锻造毛坯
2	铣	至 30.6×22×37.6，且各面间保持垂直、平行
3	热处理	调质处理 30～34HRC
4	磨	平磨或成形磨各平面至尺寸要求
5	钳	钻、攻 M5×8 至尺寸要求
6	铣	侧抽机构装配后，钻 φ10.5 孔至 φ9.8
7	钳	扩 φ9.8 孔至 φ10.5，至尺寸要求

5.2.4 冲裁凸模和凹模加工

冲裁凸模和凹模是冲裁模的工作零件，用来成型制件的内表面。它们的质量直接影响着模具的使用寿命和成型制件的质量。凸模和凹模的尺寸精度一般在 IT6～IT9，工作表面粗糙度在 $Ra=1.6\sim0.4\ \mu m$，非工作表面粗糙度在 $Ra=3.2\sim12.5\ \mu m$；材料一般是碳素工具钢或合金工具钢，热处理后的硬度为 58～62 HRC。

由于成型制件的形状各异、尺寸差别较大，模具工作零件的品种也是多种多样。按凸模和凹模的断面形状，大致可以分为圆形和非圆形两类。

1. 凸模加工工艺过程

（1）圆形凸模加工

圆形凸模加工比较容易，热处理前毛坯经车削加工，表面粗糙度在 $Ra=0.8\ \mu m$ 及其以上，表面留适当磨削余量。热处理后，经磨削加工即可获得较理想的工作型面及配合表面。图 5-13 所示为圆形凸模的结构形式，表 5-7 为圆形凸模的加工工艺过程。

（2）非圆形凸模加工

非圆形凸模按照凸模的形状不同大致分为两种：带安装台肩式非圆形凸模和直通式非圆形凸模。图 5-14（a）、(b) 所示为带安装台肩式凸模，(c)、(d) 所示为直通式凸模。

带安装台肩式非圆形凸模的常用加工方法为凹模压印修锉法，其详细的加工方法为车、铣或刨削加工毛坯→磨削安装面和基准面→划线铣轮廓→留 0.2～0.3 mm 单边余量→凹模

（已加工好）压印后修锉轮廓→淬硬后抛光→磨刃口。

直通式非圆形凸模的常用加工方法为线切割，其详细的加工方法为粗加工毛坯→磨安装面和基准面→划线加工安装孔、穿丝孔→淬硬后磨安装面和基准面→切割成型→抛光→磨刃口。

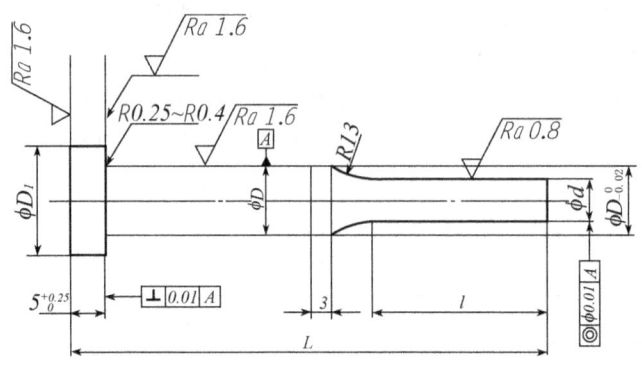

图 5-13　圆形凸模的结构

表 5-7　圆形凸模的加工工艺过程

工序号	工序名称	工序内容及要求
1	备料	棒料，长度方向留车床加工装夹余量
2	热处理	退火
3	车削	按图车全形，单边留 0.2 mm 精加工余量
4	热处理	按热处理工艺，淬火回火达到 58～62 HRC
5	磨削	磨外圆，两端面达到设计要求
6	钳工	局部修形，抛光工作面，刃磨刃口
7	检验	

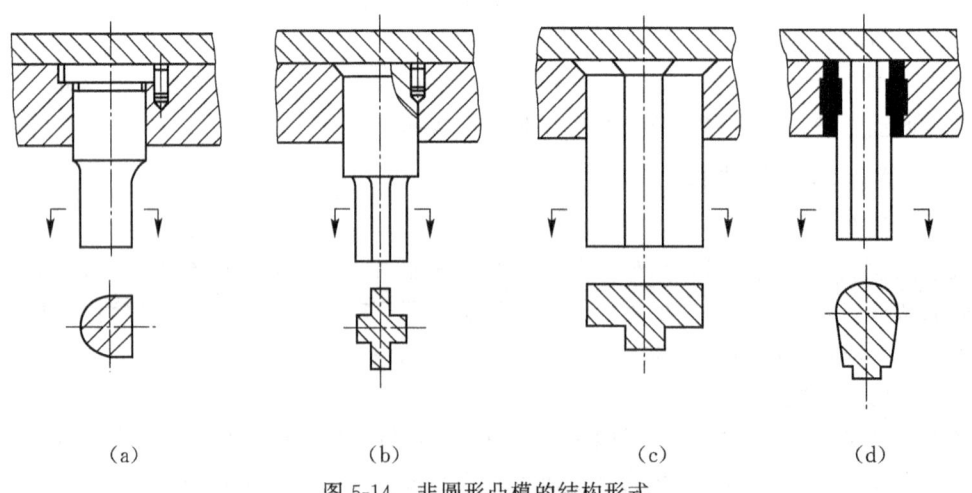

(a)　　　　(b)　　　　(c)　　　　(d)

图 5-14　非圆形凸模的结构形式

凸模工作型面的常用精加工方法为成形磨削法。形状复杂的凸模刃口一般都由一些圆弧和直线组成。凸模采用成形磨削加工，可将被磨削轮廓划分成单一的直线和圆弧段逐段进行磨削，并使它们在衔接处平整光滑，达到设计要求。成形磨削的方法有成形砂轮磨削法和夹具磨削法。

成形砂轮磨削法是将砂轮修整成与工件被磨削表面完全吻合的形状进行磨削加工，以获得所需要的成形表面，如图 5-15 所示。此法一次所能磨削的表面宽度不能太大。为获得一定形状的成形砂轮，可将金刚石固定在专门设计的修整夹具上对砂轮进行修整。

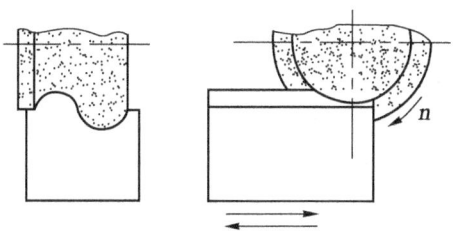

图 5-15 成形砂轮磨削法

夹具磨削法是借助夹具，使工件的被加工表面处在所要求的空间位置上，如图 5-16（b）所示，或使工件在磨削过程中获得所需的进给运动，从而磨削出成形表面。图 5-16 所示是用夹具磨削圆弧面的加工示意图。工件除做纵向进给（由机床提供）外，还可以借助夹具使工件做断续的圆周进给，这种磨削圆弧的方法叫回转法。

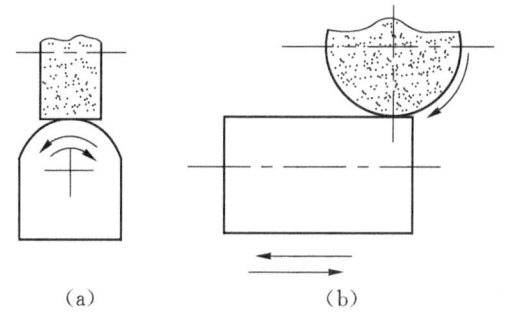

图 5-16 用夹具磨削圆弧面

2. 凹模加工工艺过程

（1）圆形凹模加工

单孔圆形凹模加工比较简单，热处理前可采用钻、铰（镗）等方法进行粗加工和半精加工。热处理后型孔可通过研磨或内圆磨削精加工，其详细的加工方法为：车加工外形→留磨削余量→淬火→内圆磨或坐标磨至尺寸要求→抛光。多孔圆形凹模加工属于孔系加工，除保证孔的尺寸及形状精度外，还要保证各型孔间的位置精度，可采用高精度坐标镗床加工，也可在普通立式铣床上按坐标法进行加工。多型孔凹模热处理后可采用坐标磨床进行精加工。若无坐标磨床或型孔过小时，也可在镗（铰）时留 0.01～0.02 mm（双面）研磨余量，热处理（严格控制变形）后由钳工对型孔进行研磨加工。

（2）非圆形整体凹模加工

非圆形凹模的加工过程为加工毛坯料→磨安装面和基准面→钳工划线加工安装孔→线切割穿丝孔→对于较大的凹模孔，铣凹模孔，周边留 2～3 mm→铣刃口下端排料斜度部分→

淬火→磨安装面和基准面至尺寸要求→线切割或坐标磨凹模孔→抛光→磨刃口。图 5-17 所示为非圆形凹模的结构形式,其加工工艺过程见表 5-8。

(3) 非圆形镶拼结构凹模

非圆形镶拼结构凹模的加工过程为加工毛坯料→磨安装面和基准面→钳工划线加工安装孔→铣刃口下端排料斜度部分→淬火→磨安装面和基准面至尺寸要求→线切割或坐标磨凹模成形面→抛光→磨刃口。

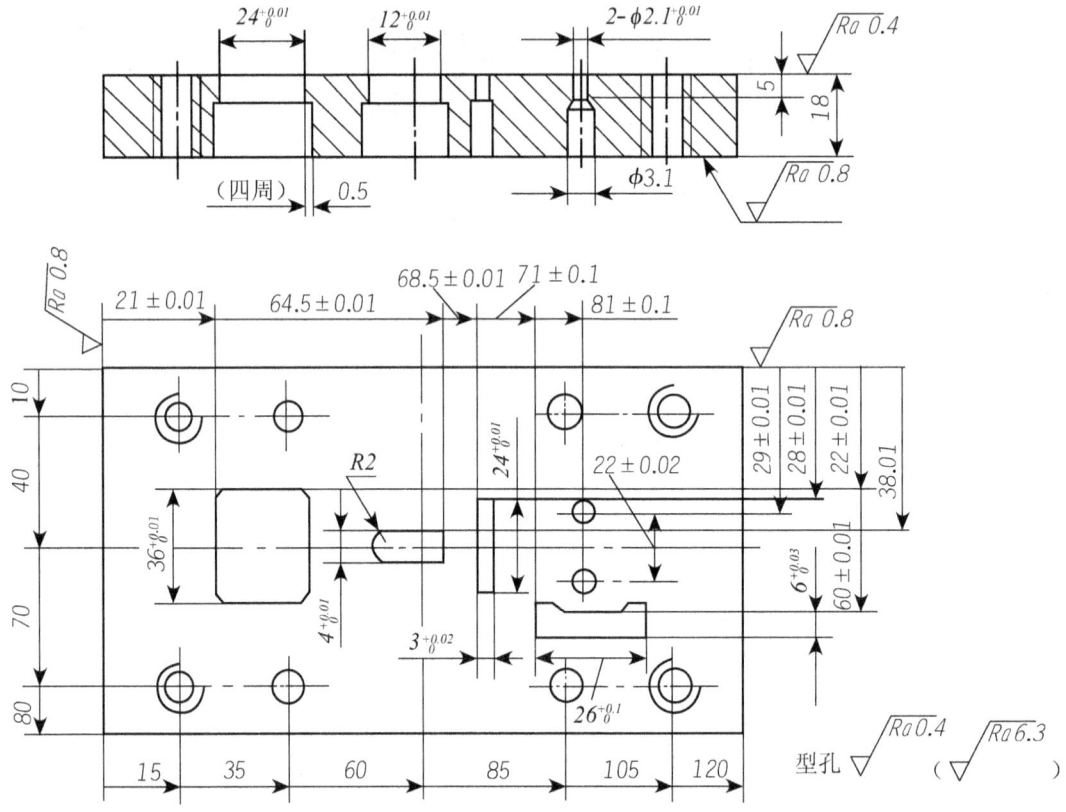

图 5-17 整体式凹模

表 5-8 整体凹模加工工艺过程

工序号	工序名称	工序内容及要求
1	备料	锻造毛坯
2	铣	至 420.8×200.8×18.8,且各面保持垂直、平行
3	磨	至 420.4×200.4×18.4,且各面保持垂直、平行
4	钳	中分划线,钻、铰 4 个螺钉孔至尺寸要求;钻其余各孔,线切割穿丝孔 φ2,其中 φ2.1 钻到 φ1
5	铣	各孔刃口以下部分
6	热处理	热处理至 60～64 HRC
7	磨	各面均匀去除,至尺寸要求

凹模工作型面的常用精加工可使用坐标磨床。坐标磨床主要用于对淬火后的模具零件进行精加工，不仅能加工圆孔，也能加工非圆形型孔；不仅能加工内成形表面，也能加工外成形表面。它是在淬火后进行孔加工的机床中精度最高的一种。坐标磨床和坐标镗床相类似，也用坐标法对孔系进行加工，其坐标精度可达±0.002～0.003 mm。坐标磨床用砂轮作切削工具。其加工方式如下。

① 内孔磨削。指在进行内孔磨削时，由于砂轮直径受孔径限制，同时为降低磨头的转速，应使砂轮直径尽可能接近磨削的孔径，一般可取砂轮直径为孔径的0.8～0.9倍。内孔磨削是利用砂轮的高速自转、行星运动和砂轮的轴向往复运动实现的，如图5-18所示。

② 外圆磨削。利用砂轮的高速自转、行星运动和轴向往复运动实现，如图5-19所示。利用行星运动直径的缩小，实现径向进给。

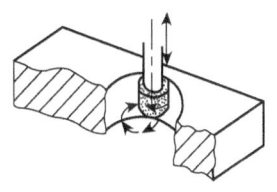

图5-18 内孔磨削

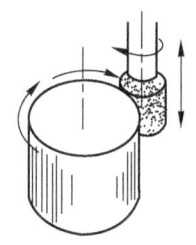

图5-19 外圆磨削

③ 磨削锥孔。由机床上的专门机构使砂轮在轴向进给的同时，连续改变行星运动的半径实现。锥孔的锥顶角大小取决于两者变化的比值，所磨锥孔的最大锥顶角为12°。磨削锥孔的砂轮应修出相应的锥角，如图5-20所示。

④ 平面磨削。砂轮仅自转而不作行星运动，工作台进给，如图5-21所示，适合于平面轮廓的精密加工。

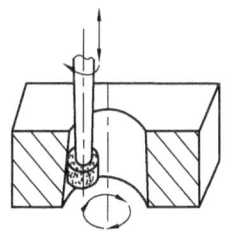

图5-20 锥孔磨削

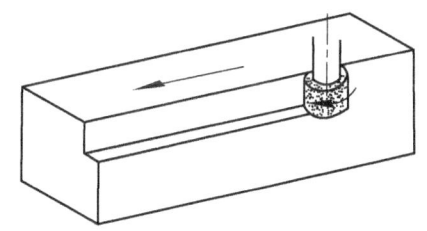

图5-21 平面磨削

⑤ 铡磨。使用专门的磨槽附件进行，砂轮在磨槽附件上的装夹和运动情况如图5-22所示。该方法可以对槽及带清角的内表面进行加工。

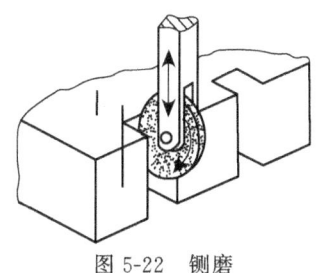

图5-22 铡磨

5.2.5 塑料模型芯和型腔加工

型芯和型腔均是塑料模具的重要成型零件，其主要作用是成型塑件的内外表面，一般比较复杂，有较高的加工精度要求，其加工质量直接影响到产品的质量与模具的使用寿命。

为了满足塑件尺寸精度、表面粗糙度的要求。型芯和型腔的尺寸精度一般为IT8～IT9，精密塑件模具的型腔、型芯尺寸精度为IT6～IT7，型芯和型腔的表面粗糙度一般为 Ra 0.2～0.1 μm，有镜面要求的表面粗糙度为 0.05 μm 以下，为达到粗糙度要求，型芯、型腔表面精加工后必须经过严格的研磨、抛光。

型芯的加工与前面所述凸模的加工相似，一般采用车削、铣削、磨削等进行粗加工和半精加工。经热处理后在磨床上精加工，再经研磨、抛光即可达到设计要求，在这里不再举例详细解说。

型腔按其结构形式可分为整体式、镶拼式和组合式。按型腔的形状大致可分为回转曲面和非回转曲面两种。对回转曲面的型腔，一般用车削、内圆磨削或坐标磨削进行加工制造，工艺过程比较简单。非回转曲面型腔的加工制造要困难得多，其加工工艺概括起来有以下方面。

① 用机械切削加工配合钳工修整进行制造，该工艺不需要特殊的加工设备，采用通用机床切除型腔的大部分多余材料，再由钳工精加工修整。

② 应用仿形、电火花、超声波、电化学加工及化学加工等专用设备进行加工，可以大大提高生产效率，保证型腔的加工质量。

③ 采用数控加工或模具计算机辅助设计与制造（即模具 CAD/CAM）技术，可以加快模具的研制速度，缩短模具的生产准备时间，优化模具制造工艺和结构参数，提高模具的质量和寿命。图 5-23 所示为非回转型腔镶块，表 5-9 为型腔镶块的加工工艺过程。

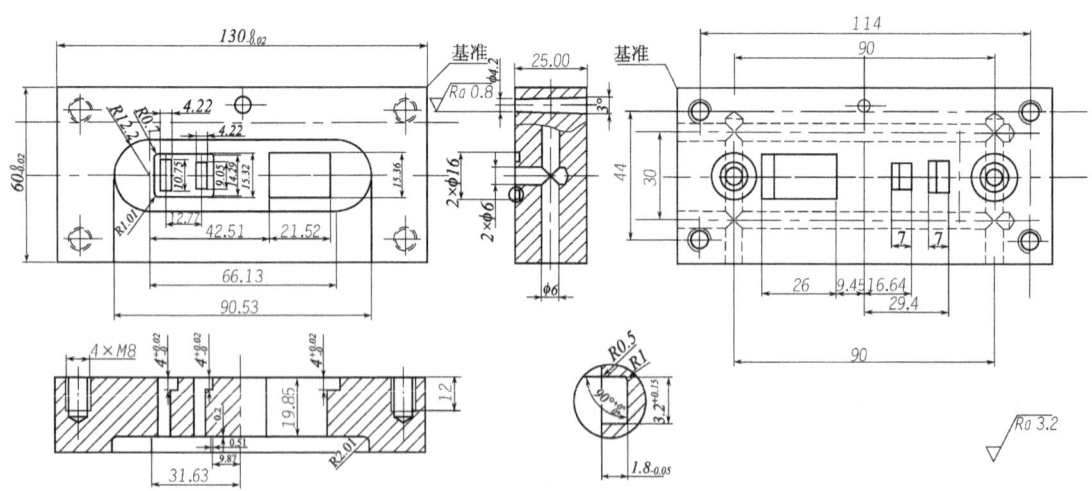

图 5-23 非回转型腔镶块

表 5-9 非回转型腔镶块的加工工艺过程

工序号	工序名称	工序内容及要求
1	备料	锻造毛坯
2	铣	至 130.8×60.8×26，且各面保持垂直、平行
3	磨	至 130.4×60.4×25.6，且各面保持垂直、平行
4	钳	中分划线，钻、铰 4×M8×11，水道孔$\phi 6$至尺寸要求；钻 10.75×4.22，9.05×4.22，21.52×15.36 和$\phi 4.2\times 3°$线切割穿丝孔$\phi 2$
5	铣	以水道孔中心为基准，铣 $4\times\phi 16\times 1.8^{0}_{-0.05}$ 至 $4\times\phi 16\times 2^{0}_{-0.05}$
6	磨	各面均匀去除，型腔面留量 0.2，其余各面至尺寸要求
7	加工中心	型腔面 90.53×R 9.99×19.85 至尺寸要求

5.3 模具特种加工

5.3.1 电火花加工

电火花加工也称电蚀加工或放电加工，是直接利用电能、热能对金属进行加工的一种方法。其原理是工件在一定液体介质中（如煤油等），通过工具（一般用石墨或纯铜制成，成型部分的形状与待加工工件型面相似）与工件之间产生脉冲性火花放电来蚀除多余金属，以达到零件的尺寸、形状及表面质量要求，工作原理图如图 5-24 所示。3 是自动进给装置，用以确保工件 1 和工具电极 4（简称电极）有一定的放电间隙，脉冲电源 2 输出的电压加到工件和工具电极上，5 是液体介质。当电压升高到间隙中液体介质的击穿电压时，会使液体介质在绝缘强度最低处被击穿，产生火花放电。

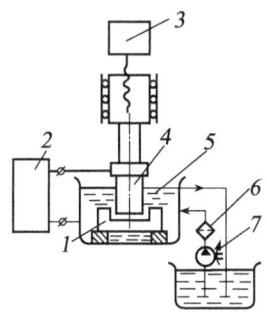

1—工件；2—脉冲电源；3—自动进给调节装置；4—工具电极；5—工作液；6—过滤器；7—工作液泵
图 5-24 电火花加工原理图

电火花加工有其独特的优点，在模具成型零件的加工中得到了广泛应用。

① 所用的工具电极不需比工件材料硬，便于加工用机械加工方法难以加工或无法加工的特殊材料（如淬火钢、硬质合金、耐热合金等）。

② 加工时工具电极与工件不接触，工具与工件之间的宏观作用力极小，便于加工带小孔、深孔或窄缝的零件，尤其适合于加工凹模中各种形状复杂的型孔型腔。

③ 其他用途，如电火花刻字、打印铭牌和标记、表面强化等。

④ 由于直接利用电、热能进行加工，便于实现加工过程中的自动控制。

⑤ 电火花加工的余量不宜太大，因此电火花加工前需用机械加工等方法去除大部分多余的金属，此外还需要根据所加工零件的形状尺寸制造工具电极。由于数控设备的普及，使得电极的制造比较容易。

近年来，电火花加工特别是数控电火花加工得到了越来越广泛的应用。

5.3.2 数控电火花线切割加工

数控电火花线切割加工利用连续移动的细金属导线作为工具电极，在金属丝与工件间施加脉冲电流，产生放电腐蚀，对工件进行切割加工。工件的形状由数控系统控制工作台相对于电极丝的运行轨迹决定，不需制造专用的电极，就可以加工形状复杂的模具零件。如图 5-25 所示，加工时工件 6 连接脉冲电源 7 的阳极，电极丝 5 接脉冲电源的阴极并在驱动电机的带动下运行（称为走丝），在电极丝与工件间有液体介质。当高频脉冲电源接通后，电极丝与工件之间形成脉冲放电火花，在放电通道的中心产生间歇性的瞬间高温，使得工件金属熔化甚至汽化。同时，喷到放电间隙中的液体介质在高温作用下也急剧汽化、膨胀、如同爆炸一样，冲击波将熔化和汽化的金属从放电部位抛出。脉冲电源不断地发出电脉冲，形成一次次的火花放电，将工作材料不断地去除，达到加工的目的。

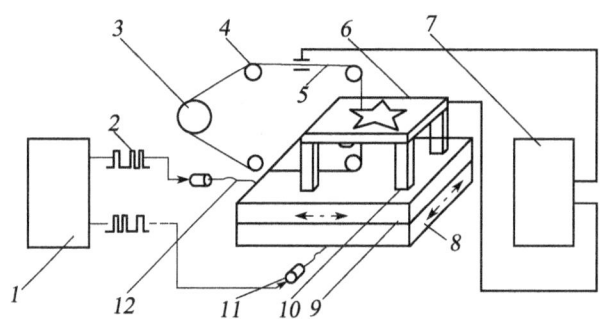

1—数控装置；2—信号；3—贮丝筒；4—导轮；5—电极丝；6—工件；7—脉冲电源；
8—下工作台；9—上工作台；10—绝缘块；11—步进电机；12—丝杠

图 5-25 数控电火花线切割加工原理

线切割机床一般按照电极丝运动速度分为快走丝线切割机床和慢走丝线切割机床，快走丝线切割机床业已成为我国特有的线切割机床品种，应用广泛。慢走丝线切割机床是国外生产和使用的主流机种，属于精密加工设备，代表着线切割机床的发展方向。

此外，线切割机床可按电极丝位置分为立式线切割机床和卧式线切割机床，按工作液供给方式分为冲液式线切割机床和浸液式线切割机床。

数控电火花线切割加工的特点如下：

① 数控线切割加工是轮廓切割加工，勿需设计和制造成形工具电极，大大降低了加工费用，缩短了生产周期。

② 直接利用电能进行脉冲放电加工，工具电极和工件不直接接触，无机械加工中的宏观切削力，适宜于加工低刚度零件及细小零件。

③ 无论工件硬度如何，只要是导电或半导电的材料都能进行加工。

④ 切缝可窄达仅 0.005 mm，只对工件材料沿轮廓进行"套料"加工，材料利用率高，有效节约贵重材料。

⑤ 移动的长电极丝连续不断地通过切割区，单位长度电极丝的损耗量较小，加工精度高。

⑥ 一般采用水基工作液，可避免发生火灾，安全可靠，可实现昼夜无人值守连续加工。

⑦ 通常用于加工零件上的直壁曲面，通过 X－Y－U－V 四轴联动控制，也可进行锥度切割和加工上下截面异形体、形状扭曲的曲面体和球形体等零件。

⑧ 不能加工盲孔及纵向阶梯表面。

电火花线切割广泛适用于加工淬火钢、硬质合金等难以用机械加工的模具零件。目前能达到的加工精度为±0.001～±0.01 mm，表面粗糙度 $Ra=0.32～2.5$ μm，最大切割速度可以达到 50 mm/min 以上，切割厚度最大可达 500 mm。电火花线切割加工也广泛应用于冲模、挤压模、塑料模、电火花型腔模的加工等。由于电火花线切割加工机床的加工速度和精度的迅速提高，目前已达到可与坐标磨床相竞争的程度。例如，中小型冲模材料为模具钢，过去用分开模和曲线磨削的方法加工，现在改用电火花线切割整体加工。

5.3.3 电化学及化学加工

1. 电铸加工

电铸加工是利用金属的电解沉积原理来精确复制某些复杂或特殊形状工件的特种加工方法。电铸加工的基本原理如图 5-26 所示，即将预先按所需形状制成的原模作为阴极，用电铸材料作为阳极，一同放入与阳极材料相同的金属盐溶液中，通以直流电。在电解作用下，原模表面逐渐沉积出金属电铸层，达到所需的厚度后从溶液中取出，将电铸层与原模分离，便获得与原模形状相对应的金属复制件。

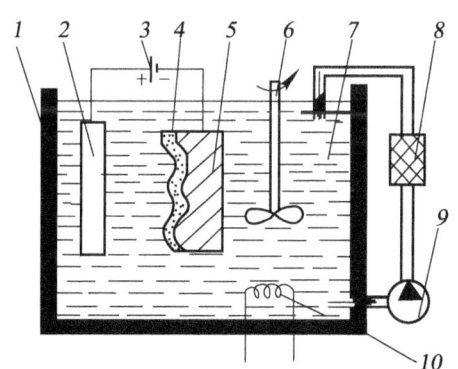

1—电铸槽；2—阳极；3—直流电源；4—电铸层；5—原模；6—搅拌器；
7—电铸液；8—过滤器；9—泵；10—加热器
图 5-26 电铸加工

电铸加工的优点是复制精度很高，可获得尺寸和形状精度高、花纹细致、形状复杂的型腔或型面；母模可采用金属或非金属材料制作，也可直接用制品零件制作；可以制造形状复杂、用机械加工难以加工甚至无法加工的工件；电铸的型面具有较好的机械强度，且型面光洁、清晰，一般不需再作光整加工；不需特殊设备，操作简单。但电铸厚度较薄（仅为4～8 mm）；电铸周期长（如电铸镍的时间约需一周）；电铸层厚度不均匀，内应力较大，易变形。

2. 电解加工

基于电解过程中的阳极溶解原理并借助于成型的阴极，将工件按一定形状和尺寸加工成型的工艺方法，称为电解加工。其加工系统如图 5-27 所示。加工时工件接直流电源的正极，工具电极（工具材料大多用碳素钢制成，其形状和尺寸根据加工零件的要求及加工间隙确定）接负极，工具电极（阴极）以一定的速度向工件（阳极）靠近，并保持 0.2～1 mm 的间隙，由泵供给的一定压力的电解液从两极间隙中快速流过（一般为 6～30 m/s），带走阳极溶解产物和电解电流通过电解液时所产生的热量，并去极化。工件表面和工具相对应的部分在很高的电流密度（高达 10～100 A/cm² 数量级）下产生阳极溶解，电解产物立即被电解液冲走。工具电极不停地向工件进给。工件金属不断地被溶解，直到工件的加工尺寸及形状符合要求为止。

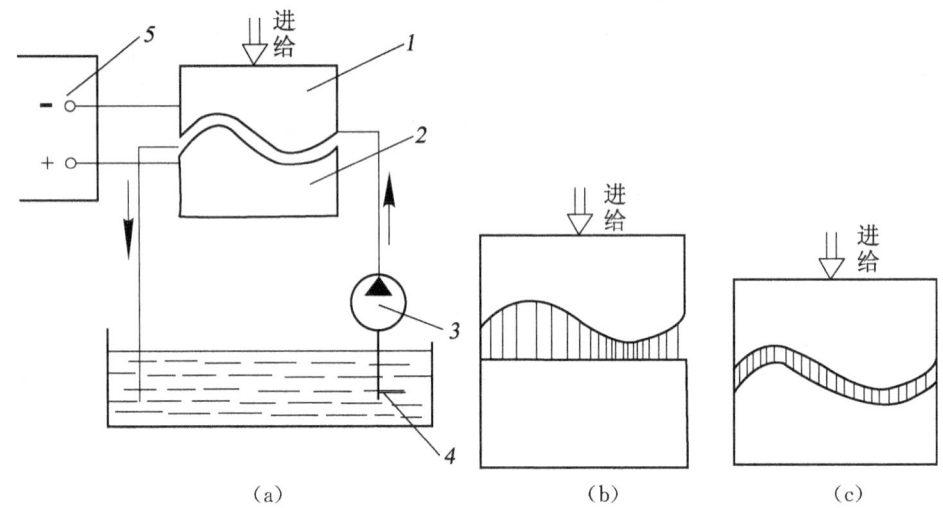

1—工具电极（阴极）；2—工件（阳极）；3—电解液泵；4—电解液；5—直流电源

图 5-27 电解加工示意图

电解加工对于难加工材料、形状复杂或薄壁零件的加工具有显著优势，已获得广泛应用，如炮管膛线、叶片、整体叶轮、模具、异型孔及异型零件、倒角和去毛刺等加工。在许多零件的加工中，电解加工工艺占有重要甚至不可替代的地位。与其它加工方法相比，电解加工具有如下特点。

① 加工范围广。电解加工几乎可以加工所有的导电材料，不受材料的强度、硬度、韧性等机械、物理性能的限制，加工后材料的金相组织基本上不发生变化。它常用于加工硬质合金、高温合金、淬火钢、不锈钢等难加工材料。

② 生产率高，且加工生产率不直接受加工精度和表面粗糙度的限制。电解加工能以简单的直线进给运动一次加工出复杂的型腔、型面和型孔，加工速度可以和电流密度成比例增加。据统计，电解加工的生产率约为电火花加工的 5～10 倍，在某些情况下，甚至可以超过机械切削加工。

③ 加工质量好。可获得一定的加工精度和较低的表面粗糙度。型面和型腔的加工精度一般为 ±0.05～0.20 mm，型孔和套料为 ±0.03～0.05 mm。对于一般中、高碳钢和合金钢，表面粗糙度可稳定地达到 1.6～0.4 μm，有些合金钢可达 0.1 μm。

④ 可用于加工薄壁和易变形零件。电解加工过程中工具和工件不接触，不存在机械切削力，不产生残余应力和变形，没有飞边毛刺。

⑤ 工具阴极无损耗。在电解加工过程中工具阴极上仅仅析出氢气，而不发生溶解反应，所以没有损耗。只有在产生火花、短路等异常现象时才会导致阴极损伤。

电解加工也具有一定的局限性，主要表现如下。

① 加工精度和加工稳定性不高。电解加工的加工精度和稳定性取决于阴极的精度和加工间隙的控制。而阴极的设计、制造和修正都比较困难，阴极的精度难以保证。此外，影响电解加工间隙的因素很多，且规律难以掌握，加工间隙的控制比较困难。

② 由于阴极和夹具的设计、制造及修正困难，周期较长，因而单件小批量生产的成本较高。同时，电解加工所需的附属设备较多，占地面积较大，且机床需要足够的刚性和防腐蚀性能，造价较高。因此，批量越小，单件附加成本越高。

3. 化学腐蚀加工

化学腐蚀加工是将模具零件被加工的部位浸泡在化学介质中，通过产生化学反应，将零件材料腐蚀溶解，从而获得所需要的形状和尺寸。采用化学腐蚀加工时，应先将工件表面不加工的部位用抗腐蚀涂层覆盖起来，然后将工件浸渍于腐蚀液中，使没有涂层覆盖的裸露部位的余量腐蚀去除，达到加工目的。常见的化学腐蚀加工有照相腐蚀、化学铣削和光刻等。许多电器产品的塑料外壳上的字符、装饰图案等就是用这种方法加工的模具型腔制作出来的。

照相腐蚀是把所需的文字图像摄影到照相底片上，然后经光化学反应，把图像转移（或称复制）到涂有感光胶的金属表面，再经坚膜固化处理，使感光胶具有一定的抗蚀能力，最后经过化学腐蚀，即可获得所需图形的模具或金属表面。

照相腐蚀不仅直接用于模具型腔表面文字图案及花纹加工，也可用来加工电火花成型用的工具电极。其主要工序包括原图、照相、涂感光胶、曝光、显影、固膜、固化、腐蚀等。

① 原图和照相。原图是将所需图形按一定比例放大描绘在纸上，形成黑白分明的文字图案。为确保原图质量，一般都需放大几倍。然后通过照相，将原图按需要的尺寸大小缩小在照相底片上。照相底片一般采用涂有卤化银的感光底片。

② 感光胶的涂覆。首先将需要加工的模具（或其他工件）表面进行去氧化层及去油污处理，然后涂上感光胶（如聚乙烯醇、骨胶、明胶等），待干燥后就可以贴底片曝光。

③ 曝光、显影与固膜。曝光是将原图照相底片贴在涂有感光胶的工件表面，并用真空方法使其紧紧密合，然后用紫外光照射，使工件表面上的感光膜按图像感光。照相底片上的不透光部分由于挡住了光线照射，胶膜未参与光化学反应，仍是水溶性的；照相底片上的透光部分由于参与了光化学反应，使胶膜变成不溶于水的络合物。此后经过显影，把未感光的胶膜用水冲洗掉，使胶膜呈现出清晰的图像。为了提高显影后胶膜的抗蚀性，可将其放在固膜液中（10%的铬酸酐溶液）进行处理。

上述贴底片及曝光过程对于平整的模具表面或电极表面是十分方便的。但模具型腔多为曲面，贴底片及曝光就不容易，一般需采用软膜感光材料作底片，并在图案及软膜上作一定的技术处理，才可以在曲面型腔上进行照相腐蚀加工。

④ 固化。经感光固膜后的胶膜抗蚀能力仍不强，必须进一步固化。聚乙烯醇胶一般在180℃下固化15 min，即呈深棕色。固化温度及时间随金属材料而异，铝板不超过200℃，铜板不超过300℃，时间为5～7 min，直至表面呈深棕色为止。

⑤ 腐蚀。经固化的工件放在腐蚀液中进行腐蚀，即可获得所需图像。腐蚀液成分随工件材料而异，为了保证加工的形状和尺寸精度，应在腐蚀液中添加保护剂，防止腐蚀向侧向渗透，并形成直壁甚至向外形成坡度。

腐蚀成型结束后，经清洗去胶，然后擦干即加工结束。去胶一般采用氧化去胶法，即使用强氧化剂（如硫酸与过氧化氢的混合液）将胶膜氧化破坏而去除，也有用丙酮、甲苯等有机溶剂去胶的。

化学腐蚀加工的优点是可加工金属和非金属材料（如石板、玻璃等），不受材料硬度影响，加工后表面无变形、毛刺和加工硬化等现象，对难以机械加工的表面，只要腐蚀液能浸入都可以加工。

5.3.4 超声波加工

超声波加工是利用超声振动的工具在有磨料的液体介质中或干磨料中，产生磨料的冲击、抛磨、液压冲击及由此产生的气油作用来去除材料，以及利用超声振动使工件相互结合的加工方法。其加工方法如图 5-28 所示。超声波加工时，高频电源连接超声换能器，将电振荡转换为同一频率、垂直于工件表面的超声机械振动，其振幅仅为 0.005～0.01 mm，再经变幅杆放大至 0.05～0.1 mm，以驱动工具端面作超声振动。此时，磨料悬浮液（磨料、水或煤油等）在超声振动和一定压力下，高速不停地冲击悬浮液中的磨粒，并作用于加工区，使该处材料变形，直至击碎成微粒和粉末。同时，由于磨料悬浮液的不断搅动，促使磨料高速抛磨工件表面，又由于超声振动产生的空化现象，在工件表面形成液体空腔，促使混合液渗入工件材料的缝隙里，空腔的瞬时闭合产生强烈的液压冲击，强化了机械抛磨工件材料的作用，并有利于加工区磨料悬浮液的均匀搅拌和加工产物的排除。随着磨料悬浮液不断地循环、磨粒的不断更新、加工产物的不断排除，实现了超声加工的目的。总之，超声加工是磨料悬浮液中的磨粒在超声振动下的冲击、抛磨和空化现象综合切蚀作用的结果。其中，以磨粒不断冲击为主。由此可见，脆硬的材料受冲击作用较容易被破坏，故尤其适于超声波加工。

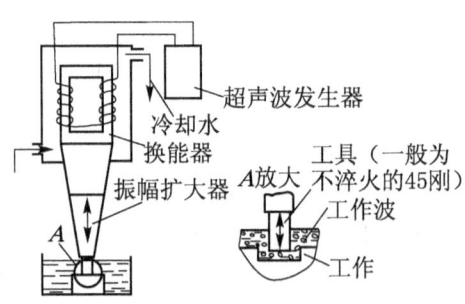

图 5-28 超声波加工示意图

早期的超声加工主要依靠工具作超声频振动，使悬浮液中的磨料获得冲击能量，从而去除工件材料，但加工效率随着加工深度的增加显著降低。随着新型加工设备及系统的发展和超声加工工艺的不断完善，人们采用从中空工具内部向外抽吸式向内压入磨料悬浮液的超声加工方式，大幅度地提高了生产率，扩大了超声加工孔的直径及孔深的范围。

近 20 多年来，国外采用烧结或镀金刚石的先进工具，研发了既作超声频振动，同时又绕本身轴线以 1000～5000 r/min 高速旋转的超声旋转加工，比一般超声波加工具有更高的生产效率和孔加工深度，同时直线性好、尺寸精度高、工具磨损小，除可加工硬脆材料外，还可加工碳化钢、二氧化钢、二氧化铁和硼环氧复合材料，以及不锈钢与钛合金叠层的材料等，目前已用于航空、原子能工业，效果良好。

5.4 快速成型技术

5.4.1 快速成型技术简介

快速成型技术（简称RP）是20世纪80年代末90年代初兴起并迅速发展起来的新的先进制造技术。是由CAD模型直接驱动的快速制造任意复杂形状三维物理实体的技术总称。快速成型技术的成型原理是基于离散叠加原理而实现快速加工原型或零件。其基本过程是首先设计出所需零件的计算机三维模型（数字模型、CAD模型），然后根据工艺要求，按照一定的规律将该模型离散为一系列有序的单元，把原来的三维CAD模型变成一系列的层片；再根据每个层片的轮廓信息，输入加工参数，自动生成数控代码；最后由成型机成型一系列层片并自动将它们联接起来，得到一个三维物理实体。快速成型技术的特点如下：

① 可以制造任意复杂的三维几何实体。越是复杂的零件越能显示出RP技术的优越性。此外，RP技术特别适合于复杂型腔、复杂型面等传统方法难以制造甚至无法制造的零件。

② 快速性。通过对一个CAD模型的修改或重组就可获得一个新零件的设计和加工信息。从几个小时到几十个小时就可制造出零件，具有快速制造的突出特点。

③ 高度柔性。无需任何专用夹具或工具即可完成复杂的制造过程，快速制造工模具、原型或零件。

④ 快速成型技术实现了机械工程学科多年来追求的两大先进目标，即材料的提取（气、液固相）过程与制造过程一体化和设计（CAD）与制造（CAM）一体化。

⑤ 与逆向工程、CAD技术、网络技术、虚拟现实等相结合，成为产品快速开发的有力工具。

快速成型技术根据成型方法可分为两类：基于激光及其他光源的成型技术，例如光固化成型（SLA）、分层实体制造（LOM）、选域激光粉末烧结（SLS）、形状沉积成型（SDM）等；基于喷射的成型技术，例如熔融沉积成型（FDM）、三维印刷（3DP）、多相喷射沉积（MJD）。下面对其中比较成熟的工艺作简单的介绍。

5.4.2 光固化成型（SLA）

SLA技术是基于液态光敏树脂的光聚合原理工作的。图5-29所示为光固化成型工艺原理。液槽中盛满液态光敏树脂，激光束在控制系统的控制下按零件的备份层截面信息在光敏树脂表面逐点扫描，被扫描区域的树脂薄层产生光聚合反应而固化，形成零件的一个薄层。一层固化完毕后，工作台下移一个层厚的距离，以使在原先固化好的树脂表面再敷上一层新的液态树脂，然后刮板将黏度较大的树脂液面刮平，进行下一层扫描加工。新固化的一层牢固地黏结在前一层上，如此重复直至整个零件制造完毕，得到一个三维实体造型。当实体原型完成后，首先将实体取出，并将多余的树脂排干净。由于树脂具有很高的黏性，这个过程将会花费数小时的时间。去掉支撑后，再将实体原型放在激光下整体固化。图5-30所示为SLA设备及其产品。

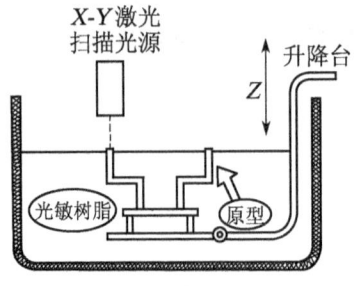

图 5-29 光固化成型工艺原理

图 5-30 SLA 设备及其产品

SLA 方法是目前快速成型技术领域中研究最多的方法，也是技术上最为成熟的方法。SLA 工艺成型具有以下优点。

① 成型过程自动化程度高。
② 尺寸精度高。
③ 表面质量优良。
④ 可以制作结构十分复杂的模型。
⑤ 可以直接制作面向熔模精密铸造的具有中空结构的消失模。

SLA 工艺成型具有以下缺点。

① 成型过程中伴随着物理和化学变化，所以制件较易弯曲，需要支撑。
② 设备运转及维护成本较高。
③ 可使用的材料种类较少。
④ 液态树脂具有气味和毒性，并且需要避光保护，以防止提前发生聚合反应，选择时有局限性。
⑤ 需要二次固化。
⑥ 液态树脂固化后的性能尚不如常用的工业塑料，一般较脆、易断裂，不宜进行机械加工。

5.4.3 叠层实体制造（LOM）

LOM 工艺称为叠层实体制造或分层实体制造，由美国 Helisys 公司的 MichaelFeygin 于 1986 年研制成功。图 5-31 所示为叠层实体制造技术原理图。LOM 工艺采用薄片材料，如纸、塑料薄膜等，片材表面事先涂覆上一层热熔胶。加工时，热压辊热压片材，使之与下面已成型的工件黏结。用 CO_2 激光器在刚黏结的新层上切割出零件截面轮廓和工件外框，并在截面轮廓与外框之间多余的区域内切割出上下对齐的网格。激光切割完成后，工作台带动已成型的工件下降，与带状片材分离。供料机构转动收料轴和供料轴，带动料带移动，使新层移到加工区域。工作台上升到加工平面，热压辊热压，工件的层数增加一层，高度增加一个料厚。再在新层上切割截面轮廓。如此反复直至零件的所有截面黏结、切割完毕。最后，去除切碎的多余部分，得到分层制造的实体零件。LOM 工艺只需在片材上切割出零件截面的轮廓，而不用扫描整个截面，因此成型厚壁零件的速度较快，易于制造大型零件。工件外框与截面轮廓之间的多余材料在加工中起到了支撑作用，无需另加支撑。缺点是材料浪费严重，表面质量差。图 5-32 所示为 LOM 设备及其产品。

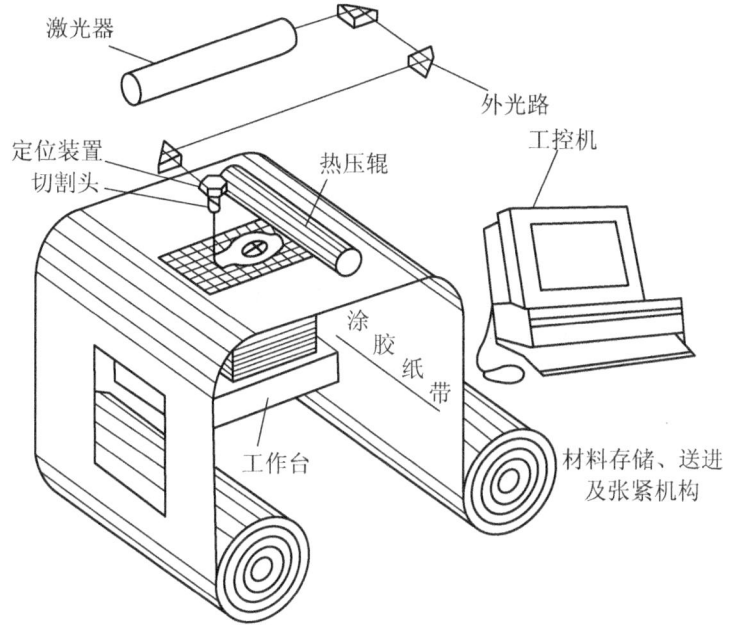

图 5-31 叠层实体制造技术原理

图 5-32 LOM 设备及其产品

5.4.4 选域激光粉末烧结（SLS）

SLS 工艺称为选域激光粉末烧结，由美国德克萨斯大学奥斯汀分校的 C. R. Dechard 于 1989 年研制成功，利用粉末状材料成型。如图 5-33 所示为选域激光粉末烧结原理图，其原理是将材料粉末铺洒在已成型零件的上表面并刮平，用高强度的 CO_2 激光器在刚铺的新层上扫描出零件截面，材料粉末在高强度的激光照射下被烧结在一起，得到零件的截面，并与下面已成型的部分连接。当一层截面烧结完后，铺上新的一层材料粉末，有选择地烧结下层截面。烧结完成后去掉多余的粉末，再进行打磨、烘干等处理得到零件。图 5-34 所示为 SLS 设备及其产品。

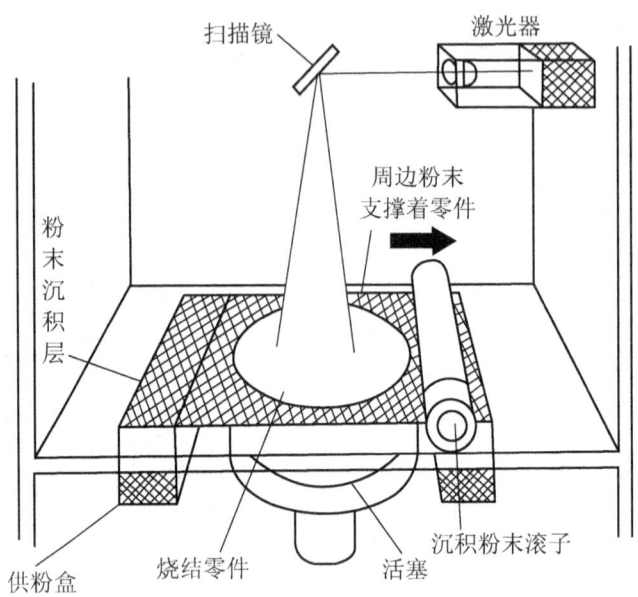

图 5-33 选域激光粉末烧结原理

图 5-34 SLS 设备及其产品

SLS 工艺的特点是材料适应面广，不仅能制造塑料零件，还能制造陶瓷、蜡等材料的零件，特别是可以制造金属零件，这使 SLS 工艺颇具吸引力。其优点如下。

① 可采用多种材料。

② 制造工艺比较简单。

③ 高精度。其精度依赖于使用的材料种类和粒径、产品的几何形状和复杂程度，该工艺一般能够达到工件整体范围内 $\pm(0.05\sim2.5)$ mm 的公差。当粉末粒径为 0.1 mm 以下时，成型后的原型精度可达 $\pm1\%$；

④ 材料利用率高，价格便宜，成本低。

⑤ 无需支撑结构。

SLS 工艺有以下缺点。

① 薄壁件的抗拉强度和弹性不够好。

② 易吸湿膨胀，成型后应尽快进行表面防潮处理。
③ 制件表面有台阶纹，其高度等于材料的厚度（通常为 0.1 mm 左右）。

5.4.5 三维印刷（3DP）

三维印刷工艺是美国麻省理工学院 E－manualSachs 等人研制的，已被美国的 Soligen 公司以 DSPC（Direct Shell Production Casting）名义商品化，用以制造铸造用的陶瓷壳体和型芯。3DP 工艺与 SLS 工艺类似，其工作原理如图 5-35 所示，采用粉末材料成型，如陶瓷粉末、金属粉末等。所不同的是材料粉末不是通过烧结连结起来的，而是通过喷头用粘结剂（如硅胶）将零件的截面"印刷"在材料上面。图 5-36 所示为 3D 打印机及产品。

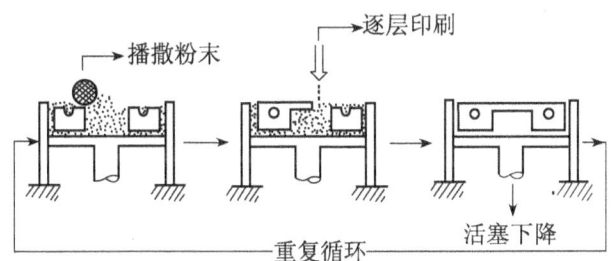

图 5-35 三维印刷工艺原理

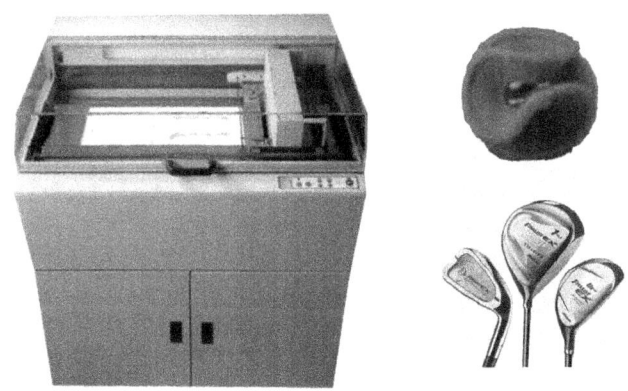

图 5-36 3D 打印机及产品

三维印刷的优点如下。
① 速度快。
② 适合制造复杂形状的零件。
③ 可用于制造复合材料或非均匀材料的零件。
④ 制造小批量零件。
⑤ 无污染，是绿色化的办公室设计。

三维印刷的缺点如下。
① 零件精度差，表面粗糙度差。
② 零件易变性甚至出现裂纹。

5.4.6 熔融沉积成型（FDM）

熔融沉积制造（FDM）工艺由美国学者 ScottCrump 于 1988 年研制成功。FDM 的材料一般是热塑性材料，如蜡、ABS、尼龙等，以丝状供料。

图 5-37 所示为 FDM 工艺原理图。快速成型机的加热喷头受计算机控制，根据水平分层数据做 $x-y$ 平面运动。丝材由送丝机构送至喷头，经过加热、熔化，从喷头挤出黏结到工作台面，然后快速冷却并凝固。每一层截面完成后，工作台下降一层的高度，用同样的方法制造下一层面并与前一个层面熔结在一起。反复进行直至完成整个原型实体的制造。图 5-38 所示为 FDM 设备及其产品。

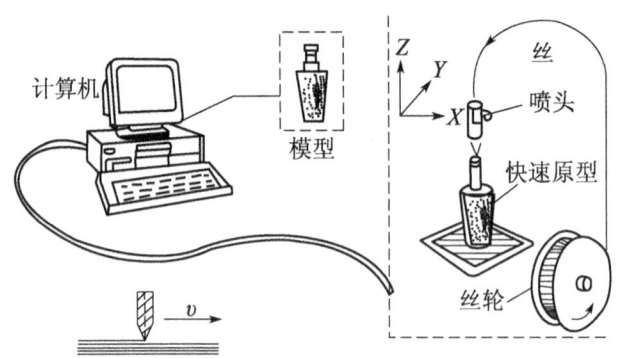

图 5-37 熔融沉积成型工艺原理

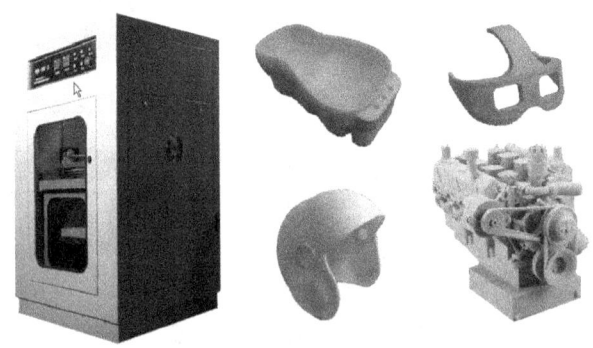

图 5-38 FDM 设备及其产品

FDM 工艺的优点如下。

① 由于热融挤压头系统构造原理和操作简单，维护成本低，系统运行安全。

② 成型速度快。用熔融沉积方法生产出来的产品，不需要 SLA 中的刮板再加工这一道工序。

③ 用蜡成型的零件原型，可以直接用于熔模铸造。

④ 可以成型任意复杂程度的零件，常用于成型具有很复杂的内腔、孔等零件。

⑤ 原材料在成型过程中无化学变化，制件的翘曲变形小。

⑥ 原材料利用率高，且材料寿命长。

⑦ 支撑去除简单，无需化学清洗，分离容易。

FDM 工艺的缺点如下。
① 成型件的表面有较明显的条纹。
② 沿成型轴垂直方向的强度比较弱。
③ 需要设计与制作支撑结构。
④ 需要对整个截面进行扫描涂覆，成型时间较长。
⑤ 原材料价格昂贵。

5.5 模具标准化与模具生产管理

5.5.1 模具标准化

1. 模具标准化含义

模具标准件（如模架、导柱导套、定位零件、弹性元件等）是模具的重要组成部分，对缩短模具设计制造周期，降低模具生产成本，提高模具质量具有十分重要的技术经济意义。国外工业发达国家的经验证明，模具标准件的专业化生产和商品化供应，能极大地促进模具工业的发展，模具标准化的应用程度是衡量模具工业水平的重要标志。由此可见，作为模具工业大国的中国，对模具标准化的研究和发展势在必行。

模具标准化是指将模具的许多零件的形状和尺寸以及各种典型组合和典型结构按统一结构形式及尺寸，实行标准系列，并组织专业化生产，以充分满足用户选用，像普通工具一样在市面上销售和选购。模具标准化涉及到模具生产技术的各个环节，它包括模具设计、制造、材料、验收和使用等方面。模具标准化程度是指模具标准件使用覆盖率。模具标准化是建设模具工业的支柱，是提高模具行业经济效益的最有效手段，也是采用专业化和现代化生产技术的基础。

2. 我国模具标准简介

我国模具标准化体系包括 4 大类标准，即模具基础标准、模具工艺质量标准、模具零部件标准及与模具生产相关的技术标准。模具标准按模具主要类别分为冲压模具标准、塑料注射模具标准、压铸模具标准、锻造模具标准、紧固件冷镦模具标准、拉丝模具标准、冷挤压模具标准、橡胶模具标准、玻璃制品模具和汽车冲模标准等十大类。目前，中国已有 50 多项模具标准，共 300 多个标准号，汽车冲模零部件方面有 14 种通用装置和 244 个品种，共 363 个标准。这些标准的制订和宣传贯彻，提高了中国模具标准化程度和水平。下面仅对冷冲模和塑料模的标准进行简要介绍。

（1）冲模标准

以《冲模术语》（GB/T 8845—2006）和《冲模技术条件》（GB/T 14662—2006）为主的国家系列标准中的部分冲模国家标准编号和名称见表 5-10 所示，同时还有 JB/T 机械行业标准、YB/T 冶金行业标准等。

表 5-10　冲模国家标准编号和名称

标准编号	标准名称
GB/T 2861.7—2008	冲模导向装置 第 7 部分：滑动导向可卸导柱
GB/T 2861.8—2008	冲模导向装置 第 8 部分：滚动导向可卸导柱
GB/T 2861.9—2008	冲模导向装置 第 9 部分：衬套
GB/T 2851—2008	冲模滑动导向模架
GB/T 2852—2008	冲模滚动导向模架
GB/T 2855.1—2008	冲模滑动导向模座 第 1 部分：上模座
GB/T 2855.2—2008	冲模滑动导向模座 第 2 部分：下模座
GB/T 2856.1—2008	冲模滚动导向模座 第 1 部分：上模座
GB/T 2856.2—2008	冲模滚动导向模座 第 2 部分：下模座
GB/T 2861.1—2008	冲模导向装置 第 1 部分：滑动导向导柱
GB/T 2861.10—2008	冲模导向装置 第 10 部分：垫圈
GB/T 2861.11—2008	冲模导向装置 第 11 部分：压板
GB/T 2861.2—2008	冲模导向装置 第 2 部分：滚动导向导柱
GB/T 2861.3—2008	冲模导向装置 第 3 部分：滑动导向导套
GB/T 2861.4—2008	冲模导向装置 第 4 部分：滚动导向导套
GB/T 2861.5—2008	冲模导向装置 第 5 部分：钢球保持圈
GB/T 2861.6—2008	冲模导向装置 第 6 部分：圆柱螺旋压缩弹簧
GB/T 23564.3—2009	冲模滚动导向钢板上模座 第 3 部分：中间导柱上模座
GB/T 23564.4—2009	冲模滚动导向钢板上模座 第 4 部分：四导柱上模座
GB/T 23566.2—2009	冲模滑动导向钢板上模座 第 2 部分：对角导柱上模座
GB/T 23566.3—2009	冲模滑动导向钢板上模座 第 3 部分：中间导柱上模座
GB/T 14662—2006	冲模技术条件
GB/T 8845—2006	冲模术语
GB/T 20914.1—2007	冲模 氮气弹簧 第 1 部分：通用规格
GB/T 20914.2—2007	冲模 氮气弹簧 第 2 部分：附件规格
GB/T 20915.1—2007	冲模 弹性体压缩弹簧 第 1 部分：通用规格
GB/T 20915.2—2007	冲模 弹性体压缩弹簧 第 2 部分：附件规格
GB/T 23565.1—2009	冲模滑动导向钢板模架 第 1 部分：后侧导柱模架
GB/T 23565.2—2009	冲模滑动导向钢板模架 第 2 部分：对角导柱模架
GB/T 23562.1—2009	冲模钢板下模座 第 1 部分：后侧导柱下模座
GB/T 23562.2—2009	冲模钢板下模座 第 2 部分：对角导柱下模座

续表 5-10

标准编号	标准名称
GB/T 23562.3—2009	冲模钢板下模座 第3部分：中间导柱下模座
GB/T 23565.3—2009	冲模滑动导向钢板模架 第3部分：中间导柱模架
GB/T 23565.4—2009	冲模滑动导向钢板模架 第4部分：四导柱模架
GB/T 23566.1—2009	冲模滑动导向钢板上模座 第1部分：后侧导柱上模座
GB/T 23562.4—2009	冲模钢板下模座 第4部分：四导柱下模座
GB/T 23563.1—2009	冲模滚动导向钢板模架 第1部分：后侧导柱模架
GB/T 23563.2—2009	冲模滚动导向钢板模架 第2部分：对角导柱模架
GB/T 23566.4—2009	冲模滑动导向钢板上模座 第4部分：四导柱上模座
GB/T 23563.3—2009	冲模滚动导向钢板模架 第3部分：中间导柱模架
GB/T 23563.4—2009	冲模滚动导向钢板模架 第4部分：四导柱模架
GB/T 23564.1—2009	冲模滚动导向钢板上模座 第1部分：后侧导柱上模座
GB/T 23564.2—2009	冲模滚动导向钢板上模座 第2部分：对角导柱上模座

（2）塑料模标准

以《塑料成型模具术语》（GB/T 8846—2005）和《塑料注射模模架技术条件》（GB/T 12556—2006）及《塑料成型模术语》（GB/T 8846—2005）为主的国家系列标准中的部分冲模国家标准编号和名称见表 5-11，同时还有 JB/T 机械行业标准、YB/T 冶金行业标准等。

表 5-11 塑料模国家标准编号和名称

标准编号	标准名称
GB/T 12554—2006	塑料注射模技术条件
GB/T 12555—2006	塑料注射模模架
GB/T 12556—2006	塑料注射模模架技术条件
GB/T 14486—2008	塑料模塑件尺寸公差
GB/T 4169.1—2006	塑料注射模零件 第1部分：推杆
GB/T 4169.2—2006	塑料注射模零件 第2部分：直导套
GB/T 4169.3—2006	塑料注射模零件 第3部分：带头导套
GB/T 4169.4—2006	塑料注射模零件 第4部分：带头导柱
GB/T 4169.5—2006	塑料注射模零件 第5部分：带肩导柱
GB/T 4169.6—2006	塑料注射模零件 第6部分：垫块
GB/T 4169.7—2006	塑料注射模零件 第7部分：推板
GB/T 4169.8—2006	塑料注射模零件 第8部分：模板
GB/T 4169.9—2006	塑料注射模零件 第9部分：限位钉

续表 5-11

标准编号	标准名称
GB/T 4169.10—2006	塑料注射模零件 第10部分：支承柱
GB/T 4169.11—2006	塑料注射模零件 第11部分：圆形定位元件
GB/T 4169.12—2006	塑料注射模零件 第12部分：推板导套
GB/T 4169.13—2006	塑料注射模零件 第13部分：复位杆
GB/T 4169.14—2006	塑料注射模零件 第14部分：推板导柱
GB/T 4169.15—2006	塑料注射模零件 第15部分：扁推杆
GB/T 4169.16—2006	塑料注射模零件 第16部分：带肩推杆
GB/T 4169.17—2006	塑料注射模零件 第17部分：推管
GB/T 4169.18—2006	塑料注射模零件 第18部分：定位圈
GB/T 4169.19—2006	塑料注射模零件 第19部分：浇口套
GB/T 4169.20—2006	塑料注射模零件 第20部分：拉杆导柱
GB/T 4169.21—2006	塑料注射模零件 第21部分：矩形定位元件
GB/T 4169.22—2006	塑料注射模零件 第22部分：圆形拉模扣
GB/T 4169.23—2006	塑料注射模零件 第23部分：矩形拉模扣
GB/T 4170—2006	塑料注射模零件技术条件
GB/T 8846—2005	塑料成型模术语

3. 模具标准化意义

随着我国国民经济的快速发展，模具市场的总趋势是平稳向上的。汽车、摩托车行业是模具的最大市场，家用电器、电子通信、建筑器材、仪器仪表、塑料橡胶等行业也有相当可观的模具市场。因此，模具标准件的应用必将日益广泛。在生产中实现标准化有如下意义。

① 模具标准是模具生产的基础。模具标准化工作是制定和修订模具标准，贯彻执行模具标准的过程。制定了模具标准，而且得到广泛的贯彻和使用，才能根据标准组织专业化生产，从而得到高经济效益。

② 模具标准化是提高模具制造质量，提高生产效率，缩短模具制造周期和降低生产成本的根本途径。一般来说，专业化生产的模具标准间具有质量可靠、精度高、成本低的优点。模具制造时广泛使用模具标准间，可使模具制造质量大幅度提高。同时，模具制造周期可以缩短20%～40%，模具成本可降低20%～30%以上。

③ 模具标准化是开展模具计算机辅助设计和辅助制造的先决条件。在模具生产中，采用CAD/CAM技术生产模具，可以保证和提高模具的精度和质量，大大降低模具制造成本，是改变模具生产落后状况的唯一途径。但要实现CAD/CAM生产技术，必须要有模具标准化来配合，即模具图样的绘制规则、图形的简易画法、标准模架、典型结构、设计参数、零件形状与结构、工艺要求都有相应的标准，否则很难实现模具的CAD/CAM工作。

④ 模具标准化可以促进国际间的技术交流与合作，有利于模具在国际贸易中加强竞争力，扩大出口量。

5.5.2 模具生产管理

1. 模具生产过程

模具生产过程是指将原材料通过铸造、切削加工和特种加工的方法，使之变成模具零件，并按规定的技术要求，将这些零件进行配合和连接，最终成为模具的全过程。模具生产过程包括原材料的运输保管、毛坯的制备、CNC加工、热处理、线切割、模具装配、试模、调模、冲压试产直至包装送样给客户，确认模具合格可移交生产。

通常，为了便于组织和提高劳动生产效率，生产过程有时并不全在一个工厂内完成，常分散在很多专业化工厂内进行，如模架、紧固螺钉、弹簧等许多零件，都是在其他专业性工厂进行生产的。模具生产往往是按一定顺次将原材料或半成品，通过加工与装配，制造成本厂的模具产品。因此，模具生产过程主要是用机械加工和特种加工方法，直接改变生产对象的形状、尺寸、相对位置和性质等，使之成为成品或半成品，并按规定的技术要求，将这些零件和外协及购买来的标准件，按一定顺序配合和连接起来，使之成为完整的模具的工艺过程。

2. 模具生产组织形式

模具生产的组织形式因模具生产规模、模具的类型、加工设备状况和生产技术水平的不同而异，目前国内模具企业生产的组织形式上可分为按生产工艺指挥生产，以模具装配钳工为核心的指挥生产和全封闭式生产3类。

(1) 按生产工艺指挥生产

指按照模具制造工艺规程确定的程序和要求来组织生产。这种组织形式便于计划管理，为采用计算机辅助设计、制造、管理和网络技术创造了条件，符合专业化生产的原则，有利于提高生产效率，提高技术水平。该形式的生产组织严密，计划性强，要求技术人员和管理人员有较高的素质和能力，对产品和生产的变化有更强的适应性和应变性。但该方式分工细，生产环节多，模具生产周期长。

(2) 以模具装配钳工为核心指挥生产

按照模具类型的不同，以模具钳工为核心，配备一定数量的车、铣、磨等通用设备和人员组成若干生产单元，在一个生产单元内由模具钳工统一指挥技术、生产进度。而那些专门化较强的和高精密的机床组成独立生产单元，由车间统一调度和安排。这种组织形式适合于生产规模较小和模具品种较单一的生产情况。该生产方式的特点如下。

① 作坊式生产，模具质量和进度主要取决于模具钳工的技术水平和管理水平。
② 生产目标明确，责任性强，有利于调动生产人员的积极性。
③ 简化生产环节，有利缩短制造周期和降低成本。
④ 不利于生产技术的提高和标准化工作的开展。

(3) 全封闭式生产

这种组织形式是将模具车间内的模具设计、工艺、管理和生产人员按模具类型不同，组成若干个独立的封闭生产工段，在生产工段内实行全配套。在工段内进行生产协调，减少了生产环节，加快了生产进度。它不便于生产技术的统一管理，各工段之间无法有效地协调和平衡。当某一环节出现问题，易造成整个生产过程无法正常进行。

3. 模具生产计划管理

模具生产计划管理的目的就是如何确保模具生产周期，按质按时按量交付模具。模具生产多由模具使用方提出模具生产周期、质量要求和品种等,因此对模具生产方具有不确定性。实践证明,在模具生产中采用网络计划技术是组织模具生产和进行计划管理的有效形式。

(1) 网络图计划技术基本原理

网络图计划技术的基本原理是以网络图为基础,通过网络图分析和计算,制定计划并实施管理。网络图表达模具计划任务的进度安排和各个零件工序间的关系,通过网络图分析,计算网络图时间参数,找出其中关键工序和关键时间,利用加长周期的时差不断改变网络计划。在计划执行过程中,通过进度反馈信息进行调度,最终保证生产周期。

(2) 工作步骤

① 技术资料准备。

在绘制模具生产计划网络图之前,必须掌握模具加工全部技术资料和计划工时定额等。图 5-39 所示为模具制造流程。表 5-12 为所列某汽车覆盖件拉深模的加工项目。

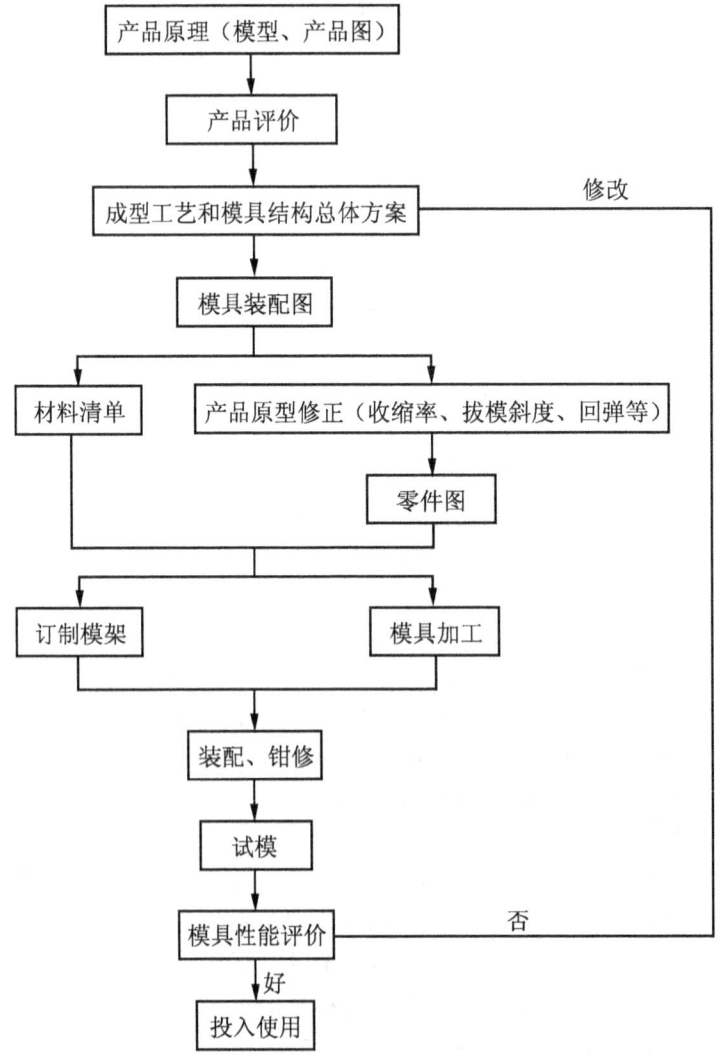

图 5-39 模具制造流程图

表 5-12 某汽车覆盖件拉深模加工项目表

加工项目名称	代号	工时定额(天)	后续项目
产品原型的设计制造	A	20	B
样板的设计制造	B	18	L
模具设计	C	20	D
模具工艺编制	D	10	E、F、G、H、K
型材毛坯供应	E	4	L
锻件供应	F	16	L
铸件供应	G	30	L
外构件供应	H	4	M
试模材料供应	K	6	R
机械加工	L	24	M
模具初装	M	4	S
模具钳修	S	6	P
模具总装	P	30	R
试模周期	R	10	T
入库	T	2	结束

② 绘制网络图。

根据同一副模具不同零件的加工工艺以及不同零件的先后加工顺序,从加工始点开始,依顺排列,直至加工结束。某汽车覆盖件拉深模生产计划网络图如图 5-40 所示。

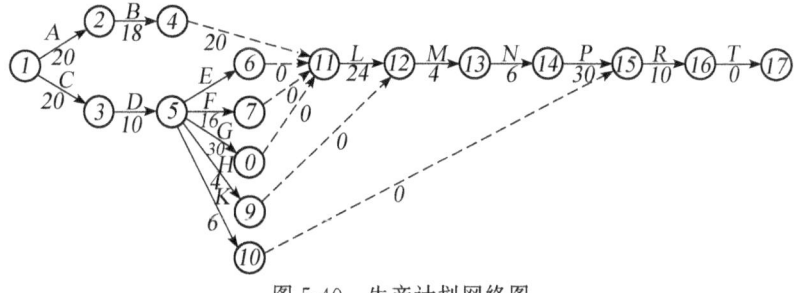

图 5-40 生产计划网络图

a. 项目(或工序)。用箭头"→"表示,箭尾表示项目开始,箭头表示项目结束,箭头指示表示项目流动(或前进)的方向。通常将项目名称或代号标在箭线上方,将项目所需工时定额标在箭头下方。

b. 结点。它表示两个或两条箭线的连接点,用标有号码的圆圈表示,如①表示节点 1。它表示前一项目的结束和后续项目的开始。如图 5-40 所示的 ③ $\xrightarrow{D}$ ⑤,表示项目 D 起点于 3 终点于 5,也可记为项目 (3,5)。

c. 网络图起点和终点。在网络中只能有一个网络图起点和一个网络终点,表示整个加工的开始和结束。网络图路线就是从网络图起点开始，沿着箭头方向从左向右顺续到达终点所经过的路线。如图 5-40 所示的 1→3→5→10→15→16→17 就是一条路线。一张网络图中会有多条路线。按照加工项目顺序，项目只能从左向右排列，不能有循环回路。

d. 虚箭线。在网络图中引入虚项目，用虚箭线表示，只表示项目的前后顺序的逻辑关系，不消耗任何资源和时间。

e. 网络图编号。项目的编号不能重复，箭尾编号要小于箭头编号。编号要从左到右。逐列编号；从上到下，逐行编号。根据需要可以空号。

③ 计算加工时间，找出关键路线。

从上图所示网络图的左边，即从起点位置始，沿箭头指向顺序，直到网络图终点，从该网络图可以看出共有六条加工路线，不同加工路线及其所需的时间见表 5-13。

表 5-13 不同加工路线及其所需的时间

加工路线编号	加工路线	加工所需要的时间（天）
1	1→2→4→11→12→13→14→15→16→17	114
2	1→3→5→6→11→12→13→14→15→16→17	110
3	1→3→5→7→11→12→13→14→15→16→17	122
4	1→3→5→8→11→12→13→14→15→16→17	136
5	1→3→5→9→12→13→14→15→16→17	88
6	1→3→5→10→15→16→17	46

④ 分析关键路线，确保计划周期。

如果关键路线的制造周期能够满足计划加工周期要求，说明拉深模制造进度方案可行。否则就该从关键路线入手，找出缩短制造周期的办法。缩短制造周期的主要措施有采用新工艺、新技术，缩短项目完成时间；分解项目，提高项目之间的平行程度，交叉作业，缩短周期；利用时差，从非关键路线和关键路线上调整项目，缩短关键路时间。

⑤ 加强信息反馈和计划调整。

按上述办法确定模具作业计划进度表。由于模具是单件生产，在加工过程中偶然因素又多，干扰计划的正常进行，因此计划调度人员要每日掌握进展的实际情况，发现问题要及时解决，及时调整，确保生产进度如期完成。

4. 模具设计与工艺管理

模具设计与工艺管理的主要内容如下。

① 在模具设计及工艺工作中要认真贯彻有关国家标准、行业标准和企业标准。

② 对于企业内经常重复出现的典型模具结构和零件，设计和工艺人员应与标准化人员一起设计图样、表格、典型和标准工艺卡的形式，减少技术人员重复性的劳动和笔误，也可以规定一些通用的简化画法。

③ 在技术方面，要遵循稳妥可靠的原则，在采用新技术、新材料、新工艺和新结构时要积极和慎重，要采用实践证明成熟和可靠的新技术、新材料、新工艺和新结构。

④ 加强图样管理和经验积累。首先明确各级技术人员的责任制，严格执行图样更改和借阅制度，模具试用合格后应及时进行图样定型和归档工作。

⑤ 模具技术人员应经常和定期深入生产第一线，了解问题，发现问题，解决问题。对于相关车间的生产条件和技术现状，应做到心中有数。

5. 模具管理与保管

(1) 模具管理

模具的管理方法应该是账、物、卡相符，分类进行管理。

① 模具管理卡。模具管理卡指记载模具号和名称、模具制造日期、制造单位、制品名称、制品图号、材料和草图、所使用的设备、模具使用条件、模具加工件数的记录卡片，一般还有记载模具技术状态鉴定结果及模具修理和改进的内容等。模具管理卡一般挂在模具上，一模一卡。在模具使用后，要立即填写工作日期、制件数量及质量状况等有关事项，与模具一并交库保管。

② 模具管理台账。模具管理台账是对库存全部模具进行总的登记与管理，主要记录模具号和模具保管的地点，以便于使用时及时取存。

③ 模具的分类管理。模具的分类管理是指模具分类存放和保管。其分类的方法或按模具的种类和使用的机床分类保管，或按制件的类别保管。

(2) 模具保管

模具保管应使模具经常处于可使用状态，即入库的新模具，一定要经过生产使用部门试模验证合格，并带有试冲合格的样件一起进行保存；对于使用后归还回来的模具，一定是经过技术状态鉴定确认可以在下次继续使用的模具；经修理后的模具，应经专职人员试模后，方能入库保管。不符合上述要求，一定不能入库保管。

在保管模具时，还需注意以下几点。

① 储存模具的模具库，应通风良好，防止潮湿，并便于模具存进放入及取出。

② 储存模具时应按制件分组存放，摆放整齐。

③ 小型模具应放在架子上保管，大、中型模具放在底层和进口处，地面应以枕木垫平放齐。

④ 模具入库时应擦拭干净，并在导柱顶端的贮油孔中注入润滑油，再盖上纸片，以防止灰尘及杂物落入导套内而影响模具导向精度。

⑤ 在凸模与凹模刃口处或型腔中、导柱面上应涂以防锈油，以防长期存放生锈。

⑥ 在存放模具时，应在模具上、下模制件垫以限位木块，以避免卸料装置长期受压而失效。

⑦ 模具上、下模不应拆开存放，以免损坏工作零件。

⑧ 模具应当定期进行技术状态鉴定，对鉴定不合格的模具应及时修理或报废，实行隔离处理。

【本章小结】

本项目以导柱导套、凸模和凹模、滑块、型芯和型腔的加工为例，介绍了模具零件常用的机械加工方法，并对电火花加工、电化学及化学加工、超声波加工等模具特种加工技术的原理、特点和应用范围作了阐述。对于光固化成型、分层实体制造、选域激光烧结、三维印刷及熔融沉积成型等 5 种快速成型技术作了简单介绍。简要介绍了模具标准化和模具生产技术管理的基本内容。通过本项目，学生能了解模具制造的相关知识，能根据模具的设计要求选择经济合理的加工方式。

【先导案例研讨】

导柱和导套的加工工艺路线见表 5-14 和表 5-15。

表 5-14　导柱的加工工艺路线

工序号	工序名称	工序内容	设备
1	下料	按尺寸 φ35 mm×215 mm 切断	锯床
2	车端面钻中心孔	车端面保证长度 212.5 mm 钻中心孔 调头车端面保证 210 mm 钻中心孔	卧式车床
3	车外圆	车外圆至 φ32.4 mm 切 10 mm×0.5 mm 槽到尺寸 车端部 调头车外圆至 φ32.4 mm 车端部	卧式车床
4	检验		
5	热处理	按热处理工艺进行，保证渗碳层深度 0.8~1.2 mm，表面硬度 58~62 HRC	
6	研中心孔	研中心孔 调头研另一端中心孔	卧式车床
7	磨外圆	磨 φ32h6 外圆留研磨量 0.01 mm 调头磨 φ32r4 外圆到尺寸	外圆磨
8	研磨	研磨外圆 φ32h6 达要求 抛光圆角	卧式车床
9	检验		

表 5-15　导套的加工工艺路线

工序号	工序名称	工序内容	设备
1	下料	按尺寸 φ52 mm×115 mm 切断	锯床
2	车外圆及内孔	车端面保证长度 113 mm 钻 φ32 mm 孔至 φ30 mm 车 φ45 mm 外圆至 φ45.4 mm 倒角 车 3×1 退刀槽至尺寸 镗 φ32 mm 孔至 φ31.6 mm 镗油槽 镗 φ32 mm 孔至尺寸 倒角	卧式车床

续表 5-15

工序号	工序名称	工序内容	设备
3	车外缘 倒角	车 φ48 mm 的外圆至尺寸 车端面保证长度 110 mm 倒内外圆角	卧式车床
4	检验		
5	热处理	按热处理工艺进行，保证渗碳层深度 0.8～1.2 mm，硬度 58～62 HRC	
6	磨内外圆	磨 45 mm 外圆达图样要求 磨 32 mm 内孔，留研磨量 0.01 mm	万能外圆磨床
7	研磨内孔	研磨 φ32 mm 孔达图样要求 研磨圆弧	卧式车床
8	检验		

【练习题】

一、填空题（30 分）（每空 1 分）

1. 导柱外圆常用的加工方法有_____、_____、_____和_____等。
2. 电火花线切割加工是通过_____和_____之间脉冲放电时电腐蚀作用，对工件进行加工。
3. 型腔的冷挤压加工分为_____和_____两种形式。
4. 电火花加工中，正极性加工一般用于_____加工，负极加工一般用于_____加工且工件接在_____极。
5. 模座的加工主要是_____和_____的加工。为了使加工方便和容易保证加工要求，在个工艺阶段应先加工_____，后加工_____。
6. 电火花加工是直接利用_____、_____对金属进行加工的一种方法，其原理是在一定液体介质中，通过_____与_____之间产生脉冲性火花放电来蚀除多余金属，以达到零件的尺寸、形状及表面质量要求。
7. 快速成型技术根据成型方法可分为两类：_____的成型技术，_____的成型技术。
8. 3DP 工艺与_____工艺类似，采用粉末材料成型，如_____、_____。
9. 早期的超声加工主要依靠工具作_____，使悬浮液中的磨料获得_____，从而_____达到加工目的。
10. 线切割机床一般按照电极丝运动速度分为_____和_____，_____业已成为我国特有的线切割机床品种和加工模式，应用广泛。

二、选择题（20分）（每空2分）

1. 快速成型技术是由（　　）直接驱动的快速制造任意复杂形状三维物理实体的技术总称。
   (A) 实物模型　　(B) 几何模型　　(C) CAD模型　　(D) 实体模型

2. 下列不属于型腔加工方法的是（　　）
   (A) 电火花成型　(B) 线切割　　(C) 普通铣削　　(D) 数控铣削

3. 下列不属于平面加工方法的是（　　）
   (A) 刨削　　(B) 磨削　　(C) 铣削　　(D) 铰削

4. 某导柱的材料为40钢，外圆表面要达到IT6级精度，$Ra=0.8\ \mu m$，则加工方案可选（　　）
   (A) 粗车—半精车—粗磨—精磨　　(B) 粗车—半精车—精车
   (C) 粗车—半精车—粗磨

5. 电极平动法的特点是（　　）
   (A) 只需工作台平动　　(B) 只需一个电极
   (C) 较轻易加工高精度的型腔　　(D) 可加工具有清角清棱的型腔

6. 熔融沉积制造（FDM）工艺由美国学者Scottcrump于（　　）研制成功。
   (A) 1953年　　(B) 1967年　　(C) 1974年　　(D) 1988年

7. 对于非圆型孔的凹模加工，正确的加工方法是（　　）
   (A) 可以用铣削加工铸件型孔　　(B) 可以用铣削作半精加工
   (C) 可用成型磨削作精加工

8. LOM工艺（　　）。
   (A) 不需要在片材上切割出零件截面的轮廓，只要扫描整个截面
   (B) 需要在片材上切割出零件截面的轮廓，还要扫描整个截面
   (C) 需要在片材上切割出零件截面的轮廓，而不用扫描整个截面
   (D) 不需要在片材上切割出零件截面的轮廓，也不用扫描整个截面

9. 对于非圆凸模加工，不正确的加工方法是（　　）
   (A) 可用刨削作粗加工　　(B) 淬火后，可用精刨作精加工
   (C) 可用成型磨削作精加工

10. 以下说法不正确的是（　　）
    (A) 电铸加工的优点是可获得尺寸和形状精度高，花纹细致，形状复杂的型腔或型面
    (B) 常见的化学腐蚀加工有照相腐蚀、化学铣削和光刻等
    (C) 脆硬的材料受冲击作用容易被破坏，故尤其适于超声波加工
    (D) 超声波加工对于难加工材料、形状复杂或薄壁零件的加工具有显著优势

三、简答题（50分）

1. 选域激光粉末烧结的基本原理？（5分）
2. 电铸加工的优缺点？（5分）
3. 导柱加工中为什么要研磨中心孔？（5分）

4. 超声旋转加工与超声波加工的区别？（5分）
5. 三维印刷的特点？（5分）
6. 数控电火花线切割加工的特点？（5分）
7. 快速成型技术的特点？（5分）
8. 什么是模具的标准化？模具标准化的意义何在？（10分）
9. 为什么说网络计划技术是组织模具生产和进行计划管理的有效形式？（5分）

第6章 模具先进制造技术

【学习目标】
- ◇ 了解高速铣削加工技术的特点及其机床的特征。
- ◇ 了解电火花铣削加工技术的工作原理及成型方式。
- ◇ 学习可重构的模具技术。
- ◇ 了解基于快速原型技术的快速模具制造技术。
- ◇ 了解高压水射流切割技术的原理及其应用。
- ◇ 了解新一代模具 CAD/CAE/CAM 软件技术及其发展趋势。

【先导案例】

图 6-1 所示为曲轴锻模,请分析模具可使用哪种先进的加工方式,既能满足节约生产时间又能保证模具质量。图 6-2 所示为线圈模具,请分析线圈模具如何制造。图 6-3 所示为一套新型模具,请分析这套模具能实现什么功能。

图 6-1 曲轴锻模

图 6-2 线圈模具

图 6-3 新型模具

6.1 高速铣削技术

高速铣削技术是切削加工技术的主要发展方向之一,它随着 CNC 技术、微电子技术、新材料和新结构等基础技术的发展而迈上更高的台阶,是集高效、优质、低耗于一身的先进制造技术,目前已发展成为第三代制模技术。

6.1.1 高速铣削技术特点

传统铣削加工采用低的进给速度和大的切削参数,而高速铣削加工采用高的进给速度和小的切削参数,高速铣削加工相对于普通铣削加工具有如下特点。

1. 提高生产效率

高速铣削的主轴转速一般为 15000 r/min～40000 r/min,最高可达 100000 r/min。在切削钢时,其切削速度约为 400 m/min,比传统的铣削加工高 5～10 倍,在加工模具型腔时与传统的加工方法(传统铣削、电火花成形加工等)相比其效率提高 4～5 倍。

2. 可部分代替某些工艺

高速铣削使切削加工发生了本质性飞跃，它改变了传统模具加工采用的"退火→铣削加工→热处理→磨削"或"电火花加工→手工打磨、抛光"等复杂冗长的工艺流程，采用高速切削加工替代原来的全部工序，从而避免了电极制造和费时的电加工，大幅度减少了钳工或磨削的打磨与抛光量，高速切削加工的优势如图6-4所示。

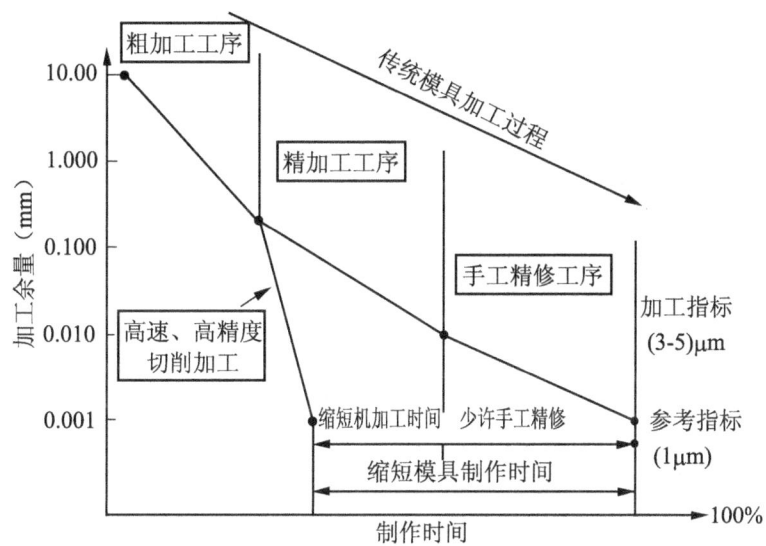

图 6-4 高速切削加工的优势

3. 改善加工精度和表面质量

高速铣削单位功率的金属切除率提高了30%~40%，切削力降低了30%，刀具的切削寿命提高了70%，并且残留于工件的切削热大幅度降低（加工工件温度只升高3℃），低阶切削振动几乎消失，从而加工精度很高，表面粗糙度很小。高速铣削加工精度一般为10 μm，有的精度还要高。最好的表面粗糙度 Ra 小于1 μm，可减少后续磨削及抛光工作量。高速铣削可获得无铣痕的加工表面，使零件表面质量大大提高。加工铝合金时可达 $Ra = 0.4$~0.6 μm，加工钢件时可达 $Ra = 0.2$~0.4 μm。

4. 可加工高硬材料和薄壁零件

高速铣削可加工50~54 HRC的钢材，铣削的最高硬度可达60 HRC。高速铣削时切削力小，有较高的稳定性，可加工薄壁零件。采用分层铣削的方法，可切削出壁厚为0.2 mm，壁高为20 mm的薄壁。图6-5所示为高速切削加工的零件。

 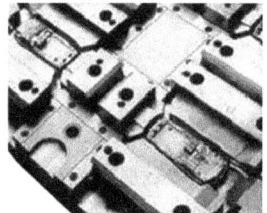 

(a) 铝合金箱模具　　　(b) 手机模具　　　(c) 塑料水瓶模具

（d）单齿轮箱　　　　　　　　（e）石墨电极　　　　　　　（f）汽轮机叶片

图 6-5　高速切削加工的零件

6.1.2　高速铣削加工机床

由于模具加工的特殊性以及高速加工技术的自身特点，对模具高速加工的相关技术及工艺系统（加工机床、数控系统、刀具等）提出了比传统模具加工更高的要求。

1. 高稳定性的机床支撑部件

高速切削机床的床身等支撑部件应具有很好的动、静刚度，热刚度和最佳的阻尼特性。大部分机床都采用高质量、高刚性和高抗张性的灰铸铁作为支撑部件材料，有的机床公司还在底座中添加高阻尼特性的聚合物混凝土，以增加其抗振性和热稳定性，不但可保证机床精度稳定，也可防止切削时刀具振颤。采用封闭式床身设计，整体铸造床身，对称床身结构并配有密布的加强筋等也是提高机床稳定性的重要措施。一些机床公司的研发部门在设计过程中还采用模态分析和有限元结构计算等，优化了结构，使机床支撑部件更加稳定可靠。

2. 机床主轴

高速机床的主轴性能是实现高速切削加工的重要条件。高速切削机床主轴的转速范围为 1000 0～1000 00 m/min，主轴功率大于 15 kW。通过主轴压缩空气或冷却系统控制刀柄和主轴间的轴向间隙不大于 0.005 mm。还要求主轴具有快速升速、在指定位置快速准停的性能（即具有极高的角加减速度），因此高速主轴常采用液体静压轴承式、空气静压轴承式、热压氮化硅（Si3N4）陶瓷轴承磁悬浮轴承式等结构形式。润滑多采用油气润滑、喷射润滑等技术。主轴冷却一般采用主轴内部水冷或气冷。

3. 机床驱动系统

为满足模具高速加工的需要，高速加工机床的驱动系统应具有下列特性。

① 高的进给速度。研究表明，对于小直径刀具，提高转速和每齿进给量有利于降低刀具磨损。目前常用的进给速度范围为 20～30 m/min，如采用大导程滚珠丝杠传动，进给速度可达 60 m/min；采用直线电机则可使进给速度达到 120 m/min。

② 高的加速度。对三维复杂曲面廓形的高速加工要求驱动系统具有良好的加速度特性，要求提供高速进给的驱动器（快进速度约 40 m/min，3D 轮廓加工速度为 10 m/min），能够提供 0.4 m/s^2 到 10 m/s^2 的加速度和减速度。

机床制造商大多采用全闭环位置伺服控制的小导程、大尺寸、高质量的滚珠丝杠或大导程多头丝杠。随着电机技术的发展，先进的直线电动机已经问世，成功应用于 CNC 机床。先进的直线电动机驱动使 CNC 机床不再有质量惯性、超前、滞后和振动等问题，加快了伺服响应速度,提高了伺服控制精度和机床加工精度。

4. 数控系统

先进的数控系统是保证模具复杂曲面高速加工质量和效率的关键因素,模具高速切削加工对数控系统的基本要求如下。

① 高速数字控制回路(Digital control loop)。包括 32 位或 64 位并行处理器及 1.5Gb 以上的硬盘,极短的直线电机采样时间。

② 速度和加速度的前馈控制(Feed forward control),数字驱动系统的爬行控制(Jerk control)。

③ 先进的插补方法(基于 NURBS 的样条插补),以获得良好的表面质量、精确的尺寸和高的几何精度。

④ 预处理(Look-ahead)功能。要求具有大容量缓冲寄存器,可预先阅读和检查多个程序段(如 DMG 机床可多达 500 个程序段,Simens 系统可达 1000~2000 个程序段),以便在被加工表面形状(曲率)发生变化时可及时采取改变进给速度等措施避免过切等误差。

⑤ 误差补偿功能。包括因直线电机、主轴等发热导致的热误差补偿、象限误差补偿、测量系统误差补偿等功能。此外,模具高速切削加工对数据传输速度的要求也很高。

⑥ 传统的数据接口。如 RS232 串行口的传输速度为 19.2kb,而许多先进的加工中心均已采用以太局域网(Ethernet)进行数据传输,速度可达 200kb。

瑞士米克朗公司研发的 UCP710 具有回转/摆动工作台,可实现五轴联动加工的立式模块化加工中心(HSM),其床身和龙门式框架结构由聚合物混凝土制成,提高了机床的刚性、抗振性、热稳定性及机床的加工精度。工作台可完成 X 轴、A 轴(150°)、C 轴(360°)运动,主轴完成 Y、Z 轴运动,机床定位可达 8 μm。机床具有激光动态对刀仪,可在 30000 r/min 时进行对刀测量,精度达到 ±1 μm。机床还有真空吸尘功能,可对石墨进行加工。自制的具有矢量闭环控制电主轴最大转速为 42000 r/min。米克朗高速铣削机床 UCP710 如图 6-6 所示。

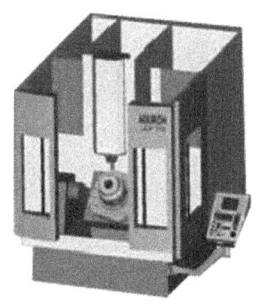

图 6-6 米克朗高速铣削机床 UCP710

6.1.3 高速切削加工刀柄和刀具

刀具是高速切削加工中最活跃重要的因素之一,直接影响加工效率、制造成本和产品的加工精度。刀具在高速加工过程中要承受高温、高压、摩擦、冲击和振动等载荷,应具有良好的机械性能和热稳定性,即具有良好的抗冲击、耐磨损和抗热疲劳的特性。高速切削加工的刀具技术发展很快，应用较多的如金刚石（PCD）、立方氮化硼（CBN）、陶瓷刀具、涂层硬质合金、（碳）氮化钛硬质合金 TIC（N）等。

由于高速切削加工时离心力和振动的影响，要求刀具具有很高的几何精度、装夹重复定位精度，及很高的刚度和高速动平衡的安全可靠性。由于高速切削加工时较大的离心力和振动等特点，传统的 7:24 锥度刀柄系统在进行高速切削时表现出明显的刚性不足，重复定位精度不高，轴向尺寸不稳定等缺陷，同时主轴的膨胀引起刀具及夹紧机构质心的偏离，影响刀具的动平衡能力。

目前应用较多的是 HSK 高速刀柄和国外现今流行的热胀冷缩紧固式刀柄，如图 6-7 和图 6-8 所示。热胀冷缩紧固式刀柄有加热系统，刀柄一般都采用锥部与主轴端面同时接触，其刚性较好，但是刀具可换性较差，一个刀柄只能安装一种直径的刀具。由于此类加热系统比较昂贵，在初期时采用 HSK 类的刀柄系统即可。当企业的高速机床数量超过 3 台以上时，采用热胀冷缩紧固式刀柄比较合适。

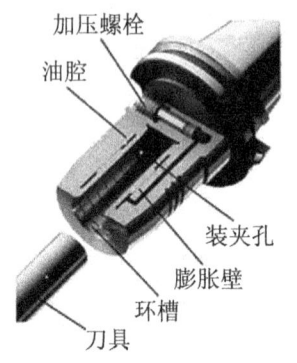

图 6-7　高速铣削加工刀具　　　　图 6-8　HSK 真空刀柄

高速切削技术是切削加工技术的主要发展方向之一，目前主要应用于汽车工业和模具行业，尤其是在复杂曲面加工领域、工件本身或刀具系统刚性要求较高的加工领域等，是多种先进加工技术的集成。该技术目前已在发达国家的模具制造业中普遍应用，而在我国的应用范围及应用水平仍有待提高，由于其具有传统加工无可比拟的优势，仍将是今后加工技术必然的发展方向。

6.2　电火花铣削加工技术

电火花加工一直都是模具技术的核心部分，尤其是在注塑模制造中发挥着举足轻重的作用。目前高速铣削技术的进步已经替代了模具制造中一些电火花加工工序，因此有人认为其发展趋势将替代电火花加工。但如果对这两大模具成型技术各自的优势及不足给予认真分析，就可以发现，高速铣削加工由于受铣削加工方式本身特点的制约，并不能替代电火花加工。像深槽窄缝、内清角、棱边清晰的加工，细微、复杂、精密的加工，深型腔的加工，还有超硬材料的加工，这些都是高速铣削加工欠缺之处，相反电火花加工却占有绝对优势。另外，电火花加工在目前数控技术发展新形势的影响下，朝着更深层次、更高水平的数控化方向快速发展。由此，一种新型的加工方式就形成了——电火花铣削加工技术。

电火花铣削加工技术也称电火花创成加工技术，是一种替代传统的用成型电极加工腔体的新技术，它是电火花成型加工领域的重大发展。电火花铣削加工是在综合考虑电火花成型加工和高速铣削两种工艺的优势的基础上提出的，一方面继承了高速铣削技术加工速度快、加工柔性好等优点；另一方面又具有电火花成型加工适合于精密型腔加工，具有深槽、窄缝的型腔加工及高硬材料加工的优点，必将成为复杂的型腔快速加工的最佳选择。

6.2.1　电火花铣削加工技术工作原理

电火花铣削加工（ED－Milling）采用简单圆柱形电极、管状电极，在数控系统控制下，使其旋转并按照一定轨迹作类似于机械铣削的成型运动，通过电极与工件之间的火花放电来蚀除金属材料，最终获得所需的零件形状。它克服了传统电火花成型加工需要制作复杂成型电极的缺点，可缩短加工周期、降低加工成本，提高加工柔性。

数控电火花铣削加工的成型运动与数控机械铣削加工类似，又独具特色，能够进行孔、平面、斜面、沟槽、曲面、螺纹等典型零件的加工，如图 6-9 所示。其工具电极在加工中可以作类似铣刀的高速旋转，如图 6-9（a）、（b）、（c）、（d）所示。这种情况下可将 C 轴用于展成运动，这一点是数控机械铣削加工所不能实现的。如采用方形电极不旋转，可以加工清棱清角的表面，如图 6-9（e）、（f）所示。

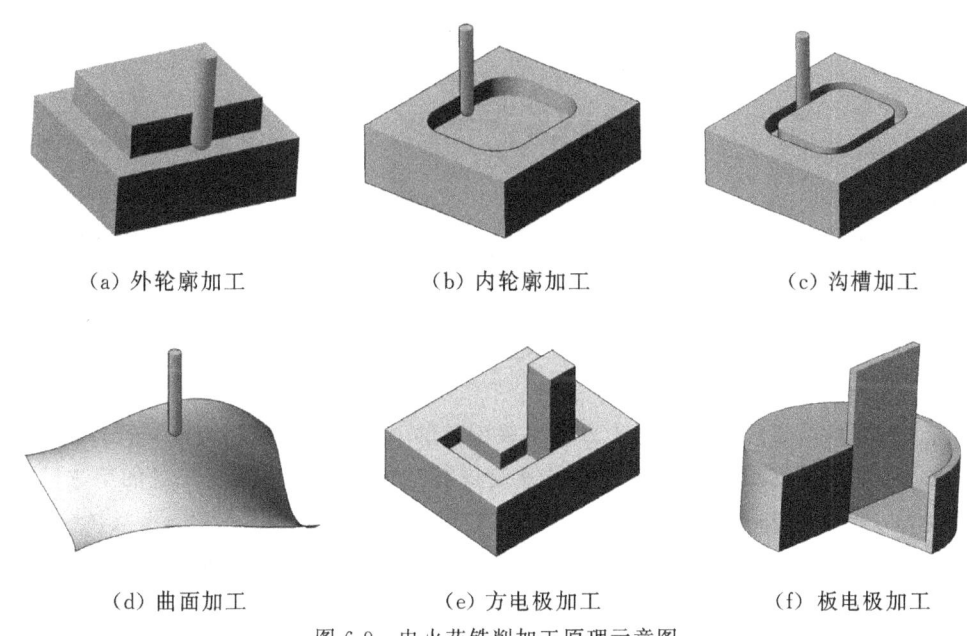

（a）外轮廓加工　　　　　（b）内轮廓加工　　　　　（c）沟槽加工

（d）曲面加工　　　　　（e）方电极加工　　　　　（f）板电极加工

图 6-9　电火花铣削加工原理示意图

6.2.2　电火花铣削加工技术特点

电火花铣削加工与传统电火花成型加工相比较，具有如下优点。

① 电火花铣削加工可以对传统成型加工有困难、甚至无法加工的工件进行加工，如复杂圆弧、直线组成的又长又深的窄槽。

② 采用简单、标准电极加工，简化了加工工艺，极大地改善了加工条件，放电间隙的电介液流场均匀稳定。

③ 加工更加稳定。由于在电火花铣削加工过程中，电极高速旋转以及相对放电位置的不断改变等，大大改善了放电条件，使得加工稳定，有效避免了电弧放电和短路现象。

④ 采用简单电极加工减小电容效应。在传统成型加工中，由于电容效应的作用，很难获得较高的表面质量，而简单电极则可在保持相对加工面积较小的状态下进行加工，有效的减小电容效应，获得更低的表面粗糙度。

综上所述，数控电火花铣削加工技术具有柔性好，适应范围大，工具电极设计简单，制造技术简单等优点。这种融合电火花成型加工与数控铣削加工方式的工艺方法，是电火花成型加工柔性化发展的方向。

6.2.3 电火花铣削加工成型方式

电火花铣削加工的成型方式与数控机床以及传统的电火花的"拷贝"成型加工不尽相同。下面就平面类零件和三维型面类零件的加工成型方式进行分析。

1. 平面类零件加工

加工面平行于水平面或者与水平面夹角为定角的零件称为平面类零件。平面类零件特点是各个加工单元面是平面或可以展成平面。平面类零件的数控电火花铣削加工一般只需用三坐标数控电火花成型机床，使用两坐标联动就可以加工出来。典型的加工方法有轮廓加工、沟槽加工、平面内槽加工等，如图 6-10 所示。

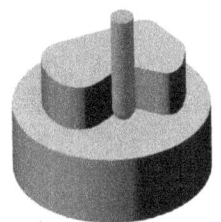
轮廓加工

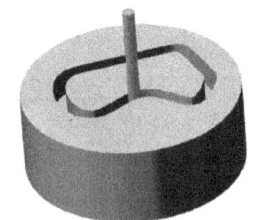
沟槽加工

平面内槽加工

图 6-10 平面类零件加工

目前，针对此类零件的主要加工方法是采用分层去除加工，即利用棒（管）状电极的底面部分放电，以层状形式去除材料，并且重复进行，达到所需的深度，粗加工去除厚度为 10～300 μm，精加工去除厚度为 1～10 μm。

最近，日本三菱电机公司采用电极底面放电的加工方式进行微细加工，开发出创成放电加工机 EDSCAN8E，就是采用分层加工的原理。该机能进行电极损耗自动补偿，在 Windows95 上为该机开发的专用 CAM 系统，能与 AutoCAD 等通用的 CAD 联动，并可进行在线精度测量，以保证实现高精度加工。为了确认加工形状有无异常或残缺，CAM 系统还可实现仿真加工。

2. 三维型面加工

对于三维型面的加工，在两轴半电火花数控成型机床上采用电火花铣削加工工艺有相当大的难度。如果采用平面类零件的分层加工方式，型腔侧面不可避免存在微观台阶，虽然可以通过减少分层厚度来缩小台阶，但是会降低加工效率。

在传统的机械铣削加工过程中，加工三维型面可以采用球头铣刀作为成型刀具，刀位的计算直观方便，不易产生干涉。电火花铣削加工是利用工具电极与工件之间的放电腐蚀效应去除工件材料，其材料去除原理与机械铣削完全不同。根据电火花加工的特点，平头电极尖角处放电集中，损耗快，变形大，不宜用铣削加工，而球头电极则没有上述缺点，因此，基于二轴半的数控电火花铣削加工三维型面时可以采用球头电极。其基本原理是平行于Y-Z平面的平面与被加工曲面相交，产生一系列交线，通过各层平面上加工出来的交线组成的轮廓就可以形成被加工曲面，电极通过相应的运动轨迹就可以完成曲面的加工。

6.2.4 电火花铣削加工设备

目前，国外已有多家公司生产出具有铣削功能的电火花成品机床，国内这方面的研究尚处起步阶段。电极高速旋转是电火花铣削加工的特点，与普通机械铣削类似，电火花铣削加工，按照电极旋转轴的倾斜位置可分为立轴、横轴和斜轴电火花铣削。

当电极轴水平横放或斜放时，电极与工件的相对进给运动可以由数控电火花机床的X、Y、Z作三轴联动来实现，也可以由数控电火花机床的X、Z二轴与工件的旋转运动作联动来实现。立轴、横轴电火花铣削加工方式通常用于大直径圆柱或圆锥零件的侧向三维型面的加工，所用电极一般为实心球头电极。而斜轴电火花铣削加工方式应用较广，对于大直径的圆柱或圆锥零件，其侧向的螺旋型槽、二维轮廓的台或坑，均可通过斜轴的加工方法，利用空心圆柱电极加以实现。

对于某些航空大直径的薄壁零件，在其侧向壁上常会有一些异型二维坑、台、槽，这类零件受电火花机床油槽等限制，一般只能竖轴放置，显然，由于材料难加工及零件刚性差等因素，这些异型加工面用机械加工方法是很难加工的。采用电火花斜轴或横轴铣削加工是可行、有效的加工方法。图6-11所示为精密的电火花加工机床，图6-12所示为电火花铣削加工成的零件。

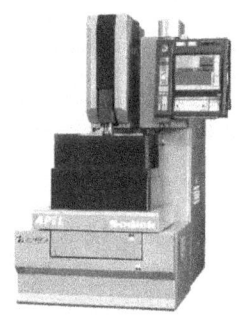
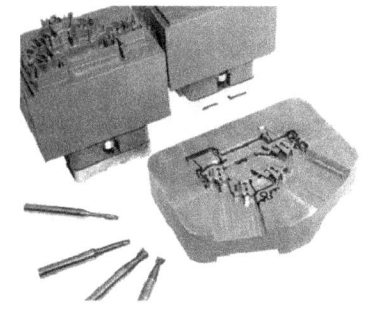

图6-11 精密的电火花加工机床　　图6-12 电火花铣削加工成的零件

在电火花加工技术进步的同时，电火花加工的安全和防护技术越来越受到重视，许多电加工机床都考虑了安全防护技术。目前欧共体已规定没有"CE"标志的机床不能进入欧共体市场，国际市场也越来越重视安全防护技术的要求。

目前，电火花加工机床的主要问题是辐射骚扰，因为它对安全、环保影响较大，在国际市场越来越重视"绿色"产品的情况下，作为模具加工的主导设备，电火花加工机床的"绿色"产品技术，将是今后必须解决的难题。

6.3 可重构模具技术

6.3.1 可重构技术含义

在传统板材成型方法中，为了成型一种板件，一般需要一套或数套模具，设计、制造与调试这些模具，要消耗大量的人力、物力和时间。随着时代的发展，新产品的更新换代越来越快，板类件生产的多品种、小批量趋势越来越明显，而模具的设计制造周期比较长，需要长时间的反复试模，且模具材料和加工成本都比较高，因此，使用模具成型板料的方法很难满足要求。研究与开发能够迅速适应产品更新换代需要，自动化程度高，适应性广的新技术、新设备已成为板材冲压成型领域的迫切需要。

人们想办法将传统的整体模具离散化，变成形状可变的"可重构模具"，该模具就可用于多种形状的板件成型。可重构模具技术是在刚性整体模具的基础之上，利用先进的模具设计和制造技术，能够对模具的型腔或者成型表面进行快速更换、重构、调整，以适应形状结构相似的一类板件的成型和制造，生产过程中无须换模。该技术具有"柔性"、"绿色环保"等特点。所谓"柔性"就是指一套模具通过重构即可实现多种板件的加工，所谓"绿色环保"是指该模具只要重构和调整，无需进行重新切削加工，实现了绿色环保的加工方式。这种模具可以满足未来社会产品多样化的需求和不确定的市场环境，对产品变化有很强的适应性，可高效、低耗地适应多品种、小批量产品的制造需求。

6.3.2 可重构技术类型

对可重构冲压模具的研究始于 20 世纪 70 年代，日本的 Nakajima 制造了第一个可自动调节模具型面的多点模具，该模具由紧密排列的圆柱形冲头组成，通过安装在数控机床头部的铁针来调节每个小冲头的高度。20 世纪 80 年代，日本三菱重工制造了一个 3 列包含 30 个冲头的板材成型机，成功地用于船体的成型。此后许多学者为开发多点成型技术进行了大量探讨与研究，研制了不同的样机。下面介绍几种目前国际上应用较多的可重构模具。

1. 无模多点成型技术

吉林工业大学的李明哲教授对无模多点成型技术进行了较为系统的研究，自主设计制造了具有国际领先水平的无模多点成型设备。无模多点成型是一种先进的板类件三维曲面数字化成型技术，其核心原理是将传统的整体模具离散成一系列规则排列、高度可调的基本体，通过对各基本体运动的实时控制，自由地构造出成型面，从而实现板材三维曲面成型，如图 6-13 所示。

通过基本体调整，实时控制成型曲面，可随意改变板材的变形路径和受力状态，提高材料成型极限，实现难加工材料的塑性变形，扩大加工范围。同时可采用分段成型新技术，实现小设备成型大型件，大大降低设备尺寸和功率，极大拓展多点设备的成型能力与范围。图 6-14 所示是由 1000 多个基本体组成的上、下基本体群构造的成型面。目前研发的一种适合于多

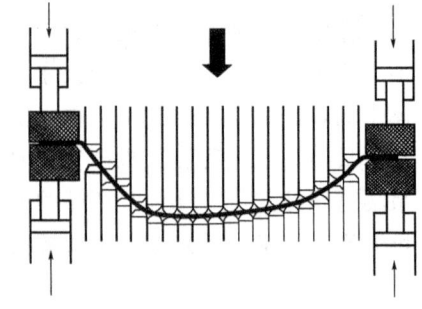

图 6-13 多点成型技术原理图

点成型的新型柔性压边装置，在成型用的基本体群四周布置可以对板材施加压力的压边装置，该装置由很多个上下液压缸组成，这些液压缸对压边圈施加的压边力可实现无级调节。在板材成型过程中压边面是不固定的，而是依据成型板件形状的不同变为一个曲面。通过调节柔性压边力，可明显改善薄板类板件的成型质量。

2. 用于飞机蒙皮拉形的多点模具

美国飞机制造商 Northrop Grumman 公司与美国麻省理工学院共同研究了项目"将多点模具用于飞机蒙皮拉形"。1999 年投入了 1400 万美元，开发出模具型面可变多点拉弯成型装置。其工作原理是多点模具以多个高度可调的顶杆代替固定的实体模具基体，以各个顶杆顶端构成的包络面取代实体模具的表面，通过调整顶杆的高度，可使杆端表面近似地构成任意曲面，如图 6-15 所示。板料两端在拉型机夹钳的夹持下，与被工作台顶升的多点模具表面

图 6-14 多点成型柔性模具实物图

接触贴合，通过产生不均匀的平面拉伸应变而成型出蒙皮板件，其工作过程如图 6-16 所示。

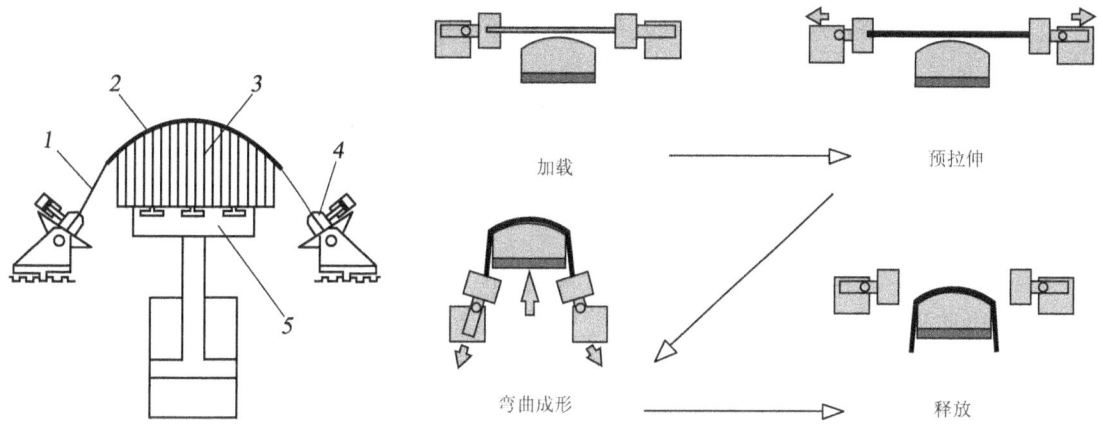

1—蒙皮；2—垫层；3—顶杆；4—夹钳；5—工作台
图 6-15 模具型面可变拉弯成型装置

图 6-16 拉伸过程

拉伸过程如下。

① 加载。

② 预拉伸，将板料拉伸到材料屈服点。

③ 弯曲成型，提升工作台，使板料贴合在下模表面，移动拖板，使板料在两侧的拉伸力作用下完全贴合下模表面。

④ 释放。当板料弯曲成型后，释放拉伸力，松开夹钳，拖板和工作台复位。该装置的主要优点是可控制压边力，可快速变换曲面形状，可替换材料。

3. 橡胶垫成型

荷兰爱因霍芬（Eindhoven）科技大学机械工程院 S. H. A. Boers 教授等研究的项目"离散 3D 成型"。以橡胶垫代替了传统模具中的上模，下模由传统的整体式转变为离散单元杆，下模成型面由单元杆杆头拟合形成。其离散模具成型过程如图 6-17 所示。

(1) 板定位。将板件定位于下模上。

(2) 板成型。橡胶垫下行,橡胶产生弹性变形,形状渐渐改变成下模的包络面,并且驱使板料贴合下模成型面。

(3) 最终成型板件。由于下模的离散杆单元杆头形状为球面,当相邻杆高度相差较大时,板在冲压成型时易产生局部凹陷或凸起,或板型曲面过渡不平滑,板件表面有皱曲现象。为了抑制皱曲的产生,在下模与板料之间添加橡胶插入层,成型后的板件表面就比较光顺。

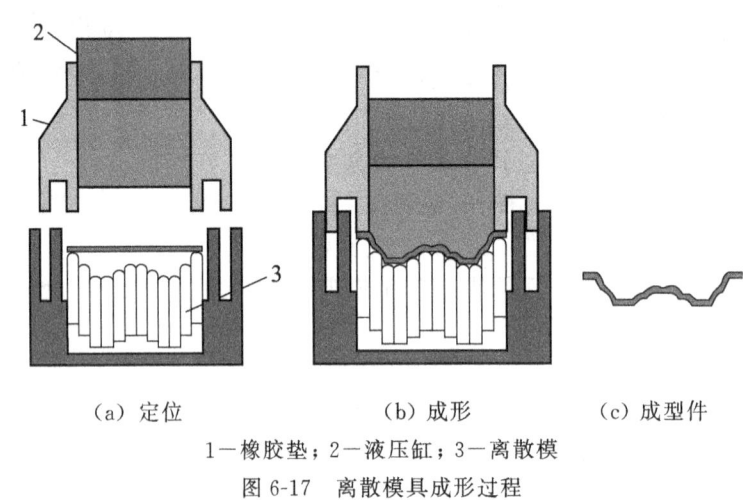

(a) 定位　　　　　(b) 成形　　　　(c) 成型件

1—橡胶垫;2—液压缸;3—离散模

图 6-17　离散模具成形过程

4. 多点"三明治"成型技术

在多点成型技术的基础上,哈尔滨工业大学的王仲仁教授提出了多点"三明治"成型的概念,并将此项技术成功地运用到航空试验用风洞收缩形体的制造上。该成型技术融合了多点成型和聚氨酯成型的特点,由一定间距的基本体构成的离散模和金属护板代替了传统模具的下模,上模用聚氨酯代替。聚氨酯垫板的使用可以消除由基本体产生的护板压痕,获得光滑的工件表面。在成型过程中,聚氨酯上模、板材、弹性垫板和金属护板随着压力机滑块的运动一起变形,直至金属护板和每一个多点凹模冲头相接触为止,从而完成板材成型。工作过程如图 6-18 所示。该模具可以根据工件形状只调整下模中基本体的各自高度,有效地节省了时间和经费。

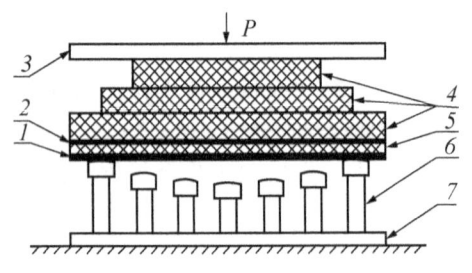 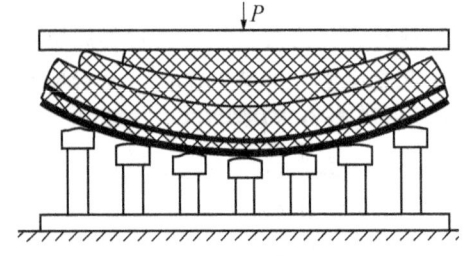

(a) 多点"三明治"成型开始状态　　　　(b) 多点"三明治"成型终了状态

1—护板;2—板料;3—上滑块;4—聚氨酯上模;5—聚氨酯垫板;6—基本体;7—下模板

图 6-18　多点"三明治"板料成形原理

6.3.3 可重构模具技术发展趋势

近十多年来，发展先进制造技术的重要性获得前所未有的共识，板料冲压成型技术无论在深度和广度上都取得了巨大进展，其特征就是与高新技术结合，在方法和体系上发生很大变化。计算机技术、信息技术、现代测控技术与冲压技术的渗透与交叉融合，推动了可重构模具技术的形成和发展。将"可重构技术"融入到冲压模具中，使得模具具有柔性和可重构性，可根据产品需求重新安排或改变成型工具，快速生产出新产品，大大缩短产品试制时间，对市场做出快速反应，并且显著降低综合开发成本。

1. 可重构冲压成型技术与材料

现在材料的发展方向是要提高所用材料的比强度和比刚度，发展高效的轻量化结构，随着新材料和新结构的广泛应用，迫切需要发展相应的低成本冲压成型技术。当前的研究重点如下。

① 铝合金覆盖件等车身零件的冲压技术。

② 多种厚度激光拼焊板坯的冲压技术。

③ 复合板材在汽车、飞机、医药、食品、化工、日用平等方面也均有广阔应用前景，复合板的成型技术越来越重视。

2. 可重构冲压成型技术与板材成型数值模拟技术

在板材成型数值模拟技术发展方面要做到以下方面。

① 开展新材料模型研究，建立有效的本构方程。

② 探索板材成型过程的摩擦机理，优化板材与模具边界接触、脱离的接触算法与脱模算法，提高模拟计算的精度和速度。

③ 建立更理想的破裂和起皱判定准则，提高回弹模拟的预报精度和可靠性。关于起皱的研究目前主要是直接模拟其产生、发展过程，对于临界失稳点的判断还缺少简便通用的方法。目前回弹数值模拟的误差和离散性都较大，提高数值模拟精度仍然是未来较长一段时期内回弹仿真研究的重点。

④ 开发智能化的前、后处理技术，研究和实现模具 CAD/CAM/CAE 一体化。

3. 板料集成制造技术

以可重构模具为核心，期望实现成型板件从设计、制造到检测的全面数字化。如多点蒙皮拉形模具，可以配合形象直观的 CAD 环境、强大的有限元分析工具和先进的光学非接触形面检测技术，形成先进的数字化蒙皮制造系统。

4. 采用可重构模具技术改善板料成型特性

板料冲压成型模具通常为整体模具，以前对板料冲压成型特性的研究是基于整体模具对板料的冲压成型过程。采用可重构的板料冲压模具后，模具结构产生了结构性变化，板料的冲压成型特性也发生新的变化。其研究方向有如下几方面。

① 在可重构模具作用下板料的变形方式。

② 在新的板料变形方式下，研究板料的起皱、破裂、回弹等变形特征。

③ 研究新的压边机构，探索可重构的压边装置，改善板料的成型特性。

6.4 快速制模技术

6.4.1 快速制模技术含义

在前面第五章中提到过快速成型（Rapid Prototyping，简称RP）技术，即RP技术。RP技术是一种摒弃传统机械加工的"使材料去除"加工法，而采用全新的"使材料生长"加工法，将复杂的三维加工分解成简单的二维加工的组合。RP技术能将在计算机上可见的模型，迅速、准确地转变成产品原型，而且对零件的几何复杂程度不敏感，尤其是在具有复杂曲面形状的产品设计制造中，更能显示其优越性。然而RP技术制造的原型在许多情况下，由于其使用材料的限制，还不能替代最终的真实产品。为了获得真实材料制造的产品，且迅速形成具有一定批量的生产能力，便产生了基于RP原理与其他加工技术组合的快速制模技术。

快速制模（Rapid Tooling，简称RT）技术就是以RP技术制造的原形零件为母模，采用直接或间接的方法，实现硅胶模、金属模、陶瓷模等模具的快速制造，从而形成新产品的小批量制造。大量生产实践证明，运用RT技术比传统的数控加工制造模具生产周期缩短1/10～1/3，制造费用降低1/5～1/3。由于RT技术经济效益显著，近年来，工业界对RT技术的研究开发投入了更多的人力和财力。至今为止，RT技术已广泛应用于机械、汽车、电器、航天航空、军工等几乎所有的工业领域，开创了模具快速制造的新时代。

6.4.2 快速制模技术特点

快速制模技术具备有如下特点。

① RT技术能解决大量传统加工方法难以解决甚至不能解决的问题，可获得一般切削加工不能获得的复杂形状，可根据CAD模型无需数控切削加工，直接将复杂的型腔曲面制造出来。

② RT技术制模周期短，工艺简单，易于推广，制模成本低，精度和寿命都能满足特定的功能需要，特别适用于新产品开发试制、工艺验证和功能验证以及多品种小批量生产。

③ 基于RP和RT集成环境的快速模具制造技术，可实现最终零件或产品的快速制造，这对多样化、个性化、准时化、小批量的现代制造模式和瞬息万变的市场需求无疑是强有力的技术支撑。

④ 应用RT技术快速制造模具，在最终生产模具之前进行新产品试制或小批量生产，可大大提高产品开发的一次成功率，有效地缩短开发时间，节约开发费用。

6.4.3 快速制模技术方法

在已提出的众多RT技术方法中，可将RT技术分为直接快速制模法和间接快速制模法两大类。间接快速制模法是根据由CAD数据及RP系统制作的快速成型或其他实物模型复制金属模具。直接快速制模法是根据CAD数据直接由RP系统制造金属模具。图6-19所示为快速金属模具制造方法的基本工艺路线。

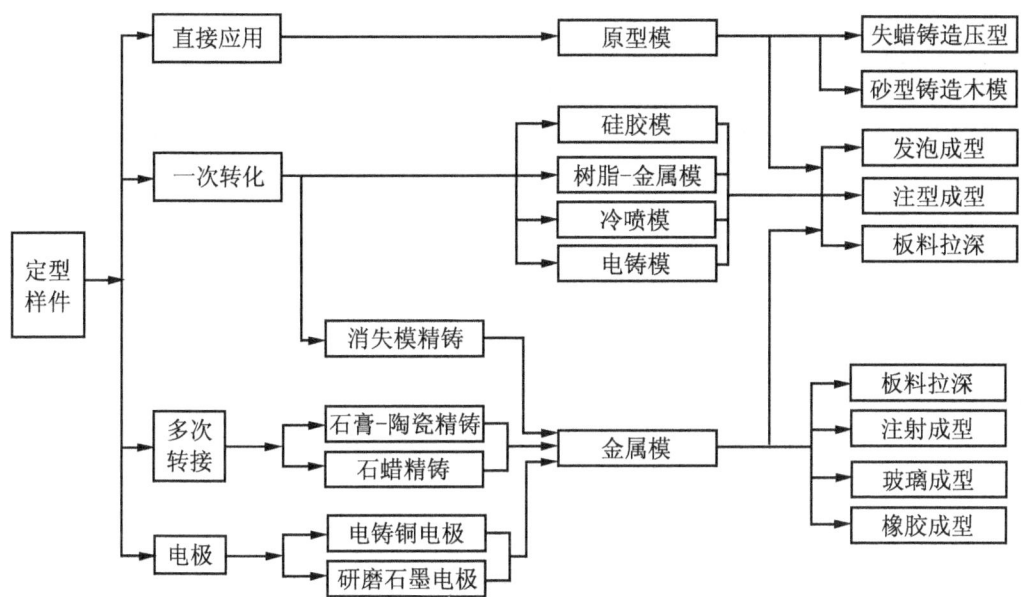

图 6-19 快速金属模具制造方法的基本工艺路线

1. 直接快速制模法

直接快速制模法直接采用 RP 技术制造模具，然后进行一些后处理和机加工获得模具所要求的机械性能、尺寸精度和表面粗糙度。该方法在制作模具时不需要工艺转换，在缩短模具制造周期、节约资源、充分发挥材料性能、提高模具精度、降低生产成本等方面具有很大的应用潜力，尤其对于那些形状复杂，需要内流道冷却的注塑成型的应用更显优势。目前直接快速制模法的典型方法如下。

① 直接利用树脂、金属粉末通过选择性激光烧结法（SLS）制成凸模、凹模，可以做成薄板的简易冲压模、汽车覆盖件成型模等。

② 利用叠层实体制造法（LOM）制成的纸基原型模具，其性能接近木模，可以承受 200℃高温，经表面处理（如喷涂清漆、高分子材料或金属）后，可用作砂型铸造木模、低熔点合金铸造模、试制用注塑模以及熔模铸造的蜡模压型。该方法适合复杂形状的中小批量铸件生产。

③ 用 SLS 快速成型技术选择性地熔合包裹热塑性粘结剂的金属粉，构成模具的半成品，然后将其置于加热炉中，烧除内含的黏结剂，烧结金属粉，并在空隙中渗入第二种金属（如铜），从而制作金属模。

这种方法现在已为许多公司、科研机构所采用。它的成型工艺比较简单，一般的激光烧结快速成型设备就可以满足，运行成本较低，便于推广。

基于 RP 技术的 RT 技术制作的模具有显著的优势。但是，该方法有些不可避免的缺陷。由于直接快速制模法基于堆积成型原理，不可避免要产生侧表面阶梯效应，致使精度低，表面质量差，综合力学性能不高，而且有的工件后处理比较复杂。

2. 间接快速制模法

由于 RP 方法制造的模具原型主要以非金属材料（如纸、ABS、蜡、尼龙、树脂等）为主，大多数情况下这些非金属原型无法直接作为模具使用，间接快速制模工艺则没有这个问题。依据材质的不同,间接快速制模法生产出来的模具一般分为软质模具和硬质模具两大类。

(1) 软质模具

软质模具使用的材料多为硅橡胶、环氧树脂、聚氨脂、低熔点合金——金、铝合金等软质材料。由于其制造成本低及制造周期短,在小批量产品生产等方面受到高度重视,尤其适合批量小、品种多、改型快的现代制造模式。目前提出的软质模具制造方法主要有硅橡胶浇注法、树脂浇注法、金属喷涂法和电铸制模法等。

① 硅橡胶浇注法。硅橡胶浇注法的模具具有良好的柔性和弹性,能够制造出结构复杂、花纹精细、无拔模斜度或倒拔模斜度以及具有深凹槽的零件。模具的寿命一般为 20~50 件产品,适用于批量不大的塑件生产。其工艺路线为制作原型(表面处理)→放置原型(表面涂脱模剂)、模框→浇注抽真空后的硅橡胶混合体→固化→沿分型面切开硅橡胶,取出原型→修补。

图 6-20 所示为硅橡胶模具,图 6-21 所示为硅胶模具制造的小批量塑料件、橡胶件。

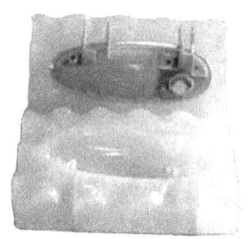

图 6-20　硅胶模具

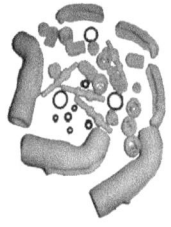
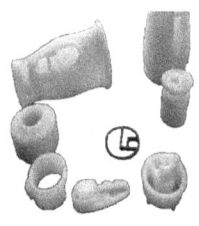

图 6-21　硅胶模具制造的小批量塑料件、橡胶件

② 树脂浇注法。环氧树脂模具传热较好,强度高且分型面无需后处理,工艺简单,适宜制造注射模、薄板拉伸模、吸塑模等。其工艺路线同硅橡胶浇注法大致相同。图 6-22 所示为树脂模。

图 6-22　树脂模

③ 金属喷涂法。采用喷枪将金属喷涂到 RP 原型上,形成一个金属硬壳层,如图 6-23 (a)、(b) 所示,将其分离下来,用填充铝粉的环氧树脂或硅橡胶支撑,如图 6-23 (c)、(d)、(e) 所示,即可制成注塑模具的型腔。这一方法可省略传统加工工艺中的详细画图、数控加工和热处理 3 个耗时费钱的过程,成本只有传统方法的几分之一。生产周期也从3~6周减少到一周,模具寿命可达 10 000 次。该方法制作精度高(喷涂工具钢时最小表面涂层可达 0.038 mm,制造精度可达±0.025 mm~±0.05 mm),时间短(普通模具一周之内即可成型),造价低(一般为传统模具制造费用的 1/2~1/10),型腔及其表面的精细花纹可一次同时成型,耐磨性能好,尺寸精度高。

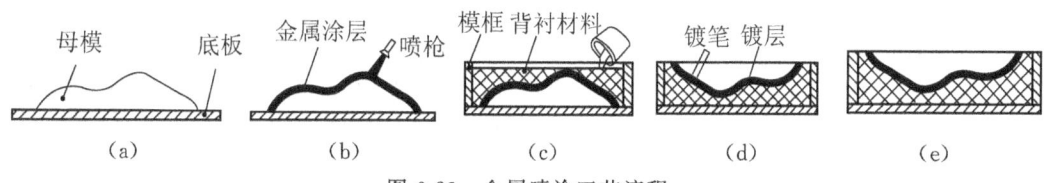

图 6-23 金属喷涂工艺流程

④ 电铸制模法。电铸法制造的模具复制效果好,尺寸精度高,适合于精度要求较高,形态均匀一致和花纹形状不规则的型腔模具,如人物造型模具、儿童玩具模具和鞋模等。

(2) 硬质模具

对于大批量生产,要靠硬质模具。目前制造硬质模具的方法主要有熔模精密铸造法、陶瓷型精密铸造法、电火花加工法等。

① 熔模精密铸造法。熔模精铸的长处就是利用模型制造复杂的零件,RP 技术的优势是能迅速制造出模型,二者的结合就可制造出无需机械加工的复杂零件。其制造过程为 RP 原型→用金属喷镀过的表面构成蜡模的成型模→浇注蜡模→浸蜡模于陶瓷砂液,形成模壳→熔化蜡模,预热模壳→浇注钢或铁型腔→冷却→制件。

图 6-24 所示为拨叉的制作流程,该方法制造的制件表面光洁。如批量较大,可由 RPM 原型制得硅橡胶模,再用硅橡胶模翻制多个消失模,用于精密铸造。

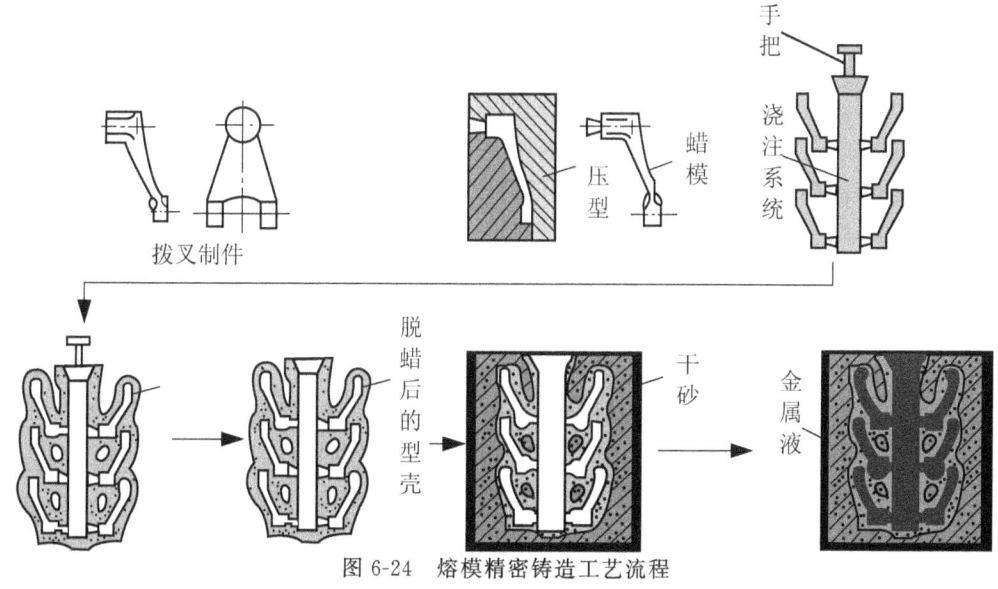

图 6-24 熔模精密铸造工艺流程

熔模铸造 RP 技术的最大优势在于它能迅速产生复杂的形状，而熔模铸造的长处是利用模型制造复杂的零件，两者结合在一起，可快速制造出各种零件。这一方法已实用化，产生了巨大的经济效益。目前存在的主要问题是烧掉原型时发气量大，模具变形较大。

② 陶瓷型或石膏型精铸造法。用快速成型系统制造母模，浇注硅橡胶、环氧树脂或聚氨酯等软材料，构成软模。移去母模，在软模中浇注陶瓷或石膏，得到陶瓷或石膏模。再在陶瓷或石膏模中浇注钢水，得到所需要的型腔。型腔经表面抛光后，加入相关的浇注系统或冷却系统后，即成为可批量生产用的注塑模。该方法得到的铸型有很好的复印性和较好的表面粗糙度以及较高的尺寸精度，特别适合于小批量零件的生产、复杂形状零件的整体成型制造。

③ 电火花加工法。电火花加工法通过喷镀或涂覆金属、粉末冶金、精密铸造、浇注石墨或特殊研磨，可制作金属电极、石墨电极或直接作为模具型腔。该方法的工艺线路是用 RP 原型→翻制三维砂轮→研磨整体石墨电极→使用电火花加工钢模的工艺制作硬模具。

通过 RT 模具可快速而低成本地批量试制与所设计产品性能极为接近的原型件，为下游设计和制造提供了可靠参考，实现了"并行化"工作，避免对经验的过分依赖，减少了人为错误和设计反复。RT 技术可以使模具设计制造的周期平均减少 1/3，成本降低 20%～30%，并能很好地解决模具生产赶不上产品开发需要的矛盾。

6.4.4 快速制模技术发展趋势

RT 技术开创了模具制造的新模式，使设计工作进入了一个全新境界，改善了设计过程中的人机交流，缩短了产品开发周期，加快了产品更新换代的速度，降低了企业开发新产品的风险。快速制模技术在制造业中占据着关键地位，受到了越来越多的关注。目前 RT 技术面临的关键问题和发展趋势有以下几个特点。

① 快速软模及陶瓷等模具的使用范围受到限制，压铸、注塑、冲压等主导模具的金属模具快速制造是 RT 技术努力的目标。

② 间接制模法与直接制模法相比，虽然在实用化方面占优势，但因工序较多，受材料性质及制造环境的影响，精度控制难度大。开发尺寸稳定性好的制模材料，减少制模工序，实现工作环境的安定化是提高间接制模法精度的关键。

③ 直接制模法在表面及尺寸精度、综合机械性能等方面尚难以满足精度高、表面质量高的耐久模具制造要求，且成本高，尺寸规格受限制。

④ 快速制模法能适应市场更新换代快的需求，具有广阔的应用前景。与高速铣削加工相比，在表面精细，形状复杂和电火花加工难以省去的金属模具制造方面占有优势。

6.5 高压水射流切割技术

自 20 世纪 50 年代起，人们开始研究一种独特的切割新工艺，利用高聚能水射流对材料的破坏作用来切割材料。但是由于当时技术水平的限制，无法将水的能量提得很高，压力只在 100 MPa 以上。到了 20 世纪 70 年代，研制出了高压泵和增压器，其水压可达 200 MPa 以上，目前水压可在 1000 MPa 以上。从此水射流技术得到了广泛应用。1972 年，首台高压水射流切割机在美国问世，可切割多种非金属软材料。1983 年，美国又发明了磨料水射流切割机，切割能力大幅提高，可切割各种金属及非金属材料，水射流技术有了新突破。目前在煤炭、石油、冶金、航空、建筑、交通、化工、机械、建材、水利及轻工业等部门得到了广泛应用,主要用来对物料进行切割、破碎和清洗。

水射流切割(Water Jet Cutting)又称液体喷射加工,属于高能束加工范畴。高压水射流是唯一一种冷切割加工方法,在许多切割、破碎及表面预加工中,高压水射流具有独特的优越性,是一种可与激光、等离子体、电子束加工方法相媲美的新型切割加工技术。

6.5.1 高压水射流切割原理

高压水射流切割利用高压高速水流(或水与磨料的混合液)对工件的冲击作用去除材料,简称水切割,俗称水刀或水箭。高压水射流是用高压泵将普通水介质增压至 300~400 MPa,然后通过一个大约 0.08~0.5 mm 的小孔,以约 500~900 m/s 的速度喷出,形成高速、高能、高穿透力束,用以切割工件。

水射流加工设备基本构造图如图 6-25 所示。水射流加工设备主要由以下几部分组成。

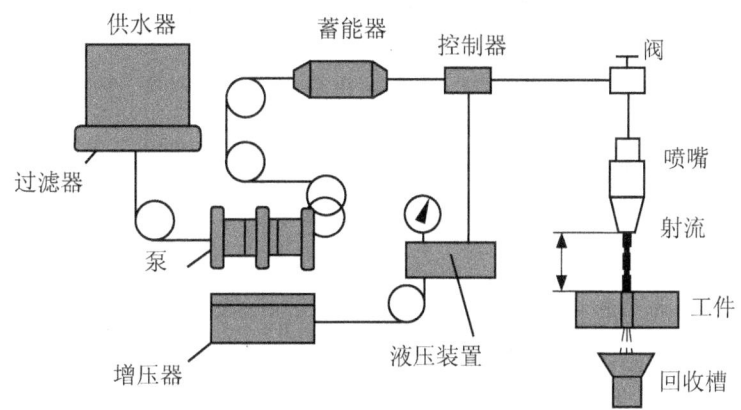

图 6-25 水射流加工设备基本构造

① 供水系统。由水泵、电机、水箱、过滤器等组成,其作用是提高水压至 3 MPa,并供给增压系统。

② 增压系统。在液压泵的作用下,将水压由 3 MPa 增到 300~400 MPa。

③ 蓄能器。其作用是积存一定量的高压水,以吸收来自增压器的脉冲水流和工作时断时续引起的冲击,保证工作时获得连续、稳定的超高压水流。

④ 喷嘴及运动控制系统。主要采用宝石制造的喷嘴,其直径根据石材硬度及厚度选择,一般选择为 0.15~0.75 mm。

6.5.2 高压水射流切割特点

1. 优点

高压水射流技术之所以能得到快速发展,主要是因为这种加工技术与其他加工方法相比具有一系列优点。

① 高压水射流技术使用廉价的水作为工作介质,易取且没有环境污染。在切割加工过程中,由于喷嘴直径较小,水的用量很少。在切割时工件温度在 100℃ 以内,特别适用于热敏感材料和复合材料的切割加工。

② 加工能力强，应用范围广，可以切割各种金属、非金属材料，各种硬、脆、韧性材料及某些难以用传统加工方法切割的材料。图 6-26 所示为高压水射流切割的制件。利用高压软管将切割头和辅助设备分开，可以实现远距离、独立、灵活使用。国外商业应用中已经有切割机、机器人除锈、清洗等设备，从高空到水下都可以应用。

图 6-26　高压水射流切割的制件

③ 高压水射流切割技术相对于线切割而言，具有切割速度快，精度高；切割无热影响区，无需对切口进行二次加工；无论绝缘或非绝缘材料，效果良好；无需对材料预开切口，且无需工装夹具等优点。

④ 高压水射流切割技术相对于传统的机械切削相比，可以方便地获得形状复杂的二维切割轨迹，并且高压射流不变钝，无刀具损耗。

⑤ 切口窄而整齐，能提高材料的利用率。用高压水射流切割物料时，射流切口小，切割可以精确控制，可充分利用每一块材料，减少废料。

2. 缺点

高压水射流也存在一些问题。

① 与机械切割相比，消耗比能高。

② 一些高压水射流部件的性能不过关，如超高压泵、旋转密封、耐磨喷嘴和高压管件，尤其是我国的喷嘴、高压软管和密封件制造与国外相比存在很大的差距。

6.5.3　高压水射流切割设备

高压水射流切割设备按照机床的结构不同可分为龙门式水射流切割机和悬臂式水射流切割机，如图 6-27 和图 6-28 所示。

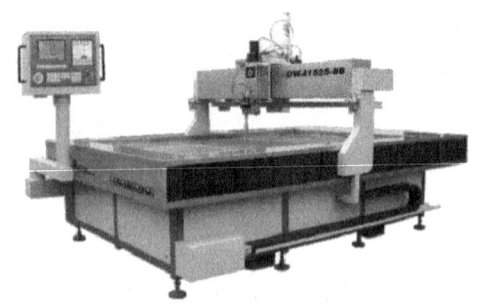 

图 6-27　龙门式水射流切割机　　　　图 6-28　悬臂式水射流切割机

一套完整的高压水射流切割设备由高压系统、水刀切割头装置、水刀切割平台、CNC 控制器及 CAD/CAM 切割软件等组成。图 6-29 所示为水射流切割设备。

图 6-29　水射流切割设备

高压发生器是高压水射流切割的动力核心,是整台机器的心脏所在,它将精滤过的水增压至 300 Mpa～400 Mpa,再经过喷嘴形成一种约 3 倍音速的射流,将其压力转变为集中的动能,从而达到能切割任何材料的目的。

高压水射流切割头是将加压到 300 MPa 以上的水通过一个专用的喷头在极细的小孔中喷出的。水刀头喷嘴的口径很小,喷口直径仅 0.05 mm,而且孔内壁光滑平整,能承受 1700 MPa 的压力,喷出来的高压水能像刀一样切割材料。高压水流具有极强的切割能力,通过在其中添加沙子等磨料,可以使其切割能力成倍增强。有些水还加入了一些长链聚合物,如聚乙烯氧化物,增加水的"黏度",使喷出的水犹如一条"细线"。水射流切割喷头内部结构和样品如图 6-30 所示。

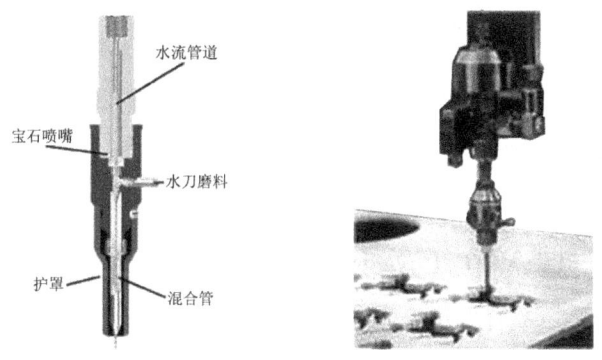

图 6-30　水射流切割喷头内部结构图和实物图

6.5.4　高压水射流切割技术应用范围

高压水射流切割可用来切割任何物质,如钢材、钛、合金、复合材料、大理石、陶瓷、防弹玻璃、玻璃钢、钢筋混凝土制品、玉石、核原料、炸药及各种易燃易爆物质,广泛应用于建筑、装饰、机械、航空航天、船舶、汽车、石油、化工、玻璃、陶瓷等行业,成为一种跨世纪的国际先进的"冷态制造新工艺"。

高压水射流切割技术可用于切割金属、玻璃、陶瓷、石材等,在军事上可用于销毁炮弹(切割)、切割芳纶材料(该材料用于坦克、装甲车、防弹背心、防弹车的防弹层等)等。图 6-31 所示为用高压水射流切割技术切割的金属件,图 6-32 所示为用高压水射流切割技术切割的玻璃样品,图 6-33 所示为高压水射流切割技术制作的陶瓷、石材样品。

图 6-31 高压水射流切割技术切割的金属件

图 6-32 高压水射流切割技术切割的玻璃样品

图 6-33 高压水射流切割技术切割的陶瓷、石材样品

6.6 模具 CAD/CAE/CAM 软件技术

6.6.1 3C 技术简介

3C 技术，即 CAD/CAE/CAM 技术，是进行现代模具设计与制造必备的基础技术。其中的 CAD 是英文 computer aided design 的缩写，即计算机辅助设计，是人和计算机相结合，各尽所长的新型设计方法。CAM 是英文 computer aided manufacturing 的缩写，即计算机辅助制造，是利用计算机对制造过程进行设计、管理和控制。CAE 是英文 computer aided engineering 的缩写，即计算机辅助工程，重点是利用计算机软件对材料变形过程、模具结构设计进行模拟分析。

模具 CAD/CAE/CAM 软件技术自 20 世纪 60 年代迅速发展起来，是一门新兴的、综合性的计算机应用技术，是设计人员在计算机系统的引导与帮助下，根据一定的设计流程进行产品设计的一项专门技术，是人的智慧和创造力与计算机软硬件功能的巧妙结合。模具 CAD/CAM 的重点在于制品的几何造型、模具结构的三维设计、绘图和数控加工数据及指令的生成。CAE 则将工程试验、分析、文件生成乃至制造贯穿于研制过程的每一个环节之中，用于指导和预测制品在构思、设计和制造阶段的行为。模具 CAD/CAE/CAM 的集成化技术从根本上改变了传统的模具设计与制造方式，它采用几何造型技术，制品一般不必进行原型试验，其形状就能逼真地显示出来，并借助有限元分析软件对制品的力学性能进行预测。当必需实际样品时，可采用快速原型制造技术直接由保存在计算机中的制品几何模型自动而迅速地将样品制造出来。当需由样品设计模具时，可采用反求工程技术，由三坐标测量仪获得制品表面测量点的数据，再据此生成所测制品的几何模型。

借助于模具 CAD 软件的自动检索、交互绘图和快速计算的能力，设计者能从繁冗的手工绘图和计算中解放出来，集中精力从事诸如方案构思和结构优化等创造性工作。在模具制造前，CAE 软件可预测成型工艺及模具结构等有关方案和参数的正确与否，从而有效地保证模具设计的可靠性和制品的成型质量。借助于 CAM 软件，能高质量、高效率地采用数控机床加工模具复杂的型芯和型腔。在实际加工之前还可采用数控加工仿真软件对刀具切削过程进行检验，以避免误切。

由此可见，模具 CAD/CAE/CAM 是改造传统模具生产方式的关键技术，是一项高科技、高效益的系统工程。它以计算机软件的形式，为企业提供一种有效的辅助工具，使工程技术人员借助计算机对制品性能、模具结构、成型工艺、数控加工及生产管理进行设计和优化。模具 CAD/CAE/CAM 技术能显著缩短模具设计与制造周期，降低生产成本和提高制品质量。

6.6.2 新一代模具 CAD/CAE/CAM 技术

在我国，目前有许多企业已经在设计、制造等方面分散使用 CAD、CAE、CAM 单项技术来进行生产，但这种"自动化孤岛"的方法使整个生产过程资源共享率低，信息不流畅，导致研制产品周期长，更新换代慢，难以在国际竞争中生存和发展。国外推广 CAD/CAE/CAM 技术成功的经验表明：企业取得显著效益，很多是从集成应用中得到的，而不是单项应用的结果。从 CAD/CAE/CAM 一体化的角度来说，其发展趋势是集成化、三维化、智能化和网络化；其中心思想是让用户在统一的环境中实现 CAD/CAE/CAM 协同作业，以便充分发挥各单元的优势和功效。

1. 模具软件功能集成化

模具软件功能集成化要求软件的功能模块比较齐全，同时各功能模块采用同一数据模型，实现信息的综合管理与共享，从而支持模具设计、制造、装配、检验、测试及生产管理的全过程，实现最佳效益。

模具 CAD/CAE/CAM 软件已开发了很多种，包括 UGⅡ、CATIA、SOLIDEAGE、MDT、ME 等。这些软件是集成的、全过程驱动的工业设计 3C 软件包。它们能有效地进行概念定义、控制及评估，能对复杂模具和机械零件进行自动化设计，包括实体建模、特征建模、自由曲面建模、用户自定义特征、工程制图、装配建模、高级装配虚拟制造、标准件库和几何公差等。其 CAM 系统功能很强，包括车、铣、刨、磨等传统切削加工和先进的切削加工、线切割、放电加工及切削仿真、刀具分类库等。有的软件包则具有钣金件设计、制造、排样、冲模设计功能，实现了全相关的和数字化实体模型之间的无缝数控共享等功能。下面介绍几种现代模具设计通用软件。

① AutoCAD。美国 Autodesk 公司开发的 AutoCAD 软件在 1982 年首先推出。我国在 1980 年代中期开始引进，现成为微机上广泛应用的二维图形软件包。计算机绘图及模具

CAD 的入门者往往首先选择学习和应用该软件。

② Catia。法国达索飞机公司开发的 Catia 软件。我国在 1990 年代后期开始引进，它是一套 3C 集成的软件包，有好的曲面造型功能、各类产品设计协同功能。已有一些模具设计技术人员在应用该软件。

③ UG。美国 EDS 公司的 Unigraphics，简称 UG。我国最早在 1990 年代初引进 UG 软件，用于三维图形绘制、造型和 3C 工作。模具行业的 UG 用户多用该软件做模具结构设计、分析模具型腔的数控加工及型腔表面的光顺等工作。

④ Pro/E。美国参数科技公司（Parametric Technology Corporation）1988 年开发的 Pro/ENGINEET，简称 Pro/E。1990 年代中期我国开始引进，用于模具结构设计、分析和模具型腔的数控加工等工作。2010 年，PTC 公司发布了 Pro/ENGINEER Wildfire 5.0，作为 3D CAD/CAM/CAE 集成软件的一个重大更新版本及产品开发系统的关键组件，它进一步扩展了为产品开发团队所提供的业界最全面的参数解决方案。

⑤ Cimatron。以色列 Cimatron 公司自 1982 年创建以来，推出了 Cimatron 软件的各种 3C 集成模块。21 世纪初我国引进该软件，Cimatron 用于面向制造的数据设计、智能数控加工、高速加工、快速制模及逆向工程设计等领域。

⑥ 国内有上海交通大学金属塑性成型有限元分析系统和冲裁模 CAD/CAM 系统、北京北航海尔软件有限公司的 CAXA 系列软件、吉林金网格模具工程研究中心的冲压模 CAD/CAE/CAM 系统，每个系统的主要功能有板料冲压过程模拟、预示成型缺陷、压机速度分析、坯料形状优化和各向异性、回弹预测等。

2. 模具软件的智能化

新一代模具软件要求模具 CAD 不再是对传统设计与计算方法的模仿，而是在先进设计理论指导下，充分运用模具专家的丰富知识和成功经验，来克服具体设计、工艺人员的经验局限，通过人工智能（CAI）等方法，实现设计的合理性和先进性，逐步达到从设计、分析评估到制造过程的完全自动化。面向制造、基于知识的智能化功能是衡量模具软件先进性和实用性的重要标志之一。如 Cimatron 公司的注塑模专家软件能根据脱模方向自动产生分型线和分型面，生成与制品相对应的型芯和型腔，实现模架零件的全相关，自动产生材料明细表和供 NC 加工的钻孔表格，并能进行智能化加工参数设定、加工结果校验等。PTC 公司推出的模具专家系统 EMX 则更为经典，除具有前面其他模具专家系统的共有特点外，还能实现模具装配体的 2D 装配图的自动出图，大大减轻了模具设计工程师的劳动量，提高了效率，减少模具开发时间。另外在它的 EMX4.1 里还强化了产品的成本计算，可以估算模具的总体成本，为模具的效率计算提供了有力依据。

3. 模具软件应用的网络化

随着计算机网络技术的不断完善，CAD/CAE/CAM 系统的网络化已成为不可阻挡的发展趋势。网络化可以充分发挥系统的总体优势，使一个项目在多台计算机上协作完成，节省了大量的人力、物力、财力。借助现有的网络，用户可用高性能的 PC 机代替昂贵的工作站，不同设计人员可以通过网络交流设计数据，同时对模具的设计与制造进行操作和评价。Delcam 公司最近推出的 CAD/CAM 集成化系统 PowerSolution 覆盖了几何建模、逆向工程、工业设计、工程制图、仿真分析、快速原型、数控编程、测量分析等方面。系统的每一个功能模块既可独立运行,又可通过数据接口与其他系统兼容,便于实现开放性、兼容性和专业化的统一。

6.6.3 新一代模具 CAD/CAE/CAM 技术应用

国外在航空航天、汽车、造船、机床制造等工业部门都已实现模具 CAD/CAE/CAM 技术的应用。如波音飞机公司应用模具 CAD/CAE/CAM 技术,在波音 777 飞机上对全部零件进行了三维实体造型,设计了除发动机以外的其他机械零件,比传统设计和装配流程效率提高了一倍。美国 General Dynamic Electric Boat 和 Newport News Shipbuilding 应用 CAD/CAE/CAM 技术设计和建造美国海军的新型弗吉尼亚级攻击潜艇,从核反应堆、相关的安全设备到全部的生命支持设备都形成了三维数字化产品。

相比之下,国内模具 CAD/CAE/CAM 技术的研究和应用远落后于国外,但也有应用较为成功的例子。如云马飞机制造厂采用模具 CAD/CAE/CAM 技术,为数十个单位数控加工飞机关键零件、飞机吹风模型、雷达波导管、军用载波机箱体、核潜艇发动机动定涡体、高能加速器和正负电子对撞机关键部件、滚珠丝杠反相器械、光学仪器用各类凸轮、汽车覆盖件模具、汽车结构件模具、汽车发动机和摩托车发动机缸体(盖)模具等。数控加工波音飞机垂直尾翼梁间肋铝合金结构件,实现了高难度的薄壁结构件的数控加工,使产品开发的周期比未采用 CAD/CAE/CAM 前平均缩短 32%,设计效益提高 3~5 倍。

据统计,CAD/CAE/CAM 技术 20 世纪末已应于近百个工业领域。到了 21 世纪,CAD/CAE/CAE 技术将在各行各业都有所应用,可以说,目前制造业已离不开 CAD/CAE/CAM 技术的应用。CAD/CAE/CAM 技术在模具领域的应用最为出色,前景也更为广阔。今后,我国应在 CAD/CAE/CAM 系统集成化方面、CAD/CAE/CAM 软件开发进度和水平方面多下苦功,大量培养既懂模具设计与制造又懂计算机的复合型人才。通过大力研究并行工程、逆向工程、知识工程等在模具设计与制造中的应用,走联合开发的道路,才能有效推动我国模具工业的快速发展。

【本章小结】

本项目介绍了 6 种先进的模具制造技术,即高速铣削技术、电火花铣削加工技术、可重构模具技术、快速制模技术、高压水射流切割技术、新一代模具 CAD/CAM/CAE 技术。

【先导案例研讨】

如图 6-1 所示的曲轴锻模可采用高速铣削技术加工。该锻模传统的加工工序为外形粗加工→仿形铣粗加工型槽→热处理→外形精加工→数控电火花粗、精加工型槽→钳工打磨抛光型槽→表面强化处理,而采用高速铣削加工后的工序为外形粗加工→热处理→外形精加工→高速铣加工型槽→表面强化处理。显而易见,使用高速铣削加工可代替多道工序,在节省加工时间的同时又能保证模具的质量。

如图 6-2 所示的线圈模具。该线圈为塑件,形状简单,精度要求不高。从图中可看出,该模具属于软质模具,材质为硅橡胶。采用快速制模技术来制造该模具较为简便。其制造过程为首先用快速成型机制作出制件原型,处理后即作为硅橡胶母模→组合模框后将硅橡胶和固化剂的混合物浇注于框中,通过真空脱泡、固化后剖切母样即得硅胶模→最后在真空注塑机中浇注塑料样件。

如图 6-3 所示的一套新型模具就是可重构模具，目前在国内多用于制造汽车、船舶、航天、航空、军工等产品中的板料覆盖件。该模具将传统的整体式模具离散化，以多个高度可调的顶杆代替固定的实体模具基体，以各个顶杆顶端构成的包络面取代实体模具的表面。该模具可以方便、快速地重构成百种形式的模具成型面，可以替代若干套模具。有了这种"百变"模具，可以大大缩短产品的开发与制造周期，减少模具材料消耗，降低产品成本，特别适用于中小批量的空间曲面板件成型加工。

【练习题】

1. 请叙述高速铣削加工技术的特点及应用场合。（10分）
2. 请分析电火花铣削加工技术的工作原理及其成型方式。（10分）
3. 什么是可重构技术？图 6-34 所示为韩国科技大学的 Jong－Woo Park 教授提出的液压柔性模成型技术，请写出该模具的工作原理，并尝试分析该模具能够成型哪类形状工件。（20分）

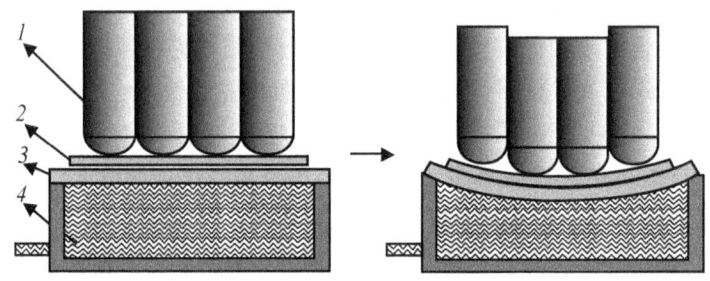

1—基本体群；2—板料；3—弹性体；4—液体
图 6-34 液压柔性模成型原理

4. 什么是快速制模技术？快速制模技术的方法有哪些？（10分）
5. 什么是熔模精密铸造法？该方法有哪些特点？（10分）
6. 请叙述高压水射流切割技术的工作原理及其应用场合。（10分）
7. 图 6-35（a）所示的注塑模是车窗自动升降系统齿轮箱的注塑模，图 6-35（b）所示的注塑模是汽车安全门锁的注塑模。请分析如何制造这两套注塑模。（20分）

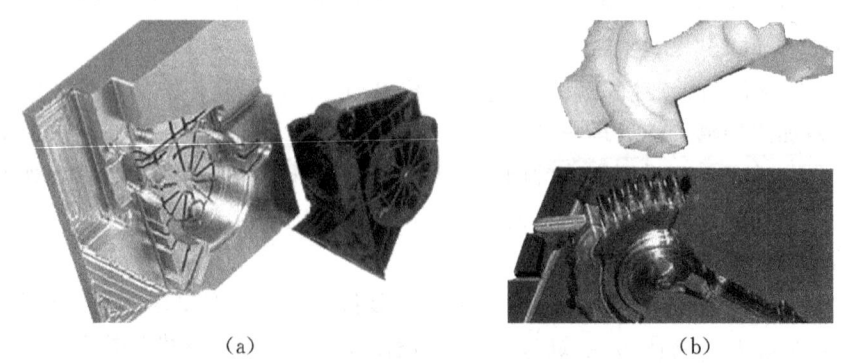

(a)　　　　　　　　　　　(b)
图 6-35 注塑模

8. 新一代模具 CAD/CAE/CAM 技术具备哪些特点？（10分）

第7章 模具逆向工程技术

【学习目标】
◇ 了解逆向工程技术的概念、特点、分类和适用范围。
◇ 认识逆向工程的工作流程及基本原理。
◇ 了解数据采集的方法、设备及工作原理。
◇ 认识模型重建的方法及特点。
◇ 了解逆向工程技术在模具制造中的应用。

【先导案例】
图 7-1 所示为压气机叶轮，现欲对其进行改型，并设计其模具，请确定方案。

图 7-1 压气机叶轮

7.1 逆向工程技术概述

7.1.1 逆向工程技术定义

逆向工程又称反求工程或反求设计，是在现代产品造型理念的指导下，以现代设计理论、方法、技术为基础，运用专业人员的工程设计经验、知识和创新思维，对已有新产品进行解剖深化和再创造，是对已有设计的重新设计。根据反求对象的不同，反求工程可分为实物反求、软件反求和影像反求 3 类。所谓实物反求就是指依据已经存在的零件或实物原型来构造产品模型的过程。

逆向工程是相对于现在的正向工程而言的。图 7-2 所示为正向工程与反求工程流程上的区别。正向工程就是先设计图纸，然后按图纸加工出产品实物，而逆向工程是以目前已有的实物通过三维激光扫描及逆向软件处理，还原为电脑模型，并且可以修改和改进。

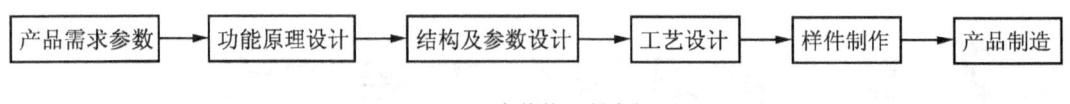

（a）正向传统工程流程

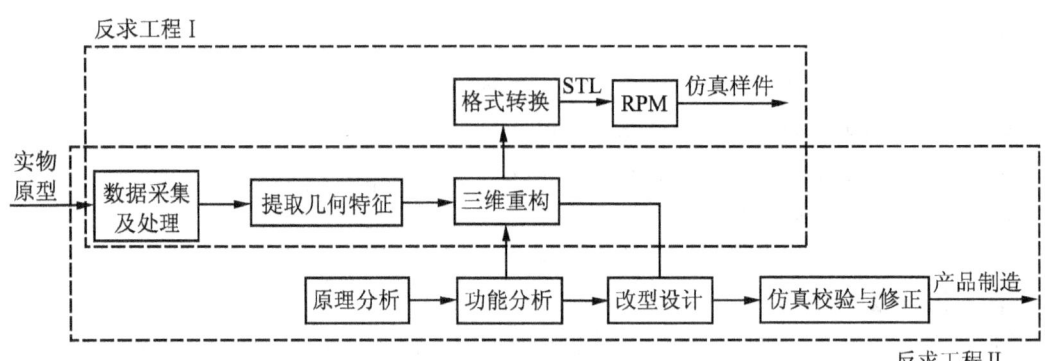

（b）反求工程流程

图 7-2 正向工程与反求工程流程对照

由此可见，传统设计是一个"功能→原理→结构"的工作过程。而反求设计是对已知事物的相关信息充分消化和吸收，在此基础上加以创新改型，通过数字化及数据处理后重构实物三维原型的过程，是"实物原型→原理、功能→三维重构"的工作过程。

7.1.2 逆向工程技术流程

逆向工程与传统设计制造流程中的各功能模块，在序列上被相互换位倒置。在逆向工程中，按照现有的零件原型进行设计生产，零件所具有几何特征与技术要求都包含在原型中。在传统的设计制造中，则是按照零件最终所要承担的功能以及各方面的影响因素，进行从无到有的设计。此外，从概念设计出发到最终形成 CAD 模型的传统设计是一个确定的明晰过程，而通过对现有零件原型数字化后形成 CAD 模型的逆向工程是一个推理、逼近的过程。逆向工程一般可分为 5 个阶段。

① 零件原形的三维数字化测量。采用三坐标测量机（CMM）或激光扫描等测量装置，通过测量采集零件原型表面点的三维坐标值，使用逆向工程专业软件接收处理离散的"点云"数据。

② 提取零件原形的几何特征。按测量数据的几何属性对零件进行分割，采用几何特征匹配与识别的方法来获取零件原型所具有的设计与加工特征。

③ 零件原型三维重构。将分割后的三维数据在 CAD 系统中分别作曲面模型的拟合，并通过各曲面片的求交与拼接获取零件原型表面的 CAD 模型。

④ CAD 模型的分析及改进。对虚拟重构出的 CAD 模型，从产品的用途及零件在产品中的地位、功能进行原理分析，确保产品良好的人机性能，并实施有效的改进创新。

⑤ CAD 模型的校验与修正。

根据获得的 CAD 模型，采用重新测量和加工出样品的方法，来校验重建的 CAD 模型是否满足精度或其他试验性能指标的要求。对不满足要求者重复以上过程，直至满足要求为止。

7.1.3 逆向工程技术应用

逆向工程技术实现了设计制造技术的数字化,为现代制造企业充分利用已有的设计制造成果带来了便利,从而降低新产品开发成本,提高制造精度,缩短设计生产周期。据统计,在产品开发中采用逆向工程技术,可使产品研制周期缩短40%以上。

逆向工程的应用领域主要是飞机、汽车、玩具和家电等模具相关行业。近年来随着生物、材料技术的发展,逆向工程技术也开始应用在人工生物骨骼等医学领域,但是其最主要的应用领域还是在模具行业。原因是由于模具制造过程中经常需要反复试冲和修改模具型面,若测量最终符合要求的模具并反求出其数字化模型,在重复制造该模具时就可运用这一备用数字模型生成加工程序,大大提高模具生产效率,降低模具制造成本。

7.2 逆向工程关键技术

7.2.1 数据采集与处理

在逆向工程技术中,获得重构CAD模型的离散数据,即数字化技术是关键的第一步。只有获取正确的测量数据,才能进行误差分析和曲面比较,实现CAD曲面建模。

1. 数据采集方法

目前,数据采集方法主要分为接触式测量和非接触式测量两类。接触式测量是通过传感测量设备与样件的接触来记录样件表面的坐标位置,接触式测量的精度一般较高,可以在测量时根据需要进行规划,做到有的放矢,避免采集大量冗余数据,但测量效率很低。非接触式测量方法主要是基于光学、声学、磁学等领域中的基本原理,将测得的物理模拟量通过适当的算法转化为表示样件表面的坐标点信息的数字量。

测量常用的数字化设备有三坐标测量机、激光测量机、工业CT和逐层切削照相测量装置、数控机床(NC)加工测量装置、专用数字化仪器等。

(1) 三维坐标测量法

坐标测量机(简称CMM),根据测量原理的不同,可分为机械接触式坐标测量机、激光坐标测量机、光学坐标测量机。

① 机械接触式坐标测量机。机械接触式坐标测量机通过监测测头与实物的接触情况获取坐标数据。坐标测量机最早大多采用固定刚性测头,它的优点是成本低,测量原理及过程简单、方便,对被测物体的材质和颜色无特殊要求,目前应用较为广泛。图7-3所示为HEXAGON桥门式坐标测量机。

② 激光坐标测量机。

激光坐标测量机由激光扫描实物,同时由摄像机录下光束与实物接触部位。激光扫描测量是非接触式测量。从测量学观点看,由于非接触式测量头在测量时不接触待测物体的表面,它可以从根本上解决接触

图7-3 HEXAGON桥门式坐标测量机

式测量所产生的各种缺陷，真正实现"零接触力测量"，有效避免了在高精度测量中测量力带来的系统误差和随机误差，且可方便实现对软质和超薄形物体表面形状的测量。图 7-4 所示为 Laser－RE 系列复合型激光扫描机。

图 7-4　Laser－RE 系列复合型激光扫描机

③ 光学坐标测量机。

随着计算机技术和光电技术的发展，基于光学原理、以计算机图像处理为主要手段的三维复杂曲面非接触式快速测量技术得到飞速发展。光学坐标测量机由光源照射实物，利用干涉条纹技术计算实物坐标数据。测量的具体方法主要有投影光栅法和立体视觉法。

(2) 工业 CT 法

工业 CT 法（简称 ICT），是目前测量三维内轮廓曲面的最先进方法之一，属于非接触测量。它用一定波长、强度的射线从不同方向照射被测物体，根据光/电转换器件所采集射线的强弱，用图像处理技术测得被测物体表面的形状，其原理如图 7-5 所示。图 7-6 所示为获取的 ICT 图像。该方法在目前现场应用还很少。图 7-7 所示为东芝公司生产的 TOSMICRON－CT。

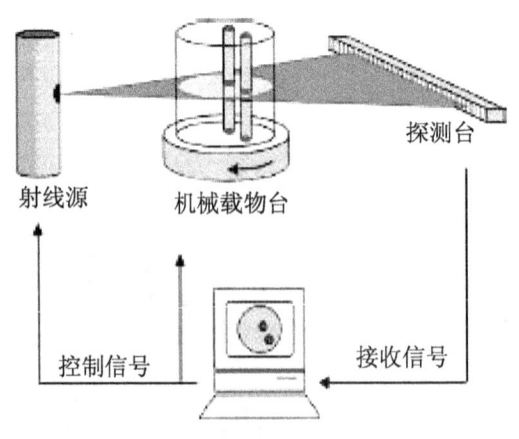

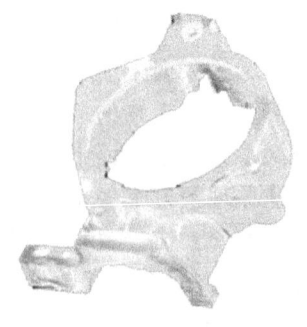

图 7-5　ICT 系统组成及原理图　　　　　　　图 7-6　ICT 图像

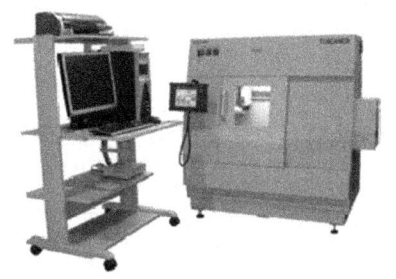

图 7-7　TOSMICRON-CT

（3）层析法——CGI 法

层析法（简称 CGI）也称逐层切削扫描法。将被测量的物体在工作台上装夹好，通过数控系统控制铣刀的进给速度，一层层地切削出被测物体的截面，再用 CCD 摄像获得每一个截面的轮廓图像，通过一系列的图像处理技术，得到每一层的数据。这种测量方法可以精确获得被测物体的内、外曲面的轮廓数据。

层析法比工业 CT 法的测量精度更高，成本更低，测量更方便。但这种测量方法是一种破坏性的测量，一般用于刚性物体，限制了该方法的应用。

（4）CNC 坐标测量机

目前用于工业测量的典型数字化设备因使用成本过高，在实际使用当中受到限制。CNC 和三坐标测量机使用同样的坐标系统，在信息转换方向上正好互逆，而在动作执行上是相似的，可以借助加工中心高精度的行走机构，通过使用机床测头并编制相应的测量软件，实现零件的在机测量，使得加工中心在某种程度上兼备了测量中心的功能。图 7-8 所示为 CNC 数控生产型测量中心 GageMax navigator 三坐标测量机。

图 7-8　GageMax navigator 三坐标测量机

2. 数据处理

为使测量数据具备合理性，需对测量数据进行噪点去除、测头半径补偿、数据分块等处理；为使测量数据具备完整性，需对测量数据进行数据多视拼合、补测数据的融入等处理。

逆向工程软件所生成曲面的质量，取决于模型上被扫描部位的质量和数字化数据的质量。在逆向工程的曲面建模中，实物表面数字化过程中得到的是大量的离散数据，缺乏必要的特征信息，使后期处理往往存在数字化误差，需要对曲面和曲线进行光顺处理。曲面光顺是指使曲面具有光滑、顺眼的性质，对于空间曲线和曲面，光滑是指空间曲线和曲面的一阶导数连续，而顺眼是人的主观感觉评价。

7.2.2 建模技术

广义的反求工程包括形状（几何）反求、工艺反求和材料反求等多个方面，是一个复杂的系统工程。反求工程相关研究大多都集中在几何形状方面，即产品实物的 CAD 模型方面。重构实物的三维 CAD 模型是反求工程中的关键技术，它通过插值或拟合一系列离散点，利用原型的几何拓扑信息，构造一个近似模型来逼近原型。根据反求工程的发展和应用，可将反求工程分为反求工程 I、II 两个目标。反求工程 I 主要包括"三维重构"、"反求制造"两个阶段，应用于快速原型制造技术中。反求工程 II 包含"三维重构"、"基于原型再设计"和"反求制造"3 个阶段，增加了创新功能的含义。针对反求工程引用目标的不同，采用不同的几何建模技术。

1. 曲面重构技术

模型重建是逆向工程中最关键的部分。按工程应用目标来分，模型重建的目的有 3 种：物体三维模型显示，产品快速原型制造，产品的物性分析、局部创新再设计。

模型重建的方法与测量数据结构、应用目标的要求以及已有的 CAD/CAM 接口有关。测量数据的模型重建研究按重建后曲面的表示形式大体可分为 3 大类：一是建立分片连续的样条曲面模型，二是建立由众多小三角片构成的多面体模型，三是建立细分曲面模型。

在逆向工程中，曲面重构有如下特点。

① 曲面型面的数据离散，曲面的边界和形状一般很复杂。

② 需处理的对象往往是由多张曲面经过延伸、过渡、裁剪等混合而成，因此重构中需要分块构造。

③ 由于数字化技术的限制，存在一个"多视数据"的问题。

2. 实体特征建模

大多数机械零件产品都是按一定确定的几何约束关系特征设计制造的，一个产品零件的设计过程可视为约束满足的过程。产品的模型重建过程可认为是还原零件特征及特征之间的约束关系的过程。

特征建模技术是在经过二维线框造型、三维线框造型、曲面造型、实体造型的演变过程的基础之上发展起来的。正向设计工程中基于特征的产品信息建模技术研究已取得了很大进展。而在反求工程中引入特征技术，探讨适合反求工程的特征模型基本上还处于空白。特征建模技术为反求工程中的实物原型三维重构提供了一种新的方法，可实现基于原型的再设计。

7.3 逆向工程技术应用

由于模具的生产方式和模具几何形状的特点，逆向工程技术在模具的设计制造中得到了广泛应用。综合国内外的研究现状，逆向工程技术在模具设计制造中的应用主要包含以下几个方面。

1. 根据实物样件制造模具

从上游厂商接收的技术资料可能是各种数据类型的三维模型，但也可能面对的并不是

CAD模型,而是实物样件,这就需要通过逆向工程技术与CAD/CAM系统结合,为客户提供快速模具设计服务。首先依据零件实物的数字化点云,用逆向工程软件构造其数字模型,并生成实体模型,再通过对该模型进行相应的工艺分析与处理,给出合理的模具设计方案,完成基于三维CAD的模具总体设计和结构设计。

2. 模具修改定型

在模具制造行业中,经常需要通过反复修改原始设计的模具型面,以得到符合要求的模具。然而这些几何外形的改变,却往往并未反映在原始的CAD模型上。借助于逆向工程的表面数字化和CAD模型重建功能,设计者可以建立或修改制造过程中变更过的设计模型。在重复制造该模具时就可运用这一备用数字模型生成加工程序,大大提高模具生产效率,降低模具制造成本。

3. 以样本模具为对象的消化吸收

对引进模具消化吸收、二次创新,通过分析引进技术设计意图,结合逆向工程技术,建立其数字化模型,进行再设计,可以实现引进技术的消化吸收与二次创新。再设计一般首先对引进模具进行三维扫描,应用逆向工程软件把样件模具逆向生成CAD模型,导入CAE中进行计算机仿真模拟,判断成型结果是否符合实际情况。通过两者的结合,反复试验,修改、优化模具以达到消除缺陷乃至模具创新的目的。

使用逆向工程技术和仿真模拟技术进行模具设计创新,能够把现代化手段应用于技术创新中,满足长远发展要求。通过逆向工程和仿真模拟技术在模具设计中的完美结合,在充分理解原始模具的基础上加入自身设计,可以拥有独立知识产权。使用逆向工程技术进行模具创新,能充分实现继承和创新相结合的思想,以前人的创新作为基础,创新出更高水平的产品,是我国提高模具工业自主创新能力的必由之路。

4. 损坏或磨损模具的还原

对于汽车模具,尤其是大型覆盖件模具是汽车生产的关键性工艺装备,由于其结构尺寸大,模具型面形状复杂,尺寸精度和表面质量要求高,使得模具制造周期长,成本高,而一旦磨损或损坏,将造成极大的损失,其修复技术日益受到重视。模具修复是利用材料、热处理、激光焊接或刷焊、数控加工和表面工程等技术实现模具的物理修复。由于缺少科学有效的指导方法和评价标准,使得模具修复成本高,周期长,质量差,甚至造成被修模具报废。

基于逆向工程技术的磨损模具建模方法可以通过对磨损区域表面特征的识别与恢复功能,建立完整的模具CAD模型。基于恢复的CAD模型,应用有限元方法进行冲压成型模拟和分析计算,对修复的CAD模型的质量进行评价及修改,将极大地减少模具修复的成本和强度,提高模具的使用寿命。目前,逆向工程和有限元分析技术在模具开发中已经发挥着重要作用,将这两项技术应用于模具修复,可为模具修复带来更加科学有效的方法,提高模具修复的质量和效率,达到快速修复模具的目的。

【本章小结】

本项目介绍了逆向工程技术的概念、特点、分类和适用范围,针对逆向工程技术中数据采集与处理、建模等关键技术进行了详细阐述,就逆向工程技术在模具制造中的应用情况作了说明。通过本项目学习,学生能够了解逆向工程技术这门新兴技术的基本情况,并能根据逆向工程的技术特点在模具设计中进行应用。

【先导案例研讨】

叶轮的叶片形状复杂，难以用一般的数学表达式描述，其设计往往是借助原有的零件进行改进，并进行多次实物试验、表面修改，然后定型，因此压气机叶轮的模具设计采用逆向工程技术。

压气机叶轮的测量难点在于其叶片的测量。叶片由曲面构成，很难用一般构造模型的方法建模，必须对叶片表面形状进行逐点测量，以期求得比较完整、准确的测量数据。由于受叶轮特定的结构限制，采用三坐标测量机和激光扫描测量机都不能将叶片表面全部测量数据采集到，因此采用工业 CT 机采集表面测量数据。测量数据经处理后，构件模型获得如图 7-9 所示叶轮数字模型，将其导入三维设计软件进行改型后设计模具即可。

图 7-9　叶轮数字模型

【练习题】

一、填空题（30 分）（每空 1 分）

1. 反求设计是"_____→_____、_____→_____"的工作过程。

2. 测量常用的数字化设备有：_____、_____、_____和_____、_____、_____。

3. 反求工程 I 主要包括_____、_____两个阶段，应用于_____中。

4. 反求工程 II 包含_____、_____和_____ 3 个阶段，增加了_____的含义。

5. 根据反求对象的不同，反求工程可分为_____、_____和_____ 3 类。

6. 非接触式测量方法主要是基于_____、_____、_____等领域中的基本原理，将测得的物理模拟量通过适当的算法转化为表示样件表面的坐标点信息的数字量。

7. 逆向工程技术实现了设计制造技术的数字化，为现代制造企业充分利用已有的设计制造成果带来便利，从而降低_____、提高_____、缩短_____。

8. 按工程应用目标来分，模型重建的目的有 3 种：_____；_____；_____、_____。

二、选择题（20分）（每空2分）

1. 反求设计是（　　）的工作过程。
   (A) 原理、功能→实物原型→三维重构　　(B) 原理、功能→三维重构→实物原型
   (C) 实物原型→原理、功能→三维重构　　(D) 实物原型→三维重构→原理、功能

2. 反求工程Ⅰ主要包括（　　）几个阶段。
   (A) 三维重构、基于原型再设计　　(B) 三维重构、反求制造
   (C) 基于原型再设计、反求制造　　(D) 三维重构、基于原型再设计、反求制造

3. 在逆向工程中，不属于曲面重构特点的是（　　）。
   (A) 曲面型面的数据离散，曲面的边界和形状一般很复杂
   (B) 需处理的对象往往是由多张曲面经过延伸、过渡、裁剪等混合而成，因此重构中需要分块构造
   (C) 由于数字化技术的限制，存在一个"多视数据"的问题
   (D) 对处理后的轮廓点图进行匹配运算，将处于不同层的数据环按组成同一特征体的关系进行分组，并确定该特征的类型

4. 激光坐标测量机的优点是（　　）。
   (A) 对被测物体的材质和颜色无特殊要求。
   (B) 测量速度快、效率高
   (C) 测量范围大，不需要逐点扫描
   (D) 可对被测物体内部结构和形状进行无损测量

5. 以下不属于逆向工程关键技术的是（　　）。
   (A) 数据采集　　(B) 曲面重构　　(C) 实体建模　　(D) 数据处理

6. 以下不属于逆向工程技术的应用领域的是（　　）。
   (A) 家电维修　　(B) 玩具等模具相关行业
   (C) 人工生物骨骼　　(D) 汽车制造

7. 在一般的三维造型过程中，特征多指（　　），是指实际构造出零件几何形状的特征。
   (A) 造型特征　　(B) 几何特征　　(C) 实体特征　　(D) 约束特征

8. 模型重建的方法与以下哪项无关？（　　）
   (A) 应用目标的要求　　(B) 测量数据结构
   (C) 原型的复杂程度　　(D) CAD/CAM接口

9. 在产品开发中采用逆向工程技术作为重要手段，可使产品研制周期缩短（　　）以上。
   (A) 20%　　(B) 40%　　(C) 60%　　(D) 80%

10. 由激光扫描实物，同时由摄像机录下光束与实物接触部位是（　　）的测量原理。
    (A) 机械接触式坐标测量机　　(B) 数控机床（NC）加工测量装置
    (C) 工业CT　　(D) 激光测量机

三、简答题（50分）

1. 简述逆向工程的定义？（6分）

2. 简述机械坐标式测量机的优缺点？（6分）

3. 简述工业 CT 法的优缺点？（6分）

4. 简述逆向工程的工作流程？（8分）

5. 简述逆向工程技术在模具设计制造中的应用场合？（8分）

6. 简述曲面重构的特点？（8分）

7. 简述特征建模的方法及过程？（8分）

练习题参考答案

第2章

一、填空题

1. 分离或塑性变形 2. 模具 3. 分离 成型 4. 曲柄压力机 摩擦压力机 油压机
5. 单工序模、复合模、级进模、冲裁模、弯曲模、拉深模、成型模 6. 模具压力中心重合 7. 胀形 8. 高精度 高效率 长寿命

二、选择题

1—5 ACCCB   5—10 BCBAA

三、名词解释

1. 落料。用冲模沿封闭线冲切板料，冲下来的部分为废料。

2. 弯曲。将板料、型材、管材或棒料等按设计要求完成一定角度和一定曲率，形成所需形状零件的冷冲压工序。

3. 拉深。利用拉深模在压力机的压力作用下，将平板坯料或空心工序件制成空心零件的加工方法。

4. 成型工序。指用各种局部变形的方法来改变坯料或工序件形状的加工方法，常和其他冲压工序组合在一起，加工某些复杂形状的零件。

5. 复合模。复合模是指只有一个工位，在压力机的一次行程中，在同一工位上同时完成两道或两道以上冲压工序的模具。

四、简答题

1. 答：

冲压工序可分为两类：分离工序和成型形工序。分离工序有落料、冲孔、切边、切断等工序，成型工序有弯曲、拉深、胀形等工序。

分离工序的举例：垫片、开瓶器。

成形工序的举例：锅具、易拉罐。

2. 答：

冷冲压成型加工与其他加工方法相比有以下特点。

（1）冷冲压加工是少、无切屑加工方法之一，是一种省能、低耗、高效的加工方法，冲件的成本较低。

（2）冷冲压件的尺寸公差由模具保证，具有"一模一样"的特征。

（3）冷冲压可以加工壁薄，重量轻，形状复杂，表面质量好，刚性好的零件。

（4）可以节省材料。

（5）冲压加工生产效率高。

（6）操作简单、容易，非熟练人员也能操作。金属切削加工需要操作相当熟练的人员

(7) 冲压加工不适用于小批量生产。
　　(8) 冲压加工所使用的模具的设计与制造不易。
　　(9) 零件的形状必须适用于冲压加工的形状，且模具多属于专用化，一组模具只能生产一种零件，使得模具成本相对提高。

　　3. 答：
　　冲压设备选择要考虑合理使用、安全、产品质量、模具寿命、生产效率及成本等。设备选择主要包括设备类型和规格两个方面。
　　(1) 冲压设备类型选择。
　　冲压设备类型的选择主要是根据冲压工艺特点和生产率、安全操作等因素来确定的。
　　① 在中小型冲压件生产中，主要选用开式压力机。
　　② 大、中型冲压件选用双柱闭式机械压力机。
　　③ 大量生产的冲压件选用高速压力机或多工位自动压力机。
　　④ 在需要变形力大的冲压工序（如冷挤压等），应选择刚性好的闭式压力机。
　　⑤ 对于校平、整形和温、热挤压工序，最好选用摩擦压力机。
　　⑥ 对于薄材料的冲裁工序，最好选用导向准确的精密压力机。
　　⑦ 对于大型拉深的冲压工序，最好选用双动拉深压力机。
　　⑧ 在大量生产中应选用高速压力机或多工位自动压力机。
　　⑨ 小批量生产中的大型厚板件的成形工序，多采用液压压力机。
　　(2) 压力机规格选择。
　　选择压力机的规格应当遵循如下原则。
　　① 压力机的公称压力必须大于冲压工序所需的压力。
　　② 压力机滑块行程应满足制件的取出与毛坯的安放。
　　③ 压力机的行程次数应符合生产率和材料变形速度的要求。
　　④ 工作台尺寸必须保证模具能正确安装到台面上，每边一般应大于模具底座 50~70 mm；工作台底孔尺寸一般应大于工件或废料尺寸，以便于工件或废料从中通过。
　　⑤ 压力机的闭合高度、滑块尺寸、模柄孔尺寸都应能满足模具的正确安装要求。

　　4. 答：
　　模具的结构总是可分为上模和下模，上模一般与压力机的滑块连接，并随滑块一起上下往复运动，中小型模具常用模柄与压力机滑块连接；下模固定在压力机的工作台面上。冲裁模的组成零件一般有7类。
　　(1) 工作零件。直接对零件进行加工，完成板料的分离或塑性变形。
　　(2) 导向零件。用以确定上、下模之间的相对位置，保证运动导向精度。
　　(3) 定位零件。确定条料或毛坯在冲模中的正确位置。
　　(4) 卸料及出件零件。将卡箍在凸模上或卡在凹模内的废料或冲件卸下、推出或顶出，以保证冲压工作能继续进行。
　　(5) 支承及紧固零件。将上述各类零件固定在上、下模上以及将上、下模连接在压力机上的零件。
　　(6) 其他零件。如紧固件等。

5. 答:

模具零件种类繁多,功能各异,故选用的材料品种也很多。冲压模具所用材料主要有碳钢、合金钢、铸铁、铸钢、硬质合金以及锌合金、低熔点合金、环氧树脂、聚氨酯橡胶等。冲压模具中凸模和凹模等工作零件所用的材料主要是模具钢,常用的模具钢包括碳素工具钢、合金工具钢、轴承钢、高速工具钢、硬质合金钢和钢结硬质合金等。

冲压用材料的形状有各种规格的板料、带料和块料。板料的尺寸较大,一般用于大型零件的冲压,对于中小型零件,多数是将板料剪裁成条料后使用。带料(又称卷料)有各种规格的宽度和长度规格,展开长度可达几千米,成卷供应的主要是薄料,适用于大批量生产的自动送料。块料只用于少数钢号和价钱昂贵的有色金属的冲压。

第3章

一、填空题

1. 树脂 填充剂 增塑剂 稳定剂 着色剂 润滑剂
2. 热固性塑料 热塑性塑料
3. 注射装置 合模装置 液压传动和电气控制系统
4. 加料 塑化 注射 保压 冷却 脱模
5. 传递 热固性
6. 压缩模 压注模 注射模 挤出模 吹塑模
7. 成型部分 浇注系统 导向机构 推出机构 侧向分型抽芯机构 冷却与加热装置 排气系统 支承与固定零件

二、选择题

1—5 D B D A BD　　6—10 B A B A C A

三、简答题

1. 答:

塑料以合成高聚物为主要成分,在一定的温度和压力下具有可塑性,能够流动变形。其被塑造成制品之后,在一定的使用环境条件之下,能保持形状、尺寸不变,并满足一定的使用性能要求。

2. 答:

(1) 热固性塑料。是指在初受热时变软,可以塑制成一定形状,但加热到一定时间后或加入固化剂后就硬化定型、再加热则不熔融也不溶解、形成体型(网状)结构物质的塑料。例如酚醛塑料、环氧塑料、氨基塑料等。

(2) 热塑性塑料。是指在特定温度范围内能反复加热和冷却硬化的塑料。这类树脂在成型过程中只发生物理变化而没有化学变化,所以,受热后可多次成型,其废料可回收和重新利用。常用的热塑性塑料有聚乙烯、聚氯乙烯、聚苯乙烯、ABS、有机玻璃、尼龙等。

3. 答:

合模导向装置的作用如下。

(1) 导向。当动模和定模或上模和下模合模时,首先是导向零件导入,引导动、定模或上、下模准确合模,避免型芯先进入凹模可能造成型芯或凹模的损坏。在推出机构中,导向零件保证推杆定向运动（尤其是细长杆），避免推杆在推出过程中折断、变形或磨损擦伤。

（2）定位。保证动定模或上下模合模位置的正确性，保证模具型腔的形状和尺寸的精确性，从而保证塑件的精度。

4．答：

塑件的压缩成型法与注射成型、压注成型法相比有以下特点。

（1）和注射成型相比，成型塑件的收缩率小，变形小，各项性能均匀性较好。

（2）压力损失小，适用于成型流动性差的塑料，比较容易成型大型制品。压力机的压力直接通过凸模传递到型腔，损失可大大减少，有利于成型流动性较差的塑料。

（3）成型中无浇注系统废料产生，耗料少。

（4）模具结构比较简单，设备投资少，易操作。压缩模具没有浇注系统，也不需要复杂的顶出装置。

（5）压缩成型终了时模具才闭合，塑件常有较厚的溢边，且每模溢边厚度不同，因此塑件高度尺寸的精度较低。压缩成型工艺在加料前模具是敞开的，在塑料最终成型时模具才完全闭合，因此在合模面处易产生飞边。

（6）不易成型形状复杂或带嵌件的制品。

（7）用压缩成型法成型塑件的周期比用注射、压注成型法的长，生产效率低。

导柱导套：45、T8A、T10A。

成型零部件：球墨铸铁、铝合金、10、15、20、38CrMoAlA。

主流道衬套：45、50、55。

推杆、拉料杆等：T8、T8A、T10、T10A、45、50、55。

各种模板、推板、固定板、模座等：45、HT200、40Cr、40MnB、45MnZ。

6．答：

挤出成型过程可分为如下3个阶段：

（1）塑化。通过挤出机加热器的加热和螺杆、料筒对塑料的混合、剪切作用所产生的摩擦热，使固态塑料变成均匀的粘性流体。

（2）成型。利用挤出机的螺杆旋转（柱塞）加压，使粘流态塑料通过具有一定形状的挤出模具（机头）口模，使其成为具有一定几何形状和尺寸的塑件。

（3）定型。通过冷却等方法使熔融塑料已获得的形状固定下来，成为固态塑件。塑件经切断器定长切断后，置于卸料槽中。

7．答：

压注成型工艺过程和压缩成型工艺过程基本类似，主要区别在于压注成型过程是先加料后闭模，而压缩成型过程是先闭模后加料。压注成型过程在挤塑的时候加料腔的底部留有一定厚度的塑料垫，以供压力传递。

8．答：

注射模的结构由成型部分、浇注系统、导向机构、推出机构、侧向分型抽芯机构、冷却与加热装置、排气系统、支承与固定零件组成。

冷冲模的结构由工作零件、导向零件、定位零件、卸料及出件零件、支承及紧固零件、其他零件组成。

这两类模具结构的共同之处是都具有成型部分、导向机构、推出机构、支承与固定零件。

不同之处是冷冲模的加工是在常温下，无需加热系统。注射模具加工制件需将原料加热融化，因此必须要有浇注系统、侧向分型抽芯机构、冷却与加热装置、排气系统。

第4章

一、填空题

1. 定模　动模
2. 罐式压铸模　活板式压铸模　柱塞式压铸模
3. 压射机构
4. 喂料制备　注射成型　脱脂　烧结
5. 型腔
6. 模锻
7. 模锻锤用锻模　摩擦压力机锻模　自由锻锤用固定锻模　不固定锻模
8. 锻粗阶段　模膛充满阶段　打靠阶段
9. 充满阶段
10. 燕尾　键槽　锁扣　钳口　检验角　起重孔　模膛
11. 模　压—吹模　吹—吹模

二、简答题

1. 答：
压力铸造是将熔融合金在高压、高速条件下充填模具（压铸模），并在高压下冷却凝固成型的一种精密铸造方法。
（1）优点。
① 压铸件的尺寸精度和表面粗糙度高，互换性好，一般压铸件不经过机械加工或仅对个别部位加工就可使用。
② 压铸件工艺性好，它的组织细密，硬度和强度高，具有良好的耐磨性和耐蚀性。
③ 压铸可以成型薄壁、形状复杂的压铸件，可以制造形状复杂、轮廓清晰、壁薄槽深的铸件。
④ 生产效率高、易实现机械化和自动化。
⑤ 可采用镶铸法简化装配和制造工艺。
（2）缺点。
① 压铸件易出现气孔和缩松。
② 压铸合金的种类受到限制。
③ 压铸的尺寸受到限制。
④ 压铸模和压铸机成本高、投资大，不宜小批量生产等。

2. 答：
压铸模具体细分可分为8个部分。分别为成型工作零件、浇注系统、排溢系统、抽芯机构、推出复位机构、模架部分、导向机构和加热与冷却系统。

3．答：

金属粉末注射成型的基本工艺步骤是首先选取符合 MIM 要求的金属粉末和黏结剂，然后在一定温度下采用适当的方法将粉末和黏结剂混合成均匀的喂料，经制粒后在注射成型机上注射成型，获得的成型坯经过脱脂处理后经烧结致密化而得到最终产品。

4．答：

模型锻造简称模锻，将金属毛坯加热到一定温度后放在模膛内，利用锻锤压力使其发生塑性变形，充满模腔后形成与模膛相仿的制品零件。

5．答：

锻模的分类有 4 种分类方法。

(1) 按照模锻设备分类，可分为模锻锤用锻模、摩擦压力机锻模和自由锻锤用固定锻模及不固定锻模（胎膜）。

(2) 按照工艺用途分类，可分为模锻用锻模和切边、冲孔锻模。

(3) 按照有无飞边分类，可分为开式模锻用锻模和闭式模锻用锻模。

(4) 按照模腔数量分类，可分为单腔锻模和多腔锻模。

6．答：

模锻生产的优点如下。

(1) 可以锻造形状较复杂的锻件，尺寸精度较高，表面粗糙度较低。

(2) 锻件的机械加工余量较小，材料利用率较高。

(3) 可使流线分布更为合理，进一步提高零件的使用寿命。

(4) 操作简便，劳动强度较小。

(5) 生产率较高、锻件成本低。

模锻生产的缺点如下。

(1) 设备投资大、模具成本高。

(2) 生产准备周期、锻模的制造周期都较长，只适合大批量生产。

(3) 工艺灵活性不如自由锻。

模锻与自由锻相比优点如下。

(1) 能制造形状较复杂，尺寸精度高，表面粗糙度较小的锻件。

(2) 提高了锻件的力学性能和使用寿命。

(3) 生产率要高出自由锻几倍甚至几十倍。

(4) 劳动条件较好。

7．答：

玻璃模具的成型方法主要有 6 种，分别为压制法、吹制法、拉制法、压延法、底板浇铸法和烧结法。

第 5 章

一、填空题

1．车削　磨削　超精加工　研磨加工

2．工具电极　工件电极

3. 封闭式冷挤压　敞开式冷挤压

4. 精　粗　负

5. 平面　孔　平面　孔

6. 电能　热能　工具　工件

7. 基于激光及其他光源　基于喷射

8. SLS 陶瓷粉末　金属粉末

9. 超声频振动　冲击能量　去除工件材料

10. 快走丝线切割机床　慢走丝线切割机床　快走丝线切割机床

二、选择题

1—5　CBDAB　　　　6—10　DBCBD

三、简答题

1. 答：

SLS 工艺是利用粉末状材料成型的。其原理是将材料粉末铺洒在已成型零件的上表面并刮平，用高强度的 CO_2 激光器在刚铺的新层上扫描出零件截面，材料粉末在高强度的激光照射下被烧结在一起，得到零件的截面，并与下面已成型的部分连接。当一层截面烧结完后，铺上新的一层材料粉末，有选择地烧结下层截面。烧结完成后去掉多余的粉末，再进行打磨、烘干等处理得到零件。

2. 答：

电铸加工的优点是复制精度很高，可获得尺寸和形状精度高、花纹细致、形状复杂的型腔或型面；母模可采用金属或非金属材料制作，也可直接用制品零件制作；可以制造形状复杂，机械加工难以加工甚至无法加工的工件；电铸的型面具有较好的机械强度，且型面光洁、清晰，一般不需再作光整加工；不需特殊设备，操作简单。但电铸厚度较薄（仅为 4～8 mm），电铸周期长（如电铸镍的时间约需一周），电铸层厚度不均匀，内应力较大，易变形。

3. 答：

导柱加工中研磨中心孔目的在于消除中心孔在热处理过程中可能产生的变形和其他缺陷，使磨削外圆柱面时获得精准定位，保证外圆柱面的形状精度要求。

4. 答：

采用烧结或镀金刚石工具，加工时工具既作超声频振动，同时又绕本身轴线以 1000～5000 r/min 高速旋转的超声旋转加工，比一般超声波加工具有更高的生产效率和孔加工深度，同时直线性好、尺寸精度高、工具磨损小，除可加工硬脆材料外，还可加工碳化钢、二氧化钢、二氧化铁和硼环氧复合材料，以及不锈钢与钛合金叠层的材料等，目前，已用于航空、原子能工业，效果良好。

5. 答：

优点是（1）速度快。（2）适合制造复杂形状的零件。（3）可用于制造复合材料或非均匀材料的零件。（4）适合制造小批量零件。（5）无污染，是绿色化的办公室设计。

缺点是（1）零件精度差，表面粗糙度差。（2）零件易变性甚至出现裂纹。

6. 答:

(1) 数控线切割加工是轮廓切割加工,勿需设计和制造成型工具电极,大大降低了加工费用,缩短了生产周期。

(2) 直接利用电能进行脉冲放电加工,工具电极和工件不直接接触,无机械加工中的宏观切削力,适宜于加工低刚度零件及细小零件。

(3) 无论工件硬度如何,只要是导电或半导电的材料都能进行加工。

(4) 切缝可窄达仅 0.005 mm,只对工件材料沿轮廓进行"套料"加工,材料利用率高,能有效节约贵重材料。

(5) 移动的长电极丝连续不断地通过切割区,单位长度电极丝的损耗量较小,加工精度高。

(6) 一般采用水基工作液,可避免发生火灾,安全可靠,可实现昼夜无人值守连续加工。

(7) 通常用于加工零件上的直壁曲面,通过 X—Y—U—V 四轴联动控制,也可进行锥度切割和加工上下截面异形体、形状扭曲的曲面体和球形体等零件。

(8) 不能加工盲孔及纵向阶梯表面。

7. 答:

(1) 可以制造任意复杂的三维几何实体。由于采用离散/堆积成型的原理,它将一个十分复杂的三维制造过程简化为二维过程的叠加,可实现对任意复杂形状零件的加工。越是复杂的零件越能显示出 RP 技术的优越性。此外,RP 技术特别适合于复杂型腔、复杂型面等传统方法难以制造甚至无法制造的零件。

(2) 快速性。通过对一个 CAD 模型的修改或重组,就可获得一个新零件的设计和加工信息。从几个小时到几十个小时就可制造出零件,具有快速制造的突出特点。

(3) 高度柔性。无需任何专用夹具或工具即可完成复杂的制造过程,快速制造工模具、原型或零件。

(4) 快速成型技术实现了机械工程学科多年来追求的两大先进目标,即材料的提取(气、液固相)过程与制造过程一体化和设计(CAD)与制造(CAM)一体化。

(5) 与逆向工程、CAD 技术、网络技术、虚拟现实等相结合,成为产品快速开发的有力工具。

8. 答:

模具标准化是将模具结构零件的形状和尺寸以及各种典型组合和典型结构按统一结构形式及尺寸,实行标准系列,并组织专业化生产,以方便用户选用,像普通工具一样在市场上销售和选购。

在生产中实现标准化的意义在于:模具标准是模具生产的基础;模具标准化是提高模具制造质量、提高生产效率、缩短模具制造周期和降低生产成本的根本途径;模具标准化是开展模具计算机辅助设计和辅助制造的先决条件;模具标准化可以促进国际间的技术交流与合作,有利于模具在国际贸易中加强竞争力,扩大出口量。

9. 答:

网络计划技术的基本原理是以网络图为基础,通过网络分析和计算,制定网络计划并进行实施管理。网络图表达模具计划任务的进度安排和各个零件工序间的关系,通过网络分析,计算网络时间参数,找出其中关键工序和关键时间,利用加长周期的时差不断改变网络计划,在计划执行过程中通过进度反馈信息进行调度,最终保证生产周期。

第 6 章

1. 答:

高速铣削技术的特点如下。

(1) 提高生产效率。
(2) 可部分代替某些工艺。
(3) 改善加工精度和表面质量。
(4) 可加工高硬材料和薄壁零件。

应用场合:可铣削 50～54HRC 的钢材,铣削的最高硬度可达 60HRC。高速铣削时切削力小,有较高的稳定性,可加工薄壁零件。采用分层铣削的方法,可切削出壁厚为 0.2 mm,壁高为 20 mm 的薄壁。

2. 答:

电火花铣削加工(ED – Milling)采用简单圆柱形电极、管状电极,在数控系统控制下,使其旋转并按照一定轨迹作类似于机械铣削的成型运动,通过电极与工件之间的火花放电来蚀除金属材料,最终获得所需的零件形状。

成型方式:加工平面类零件的主要加工方法是采用分层去除加工,即利用棒(管)状电极的底面部分放电,以层状形式去除材料,并且重复进行达到所需的深度,粗加工去除厚度为 10～300 μm,精加工去除厚度为 1～10 μm。

对于三维型面的加工可以采用球头电极其基本原理是:平行于 Y-Z 平面的平面与被加工曲面相交产生一系列交线,通过各层平面上加工出来的交线组成的轮廓,就可以形成被加工曲面。

3. 答:

可重构模具以刚性整体模具为基础,利用先进的模具设计和制造技术,能够对模具的型腔或者成型表面进行快速更换、重构、调整,以适应形状结构相似的一类板件的成型和制造,生产过程中无须换模。

如图 6-34 所示液压柔性模成型技术的工作原理是成型前把上部的冲头调整成需要的形状,把金属板料放置在下部的弹性体上,上部冲头向下移动,压制板材,同时弹性体也被迫随金属件变形,液体从管道中流出。此项成型工艺将多点模的下基本体群换成流体模,它可以根据上基本体群曲面形状的变化而变化。应用流体自调节的特点,下模比较容易被控制。用于成型形状较为简单的板件,可实现简单空间曲面板件的成型。

4. 答:

快速制模技术以 RP 技术制造的原型零件为母模,采用直接或间接的方法,实现硅胶模、金属模、陶瓷模等模具的快速制造,从而形成新产品的小批量制造。

在已提出的众多 RT 技术方法中,可将 RT 技术分为直接快速制模法和间接快速制模法两大类。间接快速制模法是由 CAD 数据及 RP 系统制作的快速成型或其他实物模型复制金属模具;直接快速制模法是根据 CAD 数据直接由 RP 系统制造金属模具。

5. 答:

熔模铸造工艺,简单说就是用易熔材料(如蜡料或塑料)制成可熔模型(简称熔模或模型),在其上涂覆若干层特质的耐火涂料,经过干燥和硬化形成一个整体型壳后,再用蒸汽或热水从型壳中熔掉模型,然后把型壳放置于砂箱中,在四周填充干砂造型,最后将铸型放入焙烧炉中高温焙烧。铸型或型壳焙烧后,在其中浇注熔融金属而得到铸件。

熔模铸造最大的优点就是由于熔模制件有着很高的尺寸精度和表面光洁度,可减少机械加工工作,只是在零件上要求较高的部位留少许加工余量即可,甚至某些铸件只留打磨、抛光余量,不必机械加工即可使用。采用熔模铸造方法可大量节省机床设备和加工工时,大幅度节约金属原材料。另外,它可以铸造各种合金的复杂铸件,特别是铸造高温合金铸件。

6. 答:

高压水射流切割是利用高压高速水流(或水与磨料的混合液)对工件的冲击作用来去除材料的,简称水切割,俗称水刀或水箭。高压水射流是用高压泵将普通水介质增压至 300～400 MPa,然后通过一个大约 0.08～0.5 mm 的小孔以约 500～900 m/s 的速度喷出,形成高速、高能、高穿透力束,用以切割工件。

高压水射流切割可以用来切割任何物质,如钢材、钛、合金、复合材料、大理石、陶瓷、防弹玻璃、玻璃钢、钢筋混凝土制品、玉石、核原料、炸药及各种易燃易爆物质,广泛应用于建筑、装饰、机械、航空航天、船舶、汽车、石油、化工、玻璃、陶瓷等行业,成为一种跨世纪的先进的"冷态制造新工艺"。

7. 答:

高速铣削在汽车复杂零件模具制造方面具有独特优势。高速铣削中心在加工安全门锁的注塑模时,使用的最小刀具为 0.6 mm,最大切深 4.8 mm,表面粗糙度达 $Ra=0.4$ mm 不再需要钳工工序,缩短了加工时间。在加工车窗自动升降系统齿轮箱的注塑模时,工件直接铣削部分达 85%,其余 15% 通过电火花铣削加工完成,可缩短加工时间的 50%。

8. 答:

新一代模具 CAD/CAE/CAM 技术具备模具软件功能集成化、模具软件的智能化、模具软件应用网络化的功能。国外在航空航天、汽车、造船、机床制造等工业部门都已实现模具 CAD/CAE/CAM 技术的应用。

第7章

一、填空题

1. 实物原型 原理 功能 三维重构
2. 三坐标测量机 激光测量机 工业CT 逐层切削照相测量装置 数控机床(NC)加工测量装置 专用数字化仪器等
3. 三维重构 反求制造 快速原型制造技术
4. 三维重构 基于原型再设计 反求制造 创新功能
5. 实物反求 软件反求 影像反求
6. 光学 声学 磁学
7. 新产品开发成本 制造精度 设计生产周期

8. 物体三维模型显示　产品快速原型制造　产品的物性分析　局部创新再设计

二、选择题

1—5　CBDBC　　　　　6—10　AACBD

三、简答题

1. 答：

逆向工程又称反求工程或反求设计，是在现代产品造型理念的指导下，以现代设计理论、方法、技术为基础，运用专业人员的工程设计经验、知识和创新思维，对已有新产品进行解剖深化和再创造的过程，是对已有设计的重新设计。

2. 答：

坐标测量机最早大多是采用固定刚性测头，它的优点是测量原理及过程简单、方便，对被测物体的材质和颜色无特殊要求。但它的缺点也不少，主要为测头与工件之间的接触程度主要靠测量人员的手感来把握，由此带来的系统误差较难克服；测量速度慢，测量数据密度低；必须对测量结果进行测头损伤及测头半径三维补偿，才能得到真实的实物表面数据；不能对软质材料或超薄形物体进行测量。

3. 答：

该方法的优点是可对被测物体内部的结构和形状进行无损测量，对内部结构有近视能力。缺点是空间分辨率较低，物体外缘有时模糊不清，数据获取所需时间较长，重建图像的工作量很大，目前现场应用还很少。

4. 答：

逆向工程的工作流程一般可分为5个阶段。

（1）零件原型的三维数字化测量。

（2）提取零件原型的几何特征。

（3）零件原型三维重构。

（4）CAD模型的分析及改进。

（5）CAD模型的校验与修正。

5. 答：

逆向工程技术在模具设计制造中的应用主要包含以下几个方面。

（1）根据实物样件制造模具。

（2）模具的修改定型。

（3）以样本模具为对象的消化吸收。

（4）损坏或磨损模具的还原。

6. 答：

在逆向工程中，曲面重构有如下特点。

（1）曲面型面的数据离散，曲面的边界和形状一般很复杂。

（2）需处理的对象往往是由多张曲面经过延伸、过渡、裁剪等混合而成，因此重构中需要分块构造。

（3）由于数字化技术的限制，存在一个"多视数据"的问题。

7. 答：

在特征建模的过程中，首先把特征作为基本单元，对产品的一系列特征进行顺序操作构造实体模型，然后在实体建模的基础上加入特征信息的方法来构造特征模型。特征建模的关键技术，一是数据处理，二是特征识别，三是原型特征模型构造，四是模型映射及特征模型建立。

参考文献

[1] 赵志扬，邱振兴．模具概论［M］．台北：全华科技图书股份有限公司，2003．
[2] 苏伟，姜庆华．模具概论［M］．北京：人民邮电出版社，2009．
[3] 谢建．模具概论［M］．北京：高等教育出版社，2007．
[4] 杨永平．模具技术基础［M］．北京：化学工业出版社，2005．
[5] 技工学校机械类通用教材编审委员会．锻工工艺学［M］．北京：机械工业出版社，1980．
[6] 杨淑丽．塑料注射成型入门［M］．杭州：浙江科学技术出版社，2000．
[7] 彭建声吴成明．简明模具工实用技术手册［M］．北京：机械工业出版社，2003．
[8] 罗方河．模塑工艺与模具结构［M］．北京：中国劳动社会保障出版社，2004．
[9] 陈勇．模具材料及表面处理［M］．北京：机械工业出版社，2002．
[10] 冲模设计手册编写组．冲模设计手册［M］．北京：机械工业出版社，2003．
[11] 黄诚驹．逆向工程项目式实训教程［M］．北京：电子工业出版社，2004．
[12] 王霄．逆向工程技术及其应用［M］．北京：化学工业出版社，2004．
[13] 金涛．逆向工程技术［M］．北京：机械工业出版社，2003．
[14] 陈雪芳．逆向工程与快速成型技术应用［M］．北京：机械工业出版社，2009．
[15] 李晓东．模具制造技术［M］．北京：机械工业出版社，2010．
[16] 王昌福．模具概论［M］．北京：机械工业出版社，2008．
[17] 赵孟栋．冷冲模设计［M］．北京：机械工业出版社，2007．
[18] 翁其金．冷冲压与塑料成型——工艺及模具设计［M］．北京：机械工业出版社，1994．
[19] 周晔．模具工实用手册［M］．南昌：江西科学技术出版社，2004．
[20] 欧圣雅．冷冲压与塑料成型机械［M］．北京：机械工业出版社，2000．
[21] 任登安．模具概论及典型结构［M］．北京：机械工业出版社，2009．
[22] 陈永滨．冲压模具设计基础［M］．北京：电子工业出版社，2005．
[23] 涂序斌．模具制造技术［M］．北京：北京理工大学出版社，2009．
[24] 李学锋．塑料模设计及制造［M］．北京：机械出版社，2008．
[25] 模具实用技术丛书编委会．冲模设计应用实例［M］．北京：机械工业出版社，2006．
[26] 杨关全．冷冲压工艺与模具设计［M］．大连：大连理工大学出版社，2007．